"十四五"职业教育国家规划教材

高等职业教育智能机器人技术专业系列教材

智能机器人技术基础

主　编　张春芝　石志国
副主编　李　淼　王晓勇
参　编　赵　林　郭　蓁
主　审　冯海明

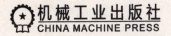

本书为"十四五"职业教育国家规划教材。本书系统介绍智能机器人技术的基础知识和典型应用。全书共五章，分别论述了机器人的概念、分类、发展历史和趋势；智能机器人技术，包括机器人机械结构、机器人传感器、机器人驱动系统、机器人控制技术、机器人通信技术和机器人电源技术；服务机器人及其技术分析与应用；特种机器人及其技术分析与应用；智能飞行器及其工作原理与应用等。

本书立足于智能机器人领域的最新技术，强调工程实际应用，以典型应用为主线，既有普及性，又有一定深度，图文并茂，可读性强。

本书可作为高等职业院校自动化类、机械工程类及计算机类等专业的教材，也可作为相关工程技术人员的自学参考书。

本书配有电子课件，凡使用本书作为教材的教师可登录机械工业出版社教育服务网 www.cmpedu.com 注册后下载。咨询电话：010-88379375。

图书在版编目（CIP）数据

智能机器人技术基础/张春芝，石志国主编. —北京：机械工业出版社，2020.8（2025.1重印）
高等职业教育智能机器人技术专业系列教材
ISBN 978-7-111-66388-1

Ⅰ.①智… Ⅱ.①张…②石… Ⅲ.①智能机器人-高等职业教育-教材 Ⅳ.①TP242.6

中国版本图书馆CIP数据核字（2020）第157965号

机械工业出版社（北京市百万庄大街22号　邮政编码100037）
策划编辑：薛　礼　　责任编辑：薛　礼
责任校对：张　征　　封面设计：张　静
责任印制：任维东
北京中兴印刷有限公司印刷
2025年1月第1版第10次印刷
184mm×260mm · 17.75印张 · 440千字
标准书号：ISBN 978-7-111-66388-1
定价：59.00元

电话服务　　　　　　　　　网络服务
客服电话：010-88361066　　机　工　官　网：www.cmpbook.com
　　　　　010-88379833　　机　工　官　博：weibo.com/cmp1952
　　　　　010-68326294　　金　书　网：www.golden-book.com
封底无防伪标均为盗版　　　机工教育服务网：www.cmpedu.com

关于"十四五"职业教育
国家规划教材的出版说明

为贯彻落实《中共中央关于认真学习宣传贯彻党的二十大精神的决定》《习近平新时代中国特色社会主义思想进课程教材指南》《职业院校教材管理办法》等文件精神，机械工业出版社与教材编写团队一道，认真执行思政内容进教材、进课堂、进头脑要求，尊重教育规律，遵循学科特点，对教材内容进行了更新，着力落实以下要求：

1. 提升教材铸魂育人功能，培育、践行社会主义核心价值观，教育引导学生树立共产主义远大理想和中国特色社会主义共同理想，坚定"四个自信"，厚植爱国主义情怀，把爱国情、强国志、报国行自觉融入建设社会主义现代化强国、实现中华民族伟大复兴的奋斗之中。同时，弘扬中华优秀传统文化，深入开展宪法法治教育。

2. 注重科学思维方法训练和科学伦理教育，培养学生探索未知、追求真理、勇攀科学高峰的责任感和使命感；强化学生工程伦理教育，培养学生精益求精的大国工匠精神，激发学生科技报国的家国情怀和使命担当。加快构建中国特色哲学社会科学学科体系、学术体系、话语体系。帮助学生了解相关专业和行业领域的国家战略、法律法规和相关政策，引导学生深入社会实践、关注现实问题，培育学生经世济民、诚信服务、德法兼修的职业素养。

3. 教育引导学生深刻理解并自觉实践各行业的职业精神、职业规范，增强职业责任感，培养遵纪守法、爱岗敬业、无私奉献、诚实守信、公道办事、开拓创新的职业品格和行为习惯。

在此基础上，及时更新教材知识内容，体现产业发展的新技术、新工艺、新规范、新标准。加强教材数字化建设，丰富配套资源，形成可听、可视、可练、可互动的融媒体教材。

教材建设需要各方的共同努力，也欢迎相关教材使用院校的师生及时反馈意见和建议，我们将认真组织力量进行研究，在后续重印及再版时吸纳改进，不断推动高质量教材出版。

机械工业出版社

序

智能机器人已经成为全世界科研人员研究的热门领域，但要转化为社会生产力，离不开千千万万一线工作者切切实实地掌握好与智能机器人相关的职业技能。很高兴看到经过来自全国的职业院校老师们和企业工程师们的共同努力，本套高职高专人工智能与机器人领域系列教材得以出版，这无疑为我国智能机器人从研究层面推广到产业层面夯实了重要基础。在此，我对本套教材的编写者们表示深深的感谢，同时对本套教材的阅读者们寄予厚望。

把智能机器人的设计原理转化为一线操作者能掌握的职业技能，是一件不容易掌握难易程度但又非常重要的事情。本套教材恰恰在这一方面做出了重要贡献。从《智能机器人组装与调试》到《智能机器人创新设计》，由浅入深，构成体系。尤其是《机器人操作系统 ROS 原理及应用》一书，突出了机器人操作系统在机器人软件与硬件结合过程中的重要作用，让学生明白机器人的"思想"是怎样在"身体"上执行的。智能机器人是和各个工科技能结合紧密的产品，在研发与产业化过程中，《人工智能概论》《智能机器人技术基础》《机器人传感器原理与应用》为基础知识，《嵌入式编程与应用》《数据通信与网络技术》《智能机器人感知技术》为必备技能，《智能机器人导航与运动控制》是综合水平的重要表现。除此之外，不断出现的新技术同样是值得我们去关注的。

在本套教材即将正式出版之际，感谢北京钢铁侠科技有限公司和机械工业出版社的辛苦组织。只有让学生从教材开始就学到社会亟须的技能和产业的先进知识，时刻关注前沿动态和时代发展，才能让新技术更快地转化为新产业，让同学们更好地成为智能机器人产业的中坚力量。

中国工程院院士
中国科学院计算技术
研究所研究员

Preface 前言

机器人技术是一门跨专业、高度综合的新兴学科,将控制理论、电学、机械学、计算机技术、检测技术、网络与通信技术等相关知识集成为一体。智能机器人则具有高度自主能力,拥有发达的"大脑",可以在其环境内按照相关指令智能地执行任务,在一定程度上可取代人力。智能机器人技术是以机器人为核心执行机构,充分发挥传感检测与计算机控制技术的优势,研究和实现机器人在智能制造与社会服务领域的广泛应用。

党的二十大报告指出,建设现代化产业体系,坚持把发展经济的着力点放在实体经济上,推进新型工业化,加快建设制造强国、质量强国、航天强国、交通强国、网络强国、数字中国。我国经济已由高速增长阶段转向高质量发展阶段,数字化、智能化成为企业转型升级的刚性需求,产业智能化快速发展。

目前,虽然有关工业机器人的书籍很多,但有关智能机器人技术的书籍还很少。编写本书旨在深入贯彻"二十大"精神,普及新兴学科知识,推动职业教育高质量发展,提升青年学生的科学素养。本书全面介绍了智能机器人的基本概念、基本结构、有关技术以及典型应用。全书共五章:第1章介绍了机器人的概念、分类、发展历史和趋势;第2章介绍了智能机器人技术,包括机器人机械结构、机器人传感器、机器人驱动系统、机器人控制技术、机器人通信技术和机器人电源技术;第3章介绍了服务机器人(手术机器人、护理机器人、导览机器人、农业机器人、儿童陪伴机器人、扫地机器人)及其技术分析与应用;第4章主要介绍了特种机器人(巡检机器人、消防机器人、救援机器人、排爆机器人、安防机器人、水下机器人、仿生机器人、军用机器人和空间机器人)及其技术分析与应用;第5章主要介绍了智能飞行器(无人直升机、固定翼无人机、多旋翼无人机、无人飞艇和无人伞翼机)及其工作原理与应用。本书充分吸收国内外最新、最先进的机器人技术,紧密联系实际、选材新颖、突出应用、图文并茂,可使读者初步掌握智能机器人技术,开阔视野,拓宽思路,激发其研究机器人的兴趣。

本书由北京工业职业技术学院张春芝、李淼、郭蒸,北京科技大学石志国,东营职业学院赵林,南京工业职业技术学院王晓勇编写。其中,张春芝编写第1章,石志国、李淼编写第2章,赵林编写第3章,郭蒸编写第4章,王晓勇编写第5章。本书由张春芝、石志国任主编,张春芝负责全书的统稿及修改。本书由北京工业职业技术学院冯海明教授任主审。

本书在编写中参考并引用了大量有关机器人方面的论著、资料,限于篇幅,不能在参考文献中一一列举,在此一并对其作者致以衷心的感谢!

由于编者水平有限,书中难免存在不足和错误之处,恳请广大读者批评指正。

编 者

Contents 目录

序
前言

第 1 章
绪论 …………………………… 1
1.1 机器人的概念 …………… 1
1.2 机器人的分类 …………… 2
　1.2.1 根据机器人的应用环境分类 ………………… 2
　1.2.2 根据机器人的自主性分类 ………………… 5
　1.2.3 根据机器人的功能分类 ……… 6
1.3 机器人的发展历史和趋势 …… 10
　1.3.1 国外机器人的发展历程 … 11
　1.3.2 国内机器人的发展历程 … 13
　1.3.3 机器人未来的发展趋势 … 13
本章小结 ………………………… 15
思考练习 ………………………… 15

第 2 章
智能机器人技术 ……………… 16
2.1 机器人机械结构 ……………… 16
　2.1.1 行走机构 ………………… 17
　2.1.2 传动机构 ………………… 29
　2.1.3 臂部和手腕 ……………… 36
　2.1.4 手爪 ……………………… 43
　2.1.5 机身 ……………………… 53
2.2 机器人传感器 ………………… 56
　2.2.1 视觉传感器 ……………… 56
　2.2.2 听觉传感器 ……………… 59
　2.2.3 触觉传感器 ……………… 60
　2.2.4 测距传感器 ……………… 62
　2.2.5 加速度传感器 …………… 63
2.3 机器人驱动系统 ……………… 66
　2.3.1 机器人驱动方式 ………… 66
　2.3.2 液压驱动系统 …………… 72
　2.3.3 气压驱动系统 …………… 78
　2.3.4 电动伺服驱动系统 ……… 80
　2.3.5 新型驱动器 ……………… 93
2.4 机器人控制技术 ……………… 97
　2.4.1 机器人控制系统概述 …… 97
　2.4.2 人工智能技术 …………… 99
　2.4.3 控制器 …………………… 102
　2.4.4 位置控制 ………………… 113
　2.4.5 轨迹控制 ………………… 115
2.5 机器人通信技术 ……………… 116
　2.5.1 无线射频通信 …………… 116
　2.5.2 无线传感器通信 ………… 122
　2.5.3 WiFi 技术 ………………… 127
　2.5.4 5G 通信 …………………… 128
　2.5.5 基于 Internet 的机器人遥操作 ………………… 130
2.6 机器人电源技术 ……………… 133
　2.6.1 移动电源技术 …………… 133
　2.6.2 常用的移动电源 ………… 134
本章小结 ………………………… 134
思考练习 ………………………… 134

第 3 章
服务机器人 …………………… 135
3.1 手术机器人 …………………… 140
　3.1.1 手术机器人概述 ………… 140
　3.1.2 手术机器人技术分析 …… 143
　3.1.3 手术机器人的应用 ……… 147
3.2 护理机器人 …………………… 153
　3.2.1 护理机器人概述 ………… 153
　3.2.2 护理机器人技术分析 …… 159
　3.2.3 护理机器人的应用 ……… 160
3.3 导览机器人 …………………… 165
　3.3.1 导览机器人概述 ………… 165
　3.3.2 导览机器人技术分析 …… 165

    3.3.3 导览机器人的应用 …… 167
3.4 农业机器人 …………………… 174
    3.4.1 农业机器人概述 ………… 174
    3.4.2 农业机器人技术分析 …… 177
    3.4.3 农业机器人的应用 ……… 178
3.5 儿童陪伴机器人 ………………… 181
    3.5.1 儿童陪伴机器人概述 …… 182
    3.5.2 儿童陪伴机器人技术
          分析 …………………… 183
    3.5.3 儿童陪伴机器人的
          应用 …………………… 184
3.6 扫地机器人 …………………… 189
    3.6.1 扫地机器人概述 ………… 189
    3.6.2 扫地机器人技术分析 …… 192
    3.6.3 扫地机器人的应用 ……… 195
本章小结 ………………………… 197
思考练习 ………………………… 198

第 4 章
特种机器人……………………… 199

4.1 巡检机器人 …………………… 202
    4.1.1 巡检机器人概述 ………… 202
    4.1.2 巡检机器人的应用
          领域 …………………… 202
    4.1.3 巡检机器人技术分析 …… 209
    4.1.4 巡检机器人的发展
          趋势 …………………… 213
4.2 消防机器人 …………………… 213
    4.2.1 消防机器人概述 ………… 213
    4.2.2 消防机器人技术分析 …… 214
4.3 救援机器人 …………………… 216
    4.3.1 救援机器人概述 ………… 216
    4.3.2 救援机器人技术分析 …… 223
    4.3.3 救援机器人的发展
          趋势 …………………… 225
4.4 排爆机器人 …………………… 226
    4.4.1 排爆机器人概述 ………… 226
    4.4.2 排爆机器人技术分析 …… 231
    4.4.3 排爆机器人的发展
          趋势 …………………… 232

4.5 安防机器人 …………………… 233
    4.5.1 安防机器人概述 ………… 233
    4.5.2 安防机器人技术分析 …… 234
4.6 水下机器人 …………………… 239
    4.6.1 水下机器人概述 ………… 240
    4.6.2 水下机器人技术分析 …… 241
    4.6.3 水下机器人的发展
          趋势 …………………… 244
4.7 仿生机器人 …………………… 245
    4.7.1 仿生机器人概述 ………… 245
    4.7.2 仿生机器人技术分析 …… 248
    4.7.3 仿生机器人的发展
          趋势 …………………… 248
4.8 军用机器人 …………………… 249
    4.8.1 军用机器人概述 ………… 250
    4.8.2 军用机器人的应用
          领域 …………………… 251
    4.8.3 军用机器人的发展
          趋势 …………………… 253
4.9 空间机器人 …………………… 254
本章小结 ………………………… 255
思考练习 ………………………… 255

第 5 章
智能飞行器……………………… 256

5.1 无人直升机 …………………… 256
    5.1.1 无人直升机的结构 …… 256
    5.1.2 无人直升机的工作
          原理 …………………… 257
    5.1.3 无人直升机的应用 …… 257
5.2 固定翼无人机 ………………… 259
    5.2.1 固定翼无人机的结构 … 259
    5.2.2 固定翼无人机的工作
          原理 …………………… 261
    5.2.3 固定翼无人机的应用 … 262
5.3 多旋翼无人机 ………………… 263
    5.3.1 多旋翼无人机的概念 … 263
    5.3.2 多旋翼无人机的工作
          原理 …………………… 263
    5.3.3 多旋翼无人机的应用 … 264

5.4 无人飞艇 …………… 268
　5.4.1 无人飞艇的结构与
　　　　分类 ……………… 268
　5.4.2 无人飞艇的工作原理 … 269
　5.4.3 无人飞艇的应用 ……… 273
5.5 无人伞翼机 ……………… 273
　5.5.1 无人伞翼机的结构和
　　　　工作原理 …………… 273
　5.5.2 无人伞翼机的应用 …… 274
本章小结……………………… 275
思考练习……………………… 275
参考文献……………………… **276**

第1章
绪论

1.1 机器人的概念

机器人的历史源远流长,早在我国的西周时期,一名叫做偃师的能工巧匠就创造了一个能歌善舞的偶人,这是有据可查的世界上第一个"机器人"。在1800年前的汉朝,张衡造出了举世闻名的地动仪和计里鼓车。在三国时期,诸葛亮发明了木牛流马,用来运送粮草。在国外,公元前2世纪亚历山大时期,古希腊人创造出了"自动机"——以空气、水、蒸汽压力为动力的会动的雕像。这些都可以看作是广义上的机器人。

在科学界,科学家会给每一个科技术语一个明确的定义,但机器人问世已有几十年,对于机器人的定义仍然是仁者见仁,智者见智,没有一个统一的意见。原因之一是机器人还在发展,新的机型、新的功能不断涌现。但根本原因是机器人涉及人的概念,成为一个难以回答的哲学问题。

1886年,法国作家利尔亚在他的小说《未来的夏娃》中将外表像人的机器起名为"安德罗丁"。1920年,捷克作家卡雷尔·卡佩克发表了科幻剧本《罗萨姆的万能机器人》。在该剧本中,卡佩克把捷克语"Robota"写成了"Robot",该剧预告了机器人的发展对人类社会的悲剧性影响,引起了大家的广泛关注,"Robot"被当成了机器人一词的起源。

1967年,在日本召开的第一届机器人学术会议提出了两个有代表性的定义。一个是森政弘与合田周平提出的:机器人是一种具有移动性、个体性、智能性、通用性、半机械半人性、自动性和奴隶性七个特征的柔性机器。从这一定义出发,森政弘又提出了用自动性、智能性、个体性、半机械半人性、作业性、通用性、信息性、柔性、有限性和移动性十个特性来表示机器人的形象。另一个是加藤一郎提出的具有以下三个条件的机器称为机器人:

1)具有脑、手、脚三要素的个体。
2)具有非接触传感器(用眼、耳接收远方信息)和接触传感器。
3)具有平衡觉和固有觉的传感器。

英国简明牛津字典的定义:机器人是貌似人的自动机,具有智力的、顺从于人但不具有人格的机器。

美国机器人协会(RIA)的定义:机器人是一种用于移动各种材料、零件、工具或专用装置的,通过可编程序动作来执行各种任务,并具有编程能力的多功能机械手(manipulator)。

日本工业机器人协会(JIRA)的定义:工业机器人是一种装备有记忆装置和末端执行器(end effector)的,能够转动并通过自动完成各种移动来代替人类劳动的通用机器。

美国国家标准局(NBS)的定义:机器人是一种能够进行编程并在自动控制下执行某

些操作和移动作业任务的机械装置。

国际标准化组织（ISO）的定义：机器人是一种自动的、位置可控的、具有编程能力的多功能机械手，这种机械手具有几个轴，能够借助于可编程序操作来处理各种材料、零件、工具和专用装置，以执行各种任务。

我国科学家对机器人的定义：机器人是一种自动化的机器，所不同的是这种机器具备一些与人或生物相似的智能能力，如感知能力、规划能力、动作能力和协同能力，是一种具有高度灵活性的自动化机器。

在研究和开发未知以及不确定环境下作业的机器人的过程中，人们逐步认识到机器人技术的本质是感知、决策、行动和交互技术的结合。现代的机器人技术在不断地发展，随着机器人的进化和人工智能的进步，这些定义都会逐步得到完善和发展，甚至有可能重新对机器人进行崭新的定义。

截止到目前，科学界对智能机器人还没有一个统一的定义，但可以肯定的是，一个机器人要具备智能必须具备三个基本要素：第一是感觉要素，感觉要素可以使智能机器人感受和认识外界环境，起到与外界交流的作用；第二是运动要素，运动要素使机器人能够对外界做出反应性动作，完成操作者所下达的命令；第三是思考要素，思考要素可以帮助机器人利用从外界获得的信息，制订出最合适的解决方案，进而采用最合理的动作完成命令。

1.2 机器人的分类

从机器人诞生到20世纪80年代初，机器人技术经历了一个长期缓慢的发展过程。到了20世纪90年代，随着计算机技术、微电子技术和网络技术等的快速发展，机器人技术也得到了飞速发展。除了工业机器人水平不断提高之外，各种用于非制造业的先进机器人系统也有了长足的进展。

1.2.1 根据机器人的应用环境分类

根据机器人的应用环境，国际机器人联盟（International Federation of Robotics，IFR）将机器人分为工业机器人和服务机器人。其中，工业机器人指应用于生产过程与环境的机器人，主要包括人机协作机器人和工业移动机器人，如新一代国产机器人——埃斯顿机器人，如图1-1所示。服务机器人则是除工业机器人之外的、用于非制造业并服务于人类的各种先进机器人，主要包括个人/家用服务机器人和公共服务机器人，入驻北京冬奥会的创泽智能机器人如图1-2所示。

图1-1 埃斯顿工业机器人

图1-2 创泽智能机器人

现阶段，考虑到我国在应对自然灾害和公共安全事件中对特种机器人有着相对突出的需求，我国将机器人划分为工业机器人、服务机器人和特种机器人三类，如图1-3所示。其中，工业机器人指面向工业领域的多关节机械手或多自由度的机器人，在工业生产加工过程中通过自动控制来代替人类执行某些单调、频繁和重复的长时间作业，主要包括焊接机器人、搬运机器人、码垛机器人、包装机器人、喷涂机器人、切割机器人和净室机器人等。服务机器人指在非结构环境下为人类提供必要服务的多种高技术集成的先进机器人，主要包括家用服务机器人、医疗服务机器人和公共服务机器人等，其中，公共服务机器人指在农业、金融、物流、教育等除医学领域外的公共场合为人类提供一般服务的机器人。特种机器人指代替人类从事高危环境和特殊工况的机器人，主要包括军事应用机器人、极限作业机器人和应急救援机器人等。

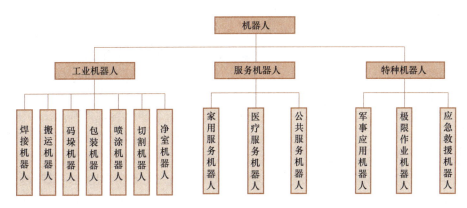

图1-3 根据应用场景的机器人主要分类

1. 工业机器人

工业机器人是面向工业领域的多关节机械手或多自由度的机器人。它是自动执行工作的机器装置，是靠自身动力和控制能力来实现各种功能的一种机器。它可以接受人类指挥，也可以按照预先编制的程序运行，现代的工业机器人还可以根据人工智能技术制定的原则纲领行动。当今工业机器人技术正逐渐向着具有行走能力、具有多种感知能力以及具有较强的对作业环境的自适应能力的方向发展。

工业机器人按臂部的运动形式分为四种：直角坐标型的臂部可沿三个直角坐标移动，圆柱坐标型的臂部可做升降、回转和伸缩动作，球坐标型的臂部能回转、俯仰和伸缩，关节型的臂部有多个转动关节。

工业机器人按执行机构运动的控制机能，又可分为点位型和连续轨迹型。点位型只控制执行机构由一点到另一点的准确定位，适用于机床上下料、点焊和一般搬运、装卸等作业；连续轨迹型可控制执行机构按给定轨迹运动，适用于连续焊接和涂装等作业。

工业机器人按程序输入方式可分为编程输入型和示教输入型两类。编程输入型是将计算机上已编好的作业程序文件，通过RS-232串口或者以太网等通信方式传送到机器人控制柜。示教输入型的示教方法有两种：一种是由操作者用手动控制器（示教操纵盒），将指令信号传给驱动系统，使执行机构按要求的动作顺序和运动轨迹操演一遍；另一种是由操作者直接领动执行机构，按要求的动作顺序和运动轨迹操演一遍。在示教过程的同时，工作程序的信息即自动存入程序存储器中，在机器人自动工作时，控制系统从程序存储器中检出相应信息，将指令信号传给驱动机构，使执行机构再现示教的各种动作。示教输入程序的工业机器人称为示教再现型工业机器人。

具有触觉、力觉或简单的视觉的工业机器人能在较为复杂的环境下工作，如具有识别功能或更进一步增加自适应、自学习功能，即成为智能型工业机器人。它能按照人给的"宏指令"自选或自编程序去适应环境，并自动完成更为复杂的工作。

2. 服务机器人

近年来，人类的活动领域不断扩大，机器人的应用也从制造领域向非制造领域发展。像海洋开发、宇宙探测、采掘、建筑、医疗、农林业、服务和娱乐等行业都提出了自动化和机器人化的要求。这些行业与制造业相比，其主要特点是工作环境的非结构化和不确定性，因而对机器人的要求更高，需要机器人具有行走功能、对外感知能力以及局部的自主规划能力等，这是机器人技术的一个重要发展方向。

（1）水下机器人 我国的"潜龙"、美国的AUSS、俄罗斯的MT-88、法国的EPAVLARD等水下机器人已用于海洋石油开采、海底勘查、救捞作业、管道敷设和检查、电缆敷设和维护，以及大坝检查等方面，形成了有缆水下机器人（Remote Operated Vehicle，ROV）和无缆水下机器人（Autonomous Underwater Vehicle，AUV）两大类。

（2）空间机器人 空间机器人一直是先进机器人的重要研究领域。目前，中国、美国、俄罗斯和加拿大等国已研制出各种空间机器人。中国航天科技集团五院研制的空间机械臂臂展超过10cm，具有自主爬行及扩展能力，灵活性高，可达范围广，能够同时实现大范围、大负载操作以及局部细化操作，其质量、负载能力和输出力矩等指标均达到或超越了世界先进水平。采样机械臂是围绕地外天体表面无人自主采样全过程任务开展研究的空间机器人系统，采样范围大，整臂末端操作精度高，样品获取能力强，并具有很强的着陆姿态适应性。这款机械臂还具有重量轻、臂展长、柔性大、控制精度高的优秀。

（3）核工业用机器人 核工业用机器人的研究主要集中在机构灵巧，动作准确可靠、反应快、重量轻、刚度好、便于装卸与维修的高性能伺服机械手，以及半自主和自主移动机器人。已完成的典型系统包括我国景业智能自主研发的核电机器人、美国ORML基于机器人的放射性储罐清理系统、反应堆用双臂操作器，加拿大研制成功的辐射监测与故障诊断系统，德国的C7灵巧手等。

（4）地下机器人 地下机器人主要包括采掘机器人和地下管道检修机器人两类。其主要研究内容为机械结构、行走系统、传感器及定位系统、控制系统、通信及遥控技术。目前中、日、美、德等国家已研制出了地下管道和石油、天然气等大型管道检修用的机器人，各种采掘机器人及自动化系统正在研制中。我国自主研发的手术类医用机器人在妇科、泌尿外科手术等领域已进行了注册临床试验；

（5）医用机器人 医用机器人的主要研究内容包括医疗外科手术的规划与仿真、机器人辅助外科手术、最小损伤外科和临场感外科手术等。美国已开展临场感外科（telepresence surgery）的研究，用于战场模拟、手术培训和解剖教学等。法、英、意、德等国家联合开展了图像引导型整形外科计划、袖珍机器人计划以及用于外科手术的机电手术工具等项目的研究，并已取得一些卓有成效的结果。

（6）建筑机器人 我国博智林公司自主研制的8款建筑机器人分别为地面整平机器人、外墙多彩漆喷涂机器人、砂浆喷涂机器人、地坪漆涂敷机器人、地砖铺贴机器人、室内喷涂机器人、测量机器人和建筑废弃物再利用流动制砖车，实际应用到建筑全周期的 7 大工序，包括混凝土主体结构、二次结构、室内精装修、地坪施工、外墙施工、辅助测量施工及废弃物处理的环保施工。日本已研制出高层建筑抹灰机器人、预制件安装机器人、室内装修机器人、地面抛光机器人和擦玻璃机器人等，并已实际应用。美国卡内基梅隆大学、麻省理工学院等都在进行管道挖掘和埋设机器人、内墙安装机器人等型号的研制，并开展了传感器、移动技术和系统自动化施工方法等基础研究。英、德、法等国也在开展这方面的研究。

（7）军用机器人 近年来，中、美、英、法、德等国已研制出第二代军用智能机器人。其特点是采用自主控制方式，能完成侦察、作战和后勤支援等任务，在战场上具有看、嗅和触摸能力，能够自动跟踪地形和选择道路，并且具有自动搜索、识别和消灭敌方目标的功能。如我国的"翼龙Ⅱ"无人机可装备空地导弹和制导炸弹；机器"大狗"可用于山地及丘陵地区的物资背负、驮运和安防，可承担运输、侦察或打击任务等；美国的 Navplab 自主导航车、SSV 半自主地面战车，法国的自主式快速运动侦察车（DARDS），德国 MV4 爆炸物处理机器人等。目前，美国 ORNL 正在研制和开发 Abrams 坦克、爱国者导弹装电池用机器人等各种用途的军用机器人。

可以预见，在 21 世纪，各种先进的机器人系统将会进入人类生活的各个领域，成为人类良好的助手和亲密的伙伴。

1.2.2 根据机器人的自主性分类

根据机器人的自主性进行分类，机器人可分为遥控机器人和自主机器人两大类。

1. 遥控机器人

遥控机器人指的是通过操作者遥控完成各种远程作业的机器人。遥控机器人与传统遥控器相似，又增加了用于机器人的各种技术，操作者可以通过可视距离内遥控，也可以在电视图像中进行监控操作。

遥控机器人系统主要分为两部分：机器人工作空间和操作者的操作空间。按类型可将遥控机器人分为：固定式和移动式两种。遥控机器人主要应用于以下领域：非结构环境下很少重复的任务；遥控机器人被带到施工现场；任务不是非结构，但没有先验知识去执行任务。遥控机器人被广泛地应用于各种不容易到达或不能到达的危险环境，并在各个领域根据应用扩展了研究课题。

一种典型的远程遥控机器人如图 1-4 所示，这是大华股份自主研发的智能防爆消防灭火侦察机器人。

2. 自主机器人

本体自带各种必要的传感器、控制器，在运行过程中无外界人为信息输入和控制的条件下，可以独立完成一定任务的机器人称为自主机器人，如足球机器人。足球机器人（图 1-5）主要由以下几部分组成：

（1）视觉系统 负责感知球场上的态势，获得球场上的实时图像，对图像进行颜色分割，识别出球场上的各个目标，然后进行距离校正，将结果发送给决策系统。

（2）决策系统 接收视觉系统的辨识结果，对球场态势进行分析，然后做出合理决策，将命令发送给底层控制系统。

（3）底层控制系统 通过串口接收上位机的命令，控制各轮走行电动机按照指定速度运行，控制弹射和持球电动机，将底层传感器的数据通过串口发送给上位机。

图 1-4　远程遥控机器人　　　　　　　图 1-5　足球机器人

（4）通信系统　通过无线网络联系场内机器人和场外计算机，进行遥控测试、参数设置等操作以及控制比赛的开始和终止。

1.2.3　根据机器人的功能分类

机器人的应用范围很广，可以从事维护、保养、修理、运输、清洗、保安、救援和监护等工作。

1. 家用机器人

日本从 1977 年开始研制导盲机器人，又称为"导盲犬"。它用蓄电池作为动力源，身上装有计算机和感觉装置。感觉装置不断地检测路标，根据检测信号带领盲人绕过障碍物前进，如图 1-6 所示。

2. 医疗机器人

2021 年 8 月，精锋医疗自主研发的手术类医用机器人 MP1000 启动了在妇科领域的临床注册试验入组；同年 12 月，MP1000 完成了在泌尿外科手术的注册临床试验。两项结果标志着我国医用机器人技术成功突破了国际垄断的局面，我国正式进入国产手术机器人（图 1-7）新时代。

 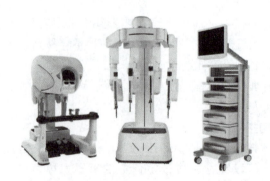

图 1-6　导盲机器人　　　　　　图 1-7　精锋多孔腔镜手术机器人

经过多年的不懈努力，临场感远程外科手术系统已经问世，它是由斯坦福研究所的菲利普·格林发明的，因此又称为格林系统。格林系统是让外科医生坐在一个大操纵台前，带上三维眼镜，盯着一个透明的工作间，观看手术室内立体摄像机摄录并传送过来的手术室和病人的三维立体图像。与此同时，外科医生的两手手指分别钩住操纵台下两台仪器上的控制环。仪器中的传感器可测量出外科医生手指的细微动作并把测量结果数字化，随后传送到两只机械手上,机械手随外科医生动作,为病人做手术。外科医生是在病人图像上做手术,但感觉却与现场手术无异。机械手还会通过传感器把手术时的所有感觉反馈给外科医生。目前,专家们已利用这套系统为一头猪做了手术并获得了成功。此外,专家们还通过一系列试验验证了这套系统的精度,例如,指挥机械手把小棍穿过小垫圈而不会碰到垫圈壁,把葡萄切成 1mm 厚的薄片等试验。

3. 娱乐机器人

娱乐机器人以供人观赏、娱乐为目的,具有机器人的外部特征,可以像人,像某种动物,像童话或科幻小说中的人物等。娱乐机器人具有机器人的功能,可以行走或完成动作,可以有语言能力,会唱歌,有一定的感知能力。

几年前,美国特种机器人协会曾举办了一场别开生面的音乐会,演唱者是世界男高音之王"帕瓦罗蒂"。这位"帕瓦罗蒂"并不是意大利著名的歌唱家帕瓦罗蒂,而是美国依阿华州立大学研制的机器人歌手"帕瓦罗蒂"。这场音乐会实际上是一场机器人验收会。听众席上不仅有机器人领域的专家,更有不少音乐家以及众多慕名而来的听众。

演出开始,"帕瓦罗蒂"身着他习惯穿的黑白相间的礼服,大大方方地走上舞台,手里还拿着他演唱时喜欢挥舞的白手绢。当他放声高歌时,不仅唱出了两个 8 度以上的高音,而且被歌唱家们视为畏途的高音 C 他也能唱得清脆圆润,具有"穿透力"。不仅听众们一个个目瞪口呆,就连那些闭目聆听的音乐家们也惊呼道:"这不就是高音 C 王帕瓦罗蒂吗?"

演唱完毕,应听众的要求,"帕瓦罗蒂"还做了自我介绍。他说:"我出生在意大利摩德纳附近美丽的卡尔比,早年是一名糟透了的小学教师。1961 年,在雷基奥·埃米利亚的国际比赛中,我出乎意料地获得了大奖,我高兴得几天几夜睡不着觉,我想我大概天生就是块唱歌的料。1964 年,我胆战心惊地第一次登台唱歌剧,在《艺术家生涯》中扮演鲁道尔夫,想不到大获成功,从此我开始了艺术家的生涯。"机器人歌手诙谐幽默,妙语连珠。他的语调声音、用词造句与帕瓦罗蒂可谓是如出一人。演唱结束后,"帕瓦罗蒂"还为他的崇拜者们签名留念。当一位崇拜者递上一张帕瓦罗蒂的照片时,"帕瓦罗蒂"习惯地在照片的左上角一丝不苟地写下了他的大名"Pavarotti",其笔迹与帕瓦罗蒂的笔迹丝毫不差。

整个演唱会引起了轰动。在记者们紧追不舍的逼问下,研制专家们透露了一些内部信息:他们的机器人歌手之所以表演得如此逼真,是因为他们事先成功地获得了帕瓦罗蒂演唱时胸腔、颅腔和腹腔内空气振动的频率、波长、压力及空气的流量等数据,再用先进的计算机系统进行"最逼真的模拟",然后再进行仿制。

美国特种机器人协会的专家阿姆斯特朗特地上台对演唱的成功表示祝贺。他认为,目前世界上娱乐机器人的水平仅能达到仿制人的体型外貌,能在手脚的动作及面部表情上有"拙劣的模仿就不错了";而眼前的"帕瓦罗蒂"能取得如此优异的成绩,确实是向前迈进了一大步。近年来,全球商业性娱乐机器人数量正以每年 35% 的惊人速度递增。

目前,广受关注的是机器人玩具,它实际是一种智能玩具,能够开发儿童的智能,让儿童在玩耍中学到一些高技术知识。图 1-8 所示为智能犬型机器人。

图 1-8 日本索尼公司推出的犬型机器人爱宝

4. 类人机器人

从其他类别的机器人可以看出，大多数的机器人并不像人，有的甚至没有一点人的模样，这一点使很多机器人爱好者大失所望。也许读者会问，为什么科学家不研制类人机器人？这样的机器人会更容易让人接受。其实，科学家和我们爱好者的心情是一样的，研制出外观和功能与人一样的机器人是他们梦寐以求的愿望，也是他们不懈追求的目标。然而，研制出性能优异的类人机器人还存在很多技术难题，不要说让机器人去完成什么样的工作，仅双足直立行走就是一个很大的难关。机器人与人的学习方式不一样：一个婴儿要先学走，再学跑；而机器人则要先学跑，再学走。也就是说，机器人学跑更容易些。

中、美、日等国都在研制类人机器人方面进行了很多有益的探索，并取得了很多研究成果。国防科技大学、哈尔滨工业大学研制出了两足行走机器人，北京航空航天大学、北京科技大学研制出了多指灵巧手等。日本本田公司于1997年10月推出了类人机器人P3，美国麻省理工学院研制出了类人机器人科戈（COG），德国和澳大利亚共同研制出了装有52个气缸、身高2m、体重150kg的大型机器人。图1-9所示为仿人形灵巧手。

图1-9 仿人形灵巧手

5. 农业机器人

近年来，我国农业机器人不断问世，有望改变传统的劳动方式。图1-10所示为农业机器人在采摘西红柿。

图1-10 农业机器人在采摘西红柿

6. 军用机器人

（1）地面军用机器人 地面军用机器人主要是指智能或遥控的轮式和履带式车辆。地面军用机器人又可分为自主车辆和半自主车辆。自主车辆依靠自身的智能自主导航，躲避障碍物，独立完成各种战斗任务；半自主车辆可在人的监视下自主行驶，在遇到困难时操作人员可以进行遥控干预。图1-11所示为履带军用机器人。

图1-11　履带军用机器人

（2）无人机　被称为空中机器人的无人机是军用机器人中发展最快的家族，从1913年第一台自动驾驶仪问世以来，无人机的基本类型已达到300多种，目前在世界市场上销售的无人机有40多种。由于美国的科学技术全球领先，国力较强，因而100多年来，世界无人机的发展基本上是以美国为主线向前推进的。美国是研究无人机最早的国家之一，目前无论从技术水平还是无人机的种类和数量来看，美国均居世界首位。图1-12所示为美军"捕食者"无人机。综观无人机发展的历史，可以说现代战争是无人机发展的动力，高新技术的发展是它不断进步的基础。

（3）水下机器人　有人潜水器机动灵活，便于处理复杂的问题，但人的生命可能会有危险，而且价格昂贵；无人潜水器就是人们所说的水下机器人，"科夫"就是其中的一种。它适于长时间、大范围的考察任务，近20年来，水下机器人有了很大的发展，它们既可军用又可民用。

随着人类对海洋的进一步开发，21世纪水下机器人必将会有更广泛的应用。按照无人潜水器与水面支持设备（母船或平台）之间联系方式

图1-12　美军"捕食者"无人机

的不同，水下机器人可以分为两大类：一种是有缆水下机器人（ROV），习惯上把它称为遥控潜水器；另一种是无缆水下机器人（AUV），习惯上把它称为自治潜水器。有缆水下机器人都是遥控式的，按其运动方式分为拖曳式、（海底）移动式和浮游（自航）式三种。无缆水下机器人只能是自治式的，目前还只有观测型浮游式一种运动方式，但它的前景是光明的。图1-13所示为SAWFISH水下伐木机器人。

（4）空间机器人　空间机器人是一种低价位的轻型遥控机器人，可在行星的大气环境中导航及飞行。为此，它必须克服许多困难，如它要能在一个不断变化的三维环境中运动并自主导航，几乎不能够停留，必须能实时确定它在空间的位置及状态，要能对它的垂直运动进行控制，要为它的星际飞行预测及规划路径。图 1-14 所示为北京航空航天大学与意大利米兰理工大学合作研制的空间机器人样机。

图 1-13　SAWFISH 水下伐木机器人

图 1-14　空间机器人样机

1.3　机器人的发展历史和趋势

机器人从第一台遥控的操作机到现在的智能型机器人，机器人技术的发展成为人类科学技术发展的一格缩影。从简单的机电控制到复杂的智能控制，从简单的开关量到复杂的、连续的随机变量，从平面空间到立体空间，从简单的运算到复杂的、大量的数据处理，从简单的机械结构到复杂的人工肌肉，都是机器人这个特殊的装置所需要的。经过几十年的发展，机器人技术已经形成了综合性的学科——机器人学（Robotics）。机器人的发展可以划分为三个阶段：第一代机器人、第二代机器人和第三代机器人。

第一代机器人是示教再现型机器人。这类机器人能够按照人类预先示教的轨迹、行为、顺序和速度重复作业。"尤尼梅特"和"沃尔萨特兰"这两种最早的工业机器人是示教再现型机器人的典型代表。它们由人操纵机械手做一遍应当完成的动作或通过控制器发出指令让机械手臂动作，在动作过程中机器人会自动将这一过程存入记忆装置。当机器人工作时，能再现人教给它的动作，并能自动重复地执行。这类机器人不具有外界信息的反馈能力，很难适应变化的环境。英格伯格和德沃尔制造的工业机器人是第一代机器人，属于示教再现型，即人手把着机械手，把应当完成的任务做一遍，或者人用示教控制盒发出指令，让机器人的机械手臂运动，一步步完成它应当完成的各个动作，如图 1-15 所示。示教再现型机器人具有稳定的工作特性，因此直到现在工业现场应用的机器人大多属于第一代机器人。

第二代机器人是有感觉的机器人，它们具有环境感知装置，对外界环境有一定的感知能力，具有

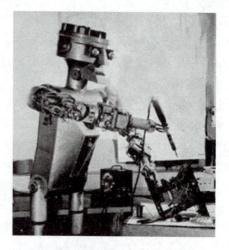

图 1-15　第一代机器人

听觉、视觉和触觉等功能，能在一定程度上适应环境的变化。机器人工作时，根据感觉器官（传感器）获得的信息，灵活调整自己的工作状态，保证在适应环境的情况下完成工作。例如，具有触觉的机械手可轻松自如地抓取鸡蛋，具有嗅觉的机器人能分辨出不同的饮料和酒类。以焊接机器人为例，机器人焊接的过程一般是通过示教方式给出机器人的运动曲线，机器人携带焊枪按照这个曲线运动进行焊接。这就要求工件被焊接的位置必须十分准确，一致性好；否则，机器人走的曲线和工件上的实际焊缝位置会有偏差。为了解决这个问题，第二代机器人采用了焊缝跟踪技术，通过传感器感知焊缝的位置，再通过反馈控制，机器人就能够自动跟踪焊缝，从而对示教的位置进行修正，即使实际焊缝相对于原始设定的位置有变化，机器人仍然可以很好地完成焊接工作。

第三代机器人是智能机器人，它通过各种传感器、测量器等获取环境的信息，然后利用智能技术进行识别、理解、推理并最后做出规划决策，能自主行动实现预定目标的高级机器人。第三代机器人不仅具备了感知能力，而且具有独立判断和行动的能力，并具有记忆、推理和决策的能力，因而能够完成更加复杂的动作。中央计算机控制手臂和行走装置，使机器人的手完成作业，脚用来完成移动，机器人能够用自然语言与人对话。

智能机器人的"智能"特征就在于它具有与外部世界——对象、环境和人相适应、相协调的工作机能。从控制方式来看，智能机器人不同于工业机器人的"示教、再现"，不同于遥控机器人的"主—从操纵"，而是以一种"认知—适应"的方式自律地进行操作。智能机器人在发生故障时，通过自我诊断装置能自我诊断出故障部位，并能自我修复。

1.3.1 国外机器人的发展历程

1. 美国

美国是机器人的诞生地，早在 1962 年就研制出世界上第一台工业机器人，比号称"机器王国"的日本起步至少要早五年。经过几十年的发展，美国现已成为世界上的机器人强国之一，基础雄厚、技术先进。

由于美国政府从 20 世纪 60 年代到 70 年代的十几年期间，并没有将机器人列入重点发展项目，只是在几所大学和少数公司开展了一些研究工作。20 世纪 70 年代后期，美国政府和企业界虽对工业机器人的制造和应用有所重视，但在技术路线上仍把重点放在研究机器人软件及军事、宇宙、海洋、核工程等特殊领域的高级机器人的开发上，致使日本的工业机器人后来居上，并在工业生产的应用上及机器人制造业上很快超过了美国，产品在国际市场上形成了较强的竞争力。进入 20 世纪 80 年代之后，美国政府和企业界才对机器人真正重视起来，政策上也有所体现，一方面鼓励工业界发展和应用机器人；另一方面制订计划、提高投资，增加机器人的研究经费，把机器人看成美国再次工业化的特征，使美国的机器人迅速发展。20 世纪 80 年代中后期，随着各大厂家应用机器人的技术日臻成熟，第一代机器人的技术性能越来越满足不了实际需要，美国开始生产带有视觉、触觉的第二代机器人，并很快占领了美国 60% 的机器人市场。目前，美国的机器人技术在国际上一直处于领先地位。其技术全面、先进，适应性也很强。具体表现在以下几个方面：

1）性能可靠，功能全面，精确度高。
2）机器人语言研究发展较快，语言类型多、应用广，水平高居世界之首。
3）智能技术发展快，其视觉、触觉等人工智能技术已在航天、汽车工业中广泛应用。
4）高智能、高难度的军用机器人、太空机器人等发展迅速，主要用于扫雷、布雷、侦察、站岗及太空探测方面。

2. 英国

早在1966年，美国Unimation公司的尤尼梅特机器人和AMF公司的沃尔萨特兰机器人就已经率先进入英国市场。1967年，英国的两家大型机械公司还特地为美国这两家机器人公司在英国推销机器人。接着，英国Hall Automation公司研制出自己的机器人RAMP。20世纪70年代初期，英国政府科学研究委员会颁布了否定人工智能和机器人的Lighthall报告，对工业机器人实行了限制发展的严厉措施，因此机器人工业一蹶不振。但是，国际上机器人蓬勃发展的形势很快使英国政府意识到：机器人技术的落后，导致其商品在国际市场上的竞争力大为下降。从20世纪70年代末开始，英国政府转而采取支持态度，推行并实施了一系列支持机器人发展的政策和措施，如广泛宣传使用机器人的重要性，在财政上给购买机器人的企业进行补贴，积极促进机器人研究单位与企业联合等，使英国机器人进入在生产领域广泛应用及大力研制的兴盛时期。

3. 法国

法国不仅在机器人拥有量上居于世界前列，而且在机器人应用水平和应用范围上也处于世界先进水平。这主要归功于法国政府一开始就比较重视机器人技术，特别是把重点放在开展机器人的应用研究上。法国机器人的发展比较顺利，主要原因是通过政府大力支持的研究计划，建立起一个完整的科学技术体系。即由政府组织一些机器人基础技术方面的研究项目，而由工业界支持开展应用和开发方面的工作，两者相辅相成，使机器人在法国企业界很快发展和普及。

4. 德国

德国工业机器人的总数占世界第三位，仅次于日本和美国。它比英国和瑞典引进机器人晚了五六年，因为在德国机器人工业起步阶段恰逢国内经济不景气。当时的德国由于战争导致劳动力短缺，但是国民技术水平高，这些都是有利于机器人工业发展的社会环境。到了20世纪70年代中后期，政府采用行政手段为机器人的推广开辟道路；在"改善劳动条件计划"中规定，对于一些有危险、有毒、有害的工作岗位，必须以机器人来代替人的劳动。这个计划为机器人的应用开拓了广阔市场，并推动了工业机器人技术的发展。

日耳曼民族是一个重实际的民族，他们始终坚持技术应用和社会需求相结合的原则。除了像大多数国家一样，将机器人主要应用在汽车工业之外，突出的一点是德国在纺织工业中用现代化生产技术改造原有企业，报废了旧机器，购买了现代化自动设备、电子计算机和机器人，使纺织工业成本下降、质量提高，产品的花色品种更加适销对路。到1984年终于使这个被喻为"快完蛋的行业"重新振兴起来。与此同时，德国看到了机器人等先进自动化技术对工业生产的作用，提出了1985年以后要向高级的、有感觉的智能型机器人转移的目标。经过近十年的努力，其智能机器人的研究和应用方面在世界上处于公认的领先地位。

5. 日本

日本在20世纪60年代末正处于经济高度发展时期，年增长率达11%。第二次世界大战后，日本的劳动力十分紧张，而经济高速发展更加剧了劳动力的严重不足。为此，日本在1967年由川崎重工业公司从美国Unimation公司引进机器人及其技术，建立起生产车间，并于1968年试制出第一台川崎的"尤尼梅特"机器人，在企业里受到了"救世主"般的欢迎。日本政府一方面在经济上采取了积极的扶植政策，鼓励发展和推广应用机器人，进一步激发了企业家从事机器人产业的积极性。尤其是政府对中、小企业的一系列经济优惠政策，如由政府银行提供优惠的低息资金，鼓励集资成立"机器人长期租赁公司"，公司出资购入机器人后长期租给用户，使用者每月只需交付较低廉的租金，大大减轻了企业购入机器人所需的资金负担。政府把由计算机控制的示教再现型机器人作为特别折扣优待产品，企业除享受新设备通常的 40% 折扣优待外，还可再享受 13% 的价格补贴。另一方面，国家出资对小企业进行应用型机器人的专门知识和技术指导等。这一系列扶植政策使日本机器人产业迅速发展起来，经过短短的十几年，到 20 世纪 80 年代中期，已一跃成为"机器人王国"，其机器人的产量和安装的台数在国际上跃居首位。按照日本产业机器人工业会常务理事米本完二的说法：日本机器人的发展经过了 20 世纪 60 年代的摇篮期，20 世纪 70 年代的实用期，到 20 世纪 80 年代进入普及提高期。日本正式把 1980 年定为"产业机器人的普及元年"，开始在各个领域内广泛推广使用机器人。

1.3.2　国内机器人的发展历程

我国在机器人研究方面相对西方国家来说起步较晚。先后经历了 20 世纪 70 年代的萌芽期、80 年代的开发期和 90 年代的实用化期，取得了很大的进展和辉煌的成就，并以机器人为助推器推动整个制造业的改变和高新技术产业的壮大。

1986 年，我国启动了"七五"机器人攻关计划；1987 年，"863"计划将机器人方面的研究开发列入其中。目前，我国从事机器人研发的单位主要是高校及有关科研院所等。最初我国在机器人技术方面研究的主要目的是跟踪国际先进的机器人技术。随后，我国在机器人技术及应用方面取得了很大的成就，主要研究成果有：哈尔滨工业大学研制的两足步行机器人；北京自动化研究所 1993 年研制的喷涂机器人，1995 年完成的高压水切割机器人；沈阳自动化研究所研制的有缆深潜 300m 机器人、无缆深潜机器人和遥控移动作业机器人；大疆无人机斩获 2020 年中国优秀工业设计奖；达闼科技凭借领先的智能柔性关节 SCA 荣获"Leaderrobot 2021 年度中国机器人伺服系统技术领先奖"；我国在 2021 年世界技能大赛上夺得移动机器人项目的金牌。

我国在仿人形机器人方面也取得很大的进展。例如，中国国防科学技术大学经过 10 年的努力，于 2000 年成功地研制出我国第一个仿人形机器人——"先行者"，其身高 140cm，重 20kg。它有与人类似的躯体、头部、眼睛、双臂和双足，可以步行，也有一定的语言功能。它每秒可以走 1~2 步，但步行质量较高：既可在平地上稳步向前，还可自如地转弯、上坡；既可以在已知的环境中步行，还可以在小偏差、不确定的环境中行走。

1.3.3　机器人未来的发展趋势

从研究的发展过程来看，机器人可分为人工智能机器人与自动装置机器人两种潮流。前者着力于实现有知觉、有智能的机械；后者着力于实现目的，研究重点在于动作速度和精度，各种作业的自动化。智能机器人系统由指令解释、环境认识、作业计划设计、作业方法决定、作业程序生成与实施、知识库等环节及外部各种传感器和接口等组成。智能机器人的研究与现实世界的关系很大，不仅与智能的信息处理有关，而且与传感器收集现实世界的信息和据此机器人做出的动作有关。此时，信息的输入处理、判断、规划必须互相协调，以使机器人选择合适的动作。

构成智能机器人的关键技术很多，在考虑智能机器人的智能水平时，将作业环境分为三类：设定环境、已知环境和未知环境。此外，机器人按学习能力也可分为三类：无学习能力、内部限定的学习能力及自学能力。将这些类别分别组合，就可得出 3×3 矩阵状的智能机器人分类，目前研究得最多的是在已知环境中工作的机器人。从长远的观点来看，在未知环境中学习是智能机器人的一个重要研究课题。

机器人技术是一个非常综合的新型技术。科学技术的日新月异给人类的生活带来巨大的变化，机器人技术包括控制技术、计算机技术、传感器技术、机械技术和材料技术等。目前智能机器人的应用范围得到了大大地扩展，除工农业生产外，机器人已经应用到各行各业，机器人已具备了人类的特点。机器人向着智能化、拟人化方向发展的道路是没有止境的。

（1）更聪明的智能机器人　随着人工智能技术的进步以及在机器人领域的广泛应用，机器人也变得越来越聪明。国际著名公司 IBM 一直致力于人工智能技术在机器人上的应用，其研发团队试图利用先进的计算机学习算法来训练机器人，以便让智能机器人无论在语言沟通、行为运动方面，还是在分析思考、规划方案方面都能得到较大的提升。机器学习算法是重要的人工智能技术之一，它在国际智能机器人领域得到了广泛的应用，利用这种先进的技术，机器人可以学习如何更好地导航和定位，以及如何与一些智能设备更好地结合等。

（2）更自然的互动　未来的智能机器人可与人更加自然地互动交流，在语言功能类机器算法的帮助下，未来机器人将拥有更加强大的语言功能。微软的一名实验室主任认为，虚拟助手机器人将是未来智能机器人发展的趋势，因为虚拟助手机器人能够比人类助手更加科学合理地安排人们的行程，在智能算法的帮助下，学会如何"圆滑"地与人交流。

（3）更快的分析能力　未来的智能机器人将具备更快的分析能力，这种更快的分析能力依赖于机器学习算法，而这种算法会提高数据分析的质量，同时也能加快数据分析的速度。例如，一名放射科的医生每天需要识别和分析大量的射线相片，如果利用具有高级机器算法的智能机器人来识别和分析这些相片，将会大大提高医疗检测的质量和速度，从而使放射科医生节约出大量的时间用于治病。

（4）更激烈的竞争　2015 年 11 月，谷歌公司正式开始了对开源机器学习系统 TensorFlow 的研究工作，这是谷歌公司的第二代机器学习系统，比第一代机器学习系统的学习速度提高了两倍左右。同一年，Facebook 也开始了智能计算机服务器的研究，服务器采用智能算法运行。由于人类在人工智能领域的不断突破，人工智能技术受到越来越多的科技企业的关注，人工智能在智能机器人上的应用也越来越成熟。人们通过多种人工智能技术的融合应用，将智能机器人打造得更加强大，在商业领域，关于智能机器人的竞争日益激烈。2015 年之后，各种高科技研发团队争相进入人工智能研究领域，对智能机器人的研究成了该行业的热点。以谷歌、微软、Facebook 为首的一批科技巨头纷纷加入到智能机器人的竞争之中，它们都想成为未来人工智能领域的领导者，制造出强大的、具有绝对垄断地位的高智能机器人。

（5）更强的学习能力　由于机械特性的局限，智能机器人在早期更多的是做一些重复性的工作。在人工智能技术的支撑下，一些先进的智能机器人已经在重复性工作上表现得令人满意，借助精准的操作，这些智能机器人甚至可以比人更出色地完成某些任务。然而，智能机器人的研究还只停留在初级阶段，人们所创造的智能机器人的智力水平仍然较低，并且一般都局限于精密制造领域。它们的工作模式也相对固定，很容易受到外部环境的限制。一旦外部环境发生变化，或者遇到一些不确定的情况，智能机器人就可能无法按照预期完成任务。随着机器学习算法的不断进步，智能机器人可以学会在不同环境下进行工作，甚至当一些突发状况发生时，它们还能通过自己的"主观判断"，比预期更好地完成任务。

深度学习是一种新的机器学习算法，它采用了大型仿真神经网络。如果智能机器人采用这种算法，就可以拥有更加智能的学习能力，不仅能够理解图片、视频和语音的具体内容，还能在观看和收听过程中，辨别和抓取有用信息，甚至做出有效的推理判断。

智能机器人的发展不仅与人工智能技术的发展息息相关，它还会受到商业发展的影响。对未来智能机器人发展趋势的预测有助于人们进一步理解智能机器人的现实情况。智能机器人的这五个发展趋势结合了人类现在的发展水平，符合人们对智能机器人的期望。

本章小结

本章介绍了机器人的基本概念与定义，阐述了机器人的不同分类，简要说明了机器人的发展历史和趋势，目的是使读者对机器人有初步的认识和了解，为后续内容的学习奠定基础。

思考练习

1. 试为工业机器人和智能机器人下个定义。
2. 机器人有哪些分类方法？是否还有其他的分类方法？
3. 人工智能与机器人的关系是什么？在机器人上能应用哪些人工智能技术？
4. 随着智能制造的逐步升级，工业机器人特别是智能机器人的应用受到了高度重视。试述在制造业大量应用机器人应考虑和注意哪些问题？
5. 搜集资料，编写一份关于机器人应用领域的调研报告。

第2章
智能机器人技术

一个双足机器人系统通常由以下几个模块组成：①机器人控制系统，包括各类控制模块的原理与组成；②机器人运动系统，包括电动机与舵机的原理与控制方法；③机器人动作系统，包括机器人各部件的协调控制；④机器人视觉系统，包括典型的超声波、影像传感器的原理与识别算法；⑤机器人情感表现系统，包括人与机器人的交互原理；⑥机器人网络协作系统，包括机器人之间的数据与信息的传递方法，如图2-1所示。

一个理想化的、完善的智能机器人系统与普通机器人一样，通常由五个部分组成：机械本体、感知系统、驱动装置、控制系统和通信系统。为对本体进行精确控制，感知系统应提供机器人本体或其所处环境的信息。感知系统一般采用CCD摄像机（视觉传感器）、激光测距传感器、超声波测距传感器、接触和接近传感器、红外线测距传感器和雷达定位传感器等，多传感器融合是其发展方向。

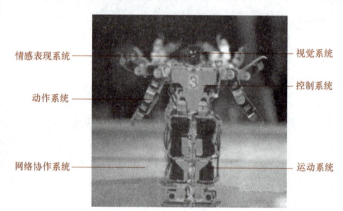

图2-1 双足机器人系统

随着计算机技术、人工智能及传感技术的迅速发展，智能机器人在控制系统方面的研究具备了坚实的技术基础和良好的发展前景。控制系统依据控制程序产生指令信号，通过控制驱动器使机械本体各臂杆端点按照要求的轨迹、速度和加速度，以一定的姿态到达空间指定的位置。驱动装置将控制系统输出的信号转换成大功率的信号，以驱动执行器工作。

2.1 机器人机械结构

机器人的机械结构由手部、腕部、臂部、机身和行走机构组成。机器人必须有一个便于安装的基础件机座。机座往往与机身做成一体，机身与臂部相连，机身支承臂部，臂部又支承腕部和手部。

机器人为了进行作业，必须配置操作机构，这个操作机构称为手部，也称为手爪或末端操作器。连接手部和臂部的部分，称为腕部，其主要作用是改变手部的空间方向和将作业载荷传递到臂部。臂部连接机身和腕部，主要作用是改变手部的空间位置，满足机器人的作业空间，并将各种载荷传递到机身。机身是机器人的基础部分，它起着支承作用。对于固定式机器人，机身直接连接在地面基础上；对于移动式机器人，机身安装在行走机构上。

2.1.1 行走机构

行走机构是行走机器人的重要执行部件，它由驱动装置、传动机构、位置检测元件、传感器、电缆及管路等组成。它一方面支承机器人的机身、臂部和手部，另一方面还根据工作任务的要求，带动机器人实现在更广阔的空间内运动。

一般而言，行走机器人的行走机构主要有车轮式行走机构、履带式行走机构和足式行走机构。此外，还有步进式行走机构、蠕动式行走机构、混合式行走机构和蛇行式行走机构等，以适应各种特殊的场合。

1. 行走机构的特点

行走机构按其行走移动轨迹可分为固定轨迹式和无固定轨迹式。固定轨迹式行走机构主要用于工业机器人。无固定轨迹式按行走机构的特点可分为步行式、轮式和履带式。在行走过程中，步行式与地面为间断接触，轮式和履带式与地面为连续接触；前者为类人（或动物）的腿脚式，后两者的形态为运行车式。运行车式行走机构用得比较多，多用于野外作业，比较成熟。步行式行走机构正在发展和完善中。

（1）固定轨迹式可移动机器人　这类机器人机身底座安装在一个可移动的拖板座上，靠丝杠螺母驱动，整个机器人沿丝杠纵向移动。这类机器人除了采用直线驱动方式外，有时也采用类似起重机梁行走方式等。固定轨迹式可移动机器人主要用在作业区域大的场合，如大型设备装配，立体化仓库中的材料搬运、材料堆垛与储运以及大面积喷涂等。

（2）无固定轨迹式行走机器人　工厂对机器人行走性能的基本要求是机器人能够从一台机器旁边移动到另一台机器旁边，或者在一个需要焊接、喷涂或加工的物体周围移动，不用把工件送到机器人面前。这种行走性能也使机器人能更加灵活地从事更多的工作。在一项任务不忙的时候它还能够去做另一项工作，如同真正的工人一样。要使机器人能够在被加工物体周围移动或者从一个工作地点移动到另一个工作地点，首先需要机器人能够面对一个物体自行重新定位。同时，行走机器人应能够绕过其运行轨道上的障碍物。计算机视觉系统是提供上述能力的方法之一。

运载机器人的移动车辆必须能够支承机器人的重量。当机器人四处行走对物体进行加工的时候，移动车辆还需具有保持稳定的能力。这就意味着机器人本身既要平衡可能出现的不稳定力或力矩，又要有足够的强度和刚度，以承受可能施加于其上的力和力矩。为了满足这些要求，可以采用以下两种方法：一是增加机器人移动车辆的重量和刚性，二是进行实时计算和施加所需要的平衡力。前一种方法比较容易实现，因此它是目前改善机器人行走性能的常用方法。

2. 车轮式行走机构

车轮式行走机器人是机器人中应用最多的一种，在相对平坦的地面上，用车轮移动的方式行走是相当优越的。

（1）车轮的型式　车轮的形状或结构型式取决于地面的性质和车辆的承载能力。在轨道上运行的多采用实心钢轮，在室外路面上行驶的多采用充气轮胎，在室内平坦地面上行驶的可采用实心轮胎。

图 2-2 所示为在不同地面上采用的不同车轮型式。图 2-2a 所示的充气球轮适合沙丘地形；图 2-2b 所示的半球形轮是为火星表面而开发的；图 2-2c 所示的传统车轮适合平坦的坚硬路面；图 2-2d 所示为车轮的一种变形，称为无缘轮，用来爬越阶梯，以及在水田中行驶。

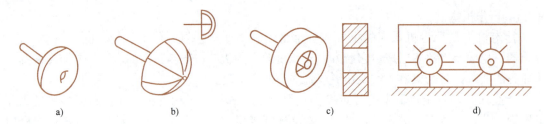

图 2-2 不同车轮型式

a）充气球轮 b）半球形轮 c）传统车轮 d）无缘轮

图 2-3 所示为我国登月工程中"玉兔"月球车的车轮,该车轮是镂空金属带轮,镂空是为了减少扬尘,因为在月面环境影响下,"玉兔"行驶时很容易打滑,月壤细粒会大量扬起飘浮,进而对巡视器等敏感部件产生影响,容易引起机械结构卡死、密封机构失效、光学系统灵敏度下降等故障。为应付"月尘"困扰,"玉兔"的轮子辐条采用钛合金,筛网用金属丝编制,在保持高强度和抓地力的同时,减轻了轮子的重量。轮子上有二十几个抓地爪露在外面。

图 2-3 "玉兔"月球车的车轮

（2）车轮的配置和转向机构 车轮式行走机构依据车轮的数量分为一轮、二轮、三轮、四轮以及多轮行走机构。一轮和二轮行走机构在实现上的主要障碍是稳定性问题,实际应用的多为三轮和四轮车轮式行走机构。

1）一般三轮行走机构。三轮行走机构具有一定的稳定性,代表性的车轮配置方式是一个前轮,两个后轮,如图 2-4 所示。图 2-4a 采用两个后轮独立驱动,前轮仅起支承作用,靠后轮的转速差实现转向;图 2-4b 采用前轮驱动、前轮转向的方式;图 2-4c 为利用两后轮差动减速器驱动、前轮转向的方式。

2）轮组三轮行走机构。图 2-5 所示为具有三组轮子的轮组三轮行走机构。三组轮子呈等边三角形分布在机器人的下部,每组轮子由若干个滚轮组成。这些轮子能够在驱动电动机的带动下自由地转动,使机器人移动。驱动电动机控制系统既可以同时驱动三组轮子,也可以分别驱动其中的两组轮子,机器人可以在任何方向上移动。该机器人的行走机构设计得非常灵活,它不但可以在工厂地面上运动,而且能够沿小路行驶。这种轮系存在的问题是稳定性不够,容易倾倒,而且运动稳定性随着负载轮子的相对位置不同而变化;轮子与地面的接

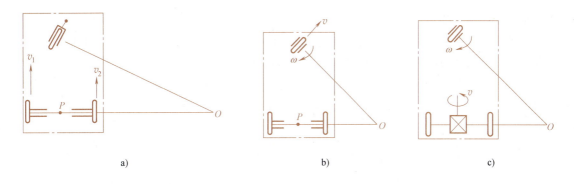

图 2-4 三轮行走机构

a)两后轮独立驱动 b)前轮驱动和转向 c)两后轮差动、前轮转向

触点从一个滚轮移到另一个滚轮上时，会出现颠簸。

为了改进该机器人的稳定性，重新设计的三轮机器人使用长度不同的两种滚轮，长滚轮呈锥形，固定在短滚轮的凹槽里，大大减小了滚轮之间的间隙，减小了轮子的厚度，提高了机器人的稳定性。此外，滚轮上还附加了软橡皮，具有足够的变形能力，可使滚轮的触点在相互替换时不发生颠簸。

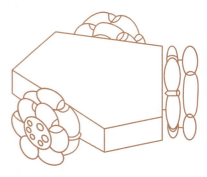

图 2-5 三组轮子的轮组三轮行走机构

3）四轮行走机构。四轮行走机构的应用最为广泛。四轮行走机构可采用不同的方式实现驱动和转向，如图 2-6 所示。图 2-6a 为后轮分散驱动；图 2-6b 采用连杆机构实现四轮同步转向，当前轮转向时，通过四连杆机构使后轮得到相应的偏转。这种机构相比仅有前轮转向的机构，可实现更小的转向回转半径。

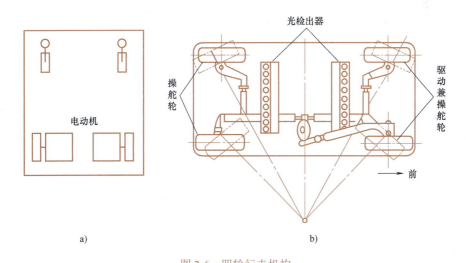

图 2-6 四轮行走机构

a)后轮分散驱动 b)四轮同步转向机构

具有四组轮子的轮系其运动稳定性有很大提高。但是，要保证四组轮子同时与地面接

触,必须使用特殊的轮系悬挂系统。它需要四个驱动电动机,控制系统也比较复杂,造价也较高。图2-7所示为轮位可变型的四轮行走机构,机器人可以根据需要让四个车轮按横向、纵向或同心方向行走,可以增加机器人的运动灵活性。

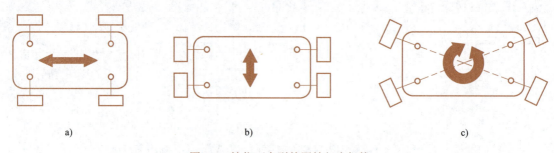

图2-7 轮位可变型的四轮行走机构
a)四轮横向排列 b)四轮纵向排列 c)四轮同心排列

(3)越障轮式机构 普通车轮式行走机构对崎岖不平的地面适应性很差,越障轮式机构可以提高车轮式行走机构的地面适应能力,这种行走机构往往是多轮式行走机构。

1)三小轮式行走机构。图2-8所示为三小轮式行走机构。①~④小车轮自转用于正常行走,⑤、⑥小车轮公转用于上台阶,图中⑦表示用支臂撑起负载。

图2-9所示为三小轮式行走机构上台阶。图2-9a是a小轮和c小轮旋转前进(行走),使车轮接触台阶停住;图2-9b是a、b和c小轮绕着它们的中心旋转(公转),b小轮接触到了高一级台阶;图2-9c是b小轮和a小轮旋转前进(行走);图2-9d是车轮又一次接触台阶停住。如此往复,便可以一级一级台阶地向上爬。图2-10所示为三轮或四轮装置的三小轮式行走机构上台阶,在同一个时刻,总是有轮子在行走,有轮子在公转。

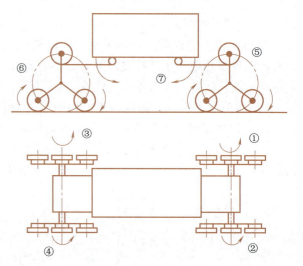

图2-8 三小轮式行走机构

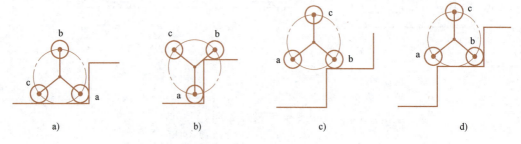

图2-9 三小轮式行走机构上台阶
a)接触 b)公转 c)行走 d)接触

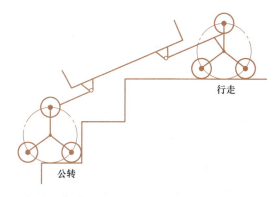

图 2-10　三轮或四轮装置的三小轮式行走机构上台阶

2）多节车轮式行走机构。多节车轮式行走机构是由多个车轮用轴关节或伸缩关节连在一起形成的轮式行走结构。这种多节车轮式行走机构非常适合于行驶在崎岖不平的道路上，对于攀爬台阶也非常有效。图 2-11 所示为多节车轮式行走机构的组成原理，图 2-12 所示为多节车轮式行走机构上台阶的工作过程。

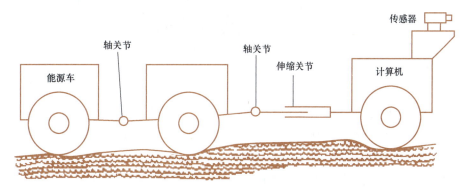

图 2-11　多节车轮式行走机构的组成原理

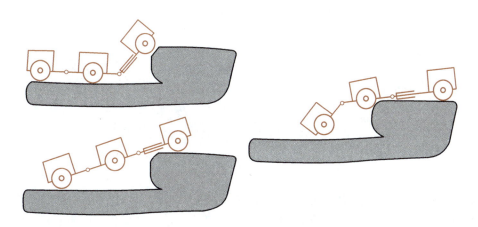

图 2-12　多节车轮式行走机构上台阶的工作过程

3）摇臂车轮式行走机构。摇臂车轮式行走机构更有利于在未知的路况下行走，图 2-13 所示为"玉兔"月球车，它有六个独立的摇臂作为每个车轮的支承，每个车轮可以独立驱动、独立转、独立伸缩。"玉兔"月球车可以凭借六个轮子实现前进、后退、原地转向、行进间转向、20°爬坡、20cm越障等。该六轮摇臂车轮式行走机构可使六个轮子同时适应不同高度，保持它们同时着地，是一个真正的"爬行高手"。

图2-13 "玉兔"月球车

3. 履带式行走机构

履带式行走机构适合在未建造的天然路面上行走，它是轮式行走机构的拓展，履带起给车轮连续铺路的作用。

（1）履带式行走机构的组成　履带式行走机构由履带、驱动链轮、支承轮、托带轮和张紧轮组成，如图2-14所示。

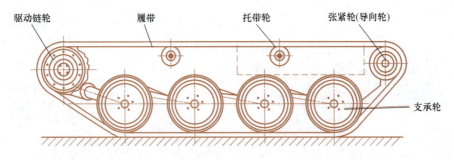

图2-14 履带式行走机构

履带式行走机构的形状有很多种，主要包括一字形、倒梯形等，如图2-15所示。图2-15a为一字形，驱动轮及张紧轮兼作支承轮，增大支承地面面积，改善了稳定性，此时驱动轮和张紧轮只略微高于地面。图2-15b为倒梯形，不作支承轮的驱动轮与张紧轮装得高于地面，链条引入引出时的角度达50°，其优点是适合穿越障碍；另外，因为减少了泥土夹入引起的磨损和失效，可以提高驱动轮和张紧轮的寿命。

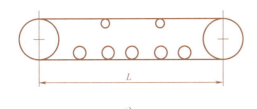 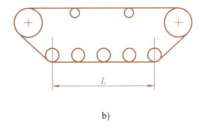

a)   b)

图 2-15 履带式行走机构的形状

a) 一字形 b) 倒梯形

（2）履带式行走机构的特点

1）履带式行走机构的优点。

① 支承面积大，接地比压小，适合在松软或泥泞场地进行作业，下陷度小，滚动阻力小。

② 越野机动性好，可以在有些凹凸的地面上行走，可以跨越障碍物，能爬梯度不太高的台阶，爬坡、越沟等性能均优于轮式行走机构。

③ 履带支承面上有履齿，不易打滑，牵引附着性能好，有利于发挥较大的牵引力。

2）履带式行走机构的缺点。

① 由于没有自定位轮，没有转向机构，只能靠左右两个履带的速度差实现转弯，故在横向和前进方向都会产生滑动。

② 转弯阻力大，不能准确地确定回转半径。

③ 结构复杂，重量大，运动惯性大，减振功能差，零件易损坏。

（3）履带式行走机构的变形

1）形状可变履带式行走机构。图 2-16 所示为形状可变履带式行走机构。随着主臂杆和曲柄的摇摆，整个履带可以随意变成各种类型的三角形形态，即其履带形状可以为适应台阶而改变，比普通履带式行走机构的动作更为自如，使机器人的机体能够任意进行上下楼梯和越过障碍物的行走，如图 2-17 所示。

2）位置可变履带式行走机构。图 2-18 所示为位置可变履带式行走机构。随着主臂杆和曲柄的摇摆，四个履带可以随意变成朝前和朝后的多种位置组合形态，从而使机器人的机体能够进行上下楼梯、越过障碍物甚至是跨越横沟的行走，如图 2-19 所示。图 2-20 所示为位置可变履带式行走机构的其他实例。

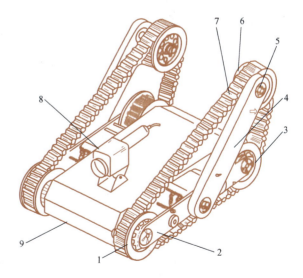

图 2-16 形状可变履带式行走机构

1—驱动轮 2—履带架 3—导向轮 4—主臂杆 5—曲柄
6—行星轮 7—履带 8—摄像机 9—机体

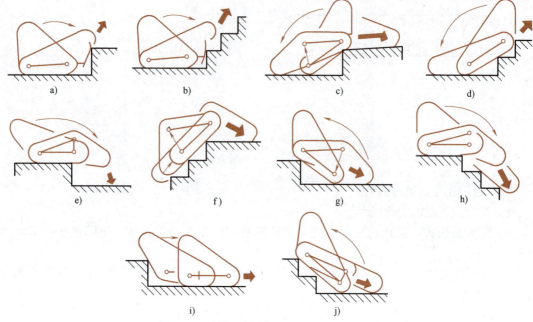

图 2-17 形状可变履带式行走机构上下楼梯

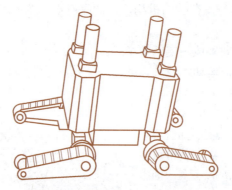

图 2-18 位置可变履带式行走机构

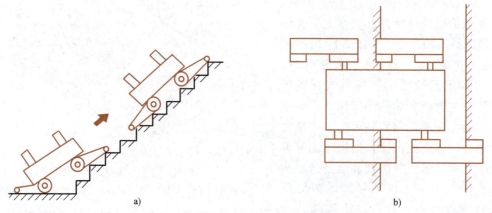

图 2-19 位置可变履带式行走机构的上下楼梯和跨越横沟

a）上下楼梯　b）跨越横沟

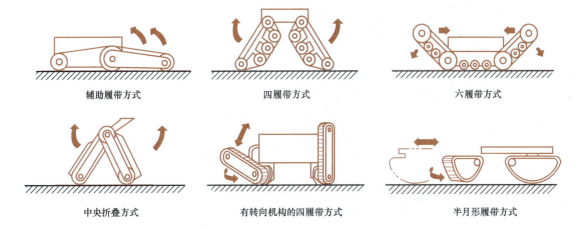

图 2-20 位置可变履带式行走机构的其他实例

3）装有转向机构的履带式行走机构 图 2-21 所示为装有转向机构的履带式机器人，它可以转向，也可以上下台阶。

图 2-22 所示为双重履带式可转向行走机构机器人，其行走机构的主体前后装有转向器，并装有使转向器绕图中的 AA' 轴旋转的提起机构，使机器人上下台阶非常顺利，能得到诸如用折叠方式向高处伸臂、在斜面上保持主体水平等各种各样的姿势。

4. 足式行走机构

车轮式行走机构只有在平坦坚硬的地面上行驶才有理想的运动特性。如果地面凹凸程度与车轮直径相当或地面很软，则它的运动阻力将大大增加。履带式行走机构虽然可在高低不平的地面上运动，但它的适应性不够，行走时晃动太大，在软地面上行驶的运动效率低。根据调查，地球上近一半的地面不适合传统的车轮式或履带式行走机构行走。但是一般多足动物却能在这些地方行动自如，显然与车轮式和履带式行走机构相比，足式行走机构具有独特的优势。

图 2-21 装有转向机构的履带式机器人

（1）足式行走机构的特点 足式行走机构对崎岖路面具有很好的适应能力，足式运动方式的立足点是离散的点，可以在可能到达的地面上选择最优的支承点，而车轮式和履带式行走机构必须面临最差地形上的几乎所有点；足式行走机构有很大的适应性，尤其在有障碍物的通道（如管道、台阶或楼梯）或很难接近的工作场地更有优越性；足式运动方式还具有主动隔振能力，尽管地面高低不平，机身的运动仍然可以相当平稳；足式行走机构在不平地面和松软地面上的运动速度较高，能耗较少。

现有的步行机器人的足数包括单足、双足、三足、四足、六足、八足，甚至更多。足数多，适合重载和慢速运动。双足和四足具有最好的适应性和灵活性，也最接近人类和动物。

图 2-22 双重履带式可转向行走机构机器人

图 2-23 所示为单足、双足、三足、四足和六足行走机构。

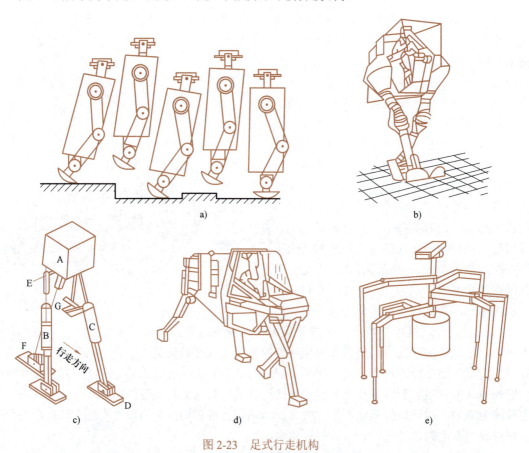

图 2-23 足式行走机构

a）单足跳跃机器人 b）双足机器人 c）三足机器人 d）四足机器人 e）六足机器人

（2）足的配置 足的配置是指足相对于机体的位置和方位的安排，这个问题对于双足及双足以上的机器人尤为重要。就双足而言，足的配置或者是一左一右，或者是一前一后。后一种配置因容易引起腿间的干涉而实际上很少用到。

1）足的主平面的安排。在假设足的配置为对称的前提下，四足或多于四足的配置可能有两种，如图2-24所示。图2-24a是正向对称分布，即腿的主平面与行走方向垂直；图2-24b为前后向对称分布，即腿平曲和行走方向一致。

2）足的几何构形。图2-25所示为足在主平面内的几何构形，包括哺乳动物形、爬行动物形和昆虫形。

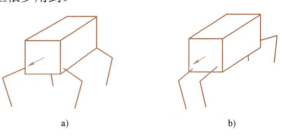

图2-24 足的主平面的安排

a）正向对称分布 b）前后向对称分布

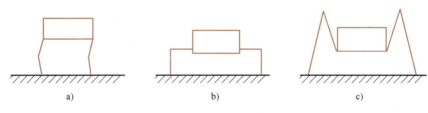

图2-25 足在主平面内的几何构形

a）哺乳动物形 b）爬行动物形 c）昆虫形

3）足的相对方位。图2-26所示为足的相对方位，包括内侧相对弯曲、外侧相对弯曲和同侧弯曲。不同的安排对稳定性有不同的影响。

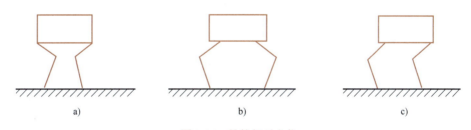

图2-26 足的相对方位

a）内侧相对弯曲 b）外侧相对弯曲 c）同侧弯曲

（3）足式行走机构的平衡和稳定性

1）静态稳定的多足机构。机器人机身的稳定通过足够数量的足支承来保证。在行走过程中，机身重心的垂直投影落在支承足着落地点垂直投影所形成的凸多边形内，即使在运动中的某一瞬时将运动"凝固"，机体也不会有倾覆的危险。这类行走机构的速度较慢，它的步态为爬行或步行。四足机器人在静止状态是稳定的，在步行时，当一只脚抬起，另三只脚支承自重时，必须移动身体，让重心落在三只脚接地点所组成的三角形内。六足、八足步行机器人由于行走时可保证至少有三足同时支承机体，在行走时更容易得到稳定的重心位置。

在设计阶段，静平衡机器人的物理特性和行走方式都经过认真协调，因此在行走时不会发生严重偏离平衡位置的现象。为了保持静平衡，需要仔细考虑机器人足的配置。保证至少同时有三足着地来保持平衡,也可以采用大的机器足,使机器人重心能通过足的着地面,易于控制平衡。

2)动态稳定的多足机构。动态稳定的典型例子是踩高跷。高跷与地面只是单点接触,两根高跷在地面不动时站稳是非常困难的,要想原地停留,必须不断踏步,不能总是保持步行中的某种瞬间姿态。

在动态稳定中,机体重心有时不在支承图形中,利用这种重心超出面积外而向前产生倾倒的分力作为行走的动力并不停地调整平衡点以保证不会跌倒。这类机构一般运动速度较快,消耗能量小。其步态可以是小跑和跳跃。

双足行走和单足行走有效地利用了惯性和重力,利用重力使身体向前倾倒来向前运动。这就要求机器人控制器必须不断地将机器人的平衡状态反馈回来,通过不停地改变加速度或者重心的位置来满足平衡或定位的要求。

(4)典型的足式行走机构

1)双足步行式机器人。足式行走机构有两足、三足、四足、六足、八足等型式,其中双足步行式机器人具有最好的适应性,也最接近人类,故也称为类人双足行走机器人。类人双足行走机构是多自由度的控制系统,是现代控制理论很好的应用对象。这种机构除结构简单外,在保证静、动性能、稳定性和高速运动等方面都是最困难的。

图2-27所示的双足步行式机器人行走机构是一空间连杆机构。在行走过程中,该行走机构始终满足静力学的静平衡条件,也就是机器人的重心始终落在接触地面的一只脚上。

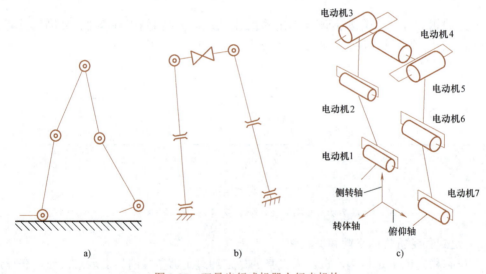

图2-27 双足步行式机器人行走机构

2)四足、六足步行式机器人。这类步行式机器人是模仿动物行走的机器人。四足步行式机器人除了关节式外,还有缩放式步行机构。图2-28所示为四足缩放式步行机器人在平地上行走的初始姿态,通常使机体与支承面平行。四足对称姿态比双足步行容易保持运动过程中的稳定,控制也相对容易些,其运动过程是一条腿抬起,另外三条腿支承机体向前移动。

图2-29所示为六足缩放式步行机构,每条腿有三个转动关节。行走时,三条腿为一组,

足端以相同的位移移动，两组相差一定时间间隔进行移动，可以实现 XY 平面内任意方向的行走和原地转动。

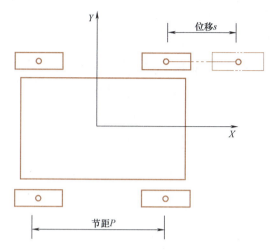

图 2-28　四足缩放式步行机器人的平面几何模型

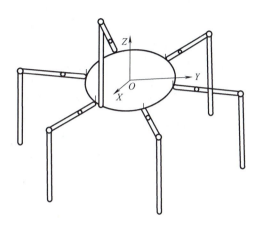

图 2-29　六足缩放式步行机构

2.1.2　传动机构

1. 移动关节导轨及转动关节轴承

（1）移动关节导轨　移动关节导轨的作用是在机器人运动过程中保证位置精度和导向。对移动关节导轨有以下几点要求：

1）间隙小或能消除间隙。
2）在垂直于运动方向上的刚度高。
3）摩擦系数低，但不随速度变化。
4）高阻尼。
5）移动关节导轨及其辅助元件尺寸小、惯量低。

移动关节导轨有五种：普通滑动导轨、液压动压滑动导轨、液压静压滑动导轨、气浮导轨和滚动导轨。普通滑动导轨和液压动压滑动导轨具有结构简单、成本低的优点，但是它必须留有间隙以便润滑，而机器人载荷的大小和方向变化很快，间隙的存在将会引起坐标位置的变化和有效载荷的变化；另外，这两种导轨的摩擦系数随着速度的变化而变化，在低速时容易产生爬行现象（速度时快时慢）。液压静压滑动导轨结构能产生预载荷，能完全消除间隙，具有高刚度、低摩擦和高阻尼等优点，但是它需要单独的液压系统和回收润滑油的机构。气浮导轨是不需回收润滑油的，摩擦系数低（大约为 0.0001），但是它的刚度和阻尼较低，并且对制造精度和环境的空气条件（过滤和干燥）要求较高，目前，滚动导轨在工业机器人中应用最为广泛，它具有很多优点：摩擦系数小，不随速度的变化而变化；刚度高，承载能力大；精度高，精度保持性好；润滑简单；容易制造成标准件；滚动导轨易加预载，消除间隙、增加刚度；滚动导轨的缺点是：阻尼低、对脏物比较敏感。

图 2-30a 所示为包容式滚动导轨的结构，用支承座支承，可以方便地与任何平面相连，此时套筒必须是开式的，嵌入在滑枕中，既增大了刚度，又方便与其他元件连接。受滑枕影响，套筒各个方向的刚度是不一样的，如图 2-30b 所示。

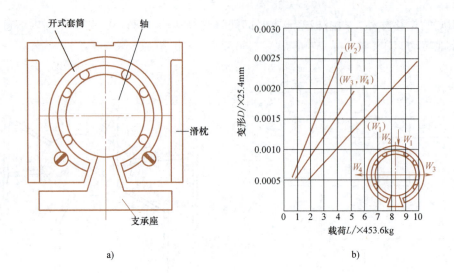

图 2-30 滚动导轨

a) 开式套筒 b) 开式套筒的刚度特性

机器人还经常采用固定轴滚动体的滚动导轨，如图 2-31 所示。在图 2-31a 中，滚子安装在轴上，固定轴双滚动体 2 和 4 支承在移动件 3 的两个凸台上，移动件 3 沿与垂直立柱 5 相连的轨道 1 移动。在图 2-31b 中，导轨上的三个滚动体 7 沿移动体 6 滚动，移动体 6 的转动是由滚动体 8 限制的。

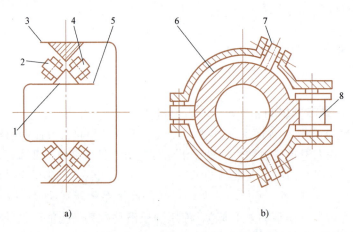

图 2-31 固定轴滚动体的滚动导轨

a) 双滚动体 b) 三滚动体

1—轨道 2、4—固定轴双滚动体 3—移动件 5—垂直立柱 6—移动体 7—三个滚动体 8—滚动体

（2）转动关节轴承　球轴承是机器人和机械手结构中最常用的轴承。它能承受径向和轴向载荷，摩擦较小，对轴和轴承座的刚度不敏感。图 2-32a 所示为普通深沟球轴承，图 2-32b 所示为角接触球轴承，这两种轴承的每个球和滚道之间只有两点接触（一点与内滚道接触，另一点与外滚道接触）。为了预载，这两种轴承必须成对使用。图 2-32c 所示为四点接触球轴承，该轴承的滚道是尖拱式半圆，球与每个滚道两点接触，该轴承通过两个内滚道

之间适当的过盈量实现预紧。因此，这种轴承的优点是：无间隙，能承受双向轴向载荷，尺寸小，承载能力和刚度比同样大小的一般球轴承高 1.5 倍左右；缺点是价格较高。

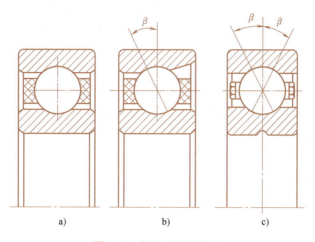

图 2-32　基本耐磨球轴承

a）普通深沟球轴承　b）角接触球轴承　c）四点接触球轴承

采用四点接触式设计以及高精度加工工艺的机器人专用轴承已经问世，这种轴承的重量仅为同等轴径的常规中系列四点接触球轴承的 1/25 左右。机器人专用轴承的结构尺寸和重量如图 2-33 所示，它适合于 $\phi 76.2 \sim \phi 355.6mm$ 的轴径，重量只有 $0.07 \sim 2.79kg$。

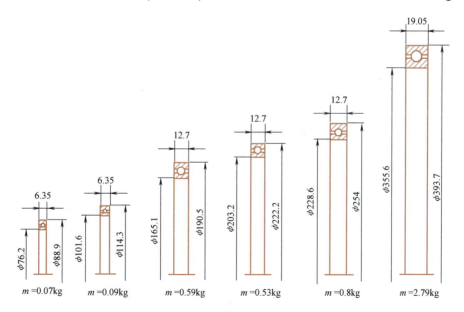

图 2-33　机器人专用轴承的结构尺寸和重量

减轻轴承重量的另一种方法是采用特殊材料。目前，科研人员正在研究采用氮化硅陶瓷材料制成球和滚道。陶瓷球的弹性模量比钢球高约 50%，但重量比钢球轻很多。

2. 传动件的定位及消隙

（1）传动件的定位　目前常用的定位方法有电气开关定位、机械挡块定位和伺服定位。

1)电气开关定位。电气开关定位是利用电气开关(有触点或无触点)作为行程检测元件,当机械手运行到定位点时,行程开关发出信号,切断动力源或接通制动器,从而使机械手获得定位。由液压系统驱动的机械手运行至定位点时,行程开关发出信号,电控系统使电磁换向阀关闭油路而实现定位。由电动机驱动的机械手需要定位时,行程开关发出信号,电气系统激励磁制动器进行制动而定位。使用电气开关定位的机械手,其结构简单、工作可靠、维修方便,但由于受惯性、油温波动和电控系统误差等因素的影响,重复定位精度比较低,一般为 ±3 ~ 5mm。

2)机械挡块定位。机械挡块定位是在行程终点设置机械挡块,当机械手减速运动到终点时,紧靠挡块而定位。若定位前缓冲较好,定位时驱动压力未撤除,则驱动压力将运动件压在机械挡块上,或驱动压力将活塞压靠在缸盖上,可以达到较高的定位精度,最高可达 ±0.02mm。若定位时关闭驱动油路、去掉驱动压力,则机械手运动件不能紧靠在机械挡块上,定位精度就会降低,其降低的程度与定位前的缓冲效果和机械手的结构刚性等因素有关。

图 2-34 所示为利用插销定位的结构。在机械手运行到定位点前,由行程节流阀实现减速,达到定位点时,定位液压缸将插销推入定位圆盘的定位孔中实现定位。这种方法的定位精度相当高。

3)伺服定位。电气开关定位与机械挡块定位只适用于两点或多点定位,而在任意点定位时,应使用伺服定位系统。伺服定位系统可以输入指令控制位移的变化,从而获得良好的运动特性。它不仅适用于点位控制,而且适用于连续轨迹控制。

开环伺服定位系统没有行程检测及反馈,是一种直接用脉冲频率变化和脉冲数控制机器人速度和位移的定位方式。这种定位方式抗干扰能力差,定位精度较低。如果需要较高的定位精度(如 ±0.2mm),则一定要降低机器人关节轴的平均速度。

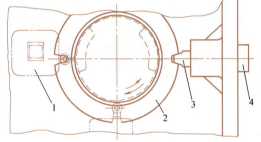

图 2-34 利用插销定位的结构
1—行程节流阀 2—定位圆盘 3—插销
4—定位液压缸

闭环伺服定位系统具有反馈环节,其抗干扰能力强、反应速度快、容易实现任意点定位。图 2-35 所示为齿轮齿条反馈式电 - 液闭环伺服定位系统框图。齿轮齿条将位移量反馈到电位器上,达到给定脉冲时,电动机及电位器触头停止运转,机械手获得准确定位。

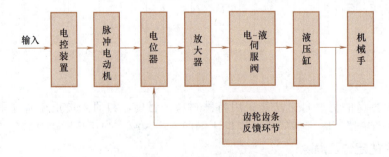

图 2-35 齿轮齿条反馈式电 - 液闭环伺服定位系统框图

（2）传动件的消隙　一般传动机构存在间隙，也称为侧隙。齿轮传动的侧隙是指一对齿轮中一个齿轮固定不动，另一个齿轮能够做出的最大角位移。传动的间隙影响了机器人的重复定位精度和平稳性。对机器人控制系统来说，传动间隙可导致显著的非线性变化、振动和不稳定。但是传动间隙是不可避免的，其产生的主要原因有：由于制造及装配误差所产生的间隙，为适应热膨胀而特意留出的间隙。消除传动间隙的主要途径有：提高制造和装配精度，设计可调整传动间隙的机构，设置弹性补偿零件。机器人常用的几种传动消隙方法如下：

1）齿轮消隙。齿轮消隙如图 2-36 所示。消隙齿轮由具有相同齿轮参数的、只有一半齿宽的两个薄齿轮组成。如图 2-36a 所示，利用弹簧的压力使它们与配对的齿轮两侧齿廓相接触，完全消除了齿侧间隙。图 2-36b 所示为用螺钉 3 将两个薄齿轮 1 和 2 连接在一起，与图 2-36a 中的弹簧相比，其好处是侧隙可以调整。

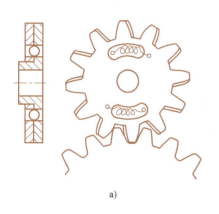 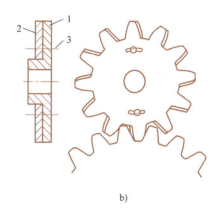

a)　　　　　　　　　　　　　　b)

图 2-36　齿轮消隙

a）弹簧消隙　b）螺钉消隙

1、2—薄齿轮　3—螺钉

2）柔性齿轮消隙。图 2-37a 所示为一种钟罩形状的具有弹性的柔性齿轮，在装配时对它稍许加些预载就能引起轮壳的变形，从而使每个轮齿的双侧齿廓都能啮合，消除了侧隙。图 2-37b 所示为采用上述原理却用不同设计形式的径向柔性齿轮，其轮壳和齿圈是刚性的，但与齿轮圈连接处具有弹性。对于给定同样的转矩载荷，为了保证无侧隙啮合，径向柔性齿轮需要的预载力比钟罩状柔性齿轮要小得多。

3）对称传动消隙。一个传动系统设置两个对称的分支传动，并且其中必有一个是具有"回弹"能力的。图 2-38 所示为双谐波传动消隙方法，将电动机置于关节中间，电动机双向输出轴传动完全相同的两个谐波减速器，驱动一个手臂的运动。谐波传动中的柔轮弹性很好。

4）偏心机构消隙。图 2-39 所示的偏心消隙机构实际上是中心距调整机构。特别是齿轮磨损等原因造成传动间隙增加时，最简单的方法是调整中心距，这是在 PUMA 机器人腰转关节上应用的又一实例。图 2-39 中，OO' 中心距是固定的；一对齿轮中的一个齿轮装在 O' 轴上，另一个齿轮装在 A 轴上；A 轴的轴承 2 偏心地装在可调的支架 1 上。应用调整螺钉转动支架就可以改变一对齿轮啮合的中心距 AO' 的大小，达到消除间隙的目的。

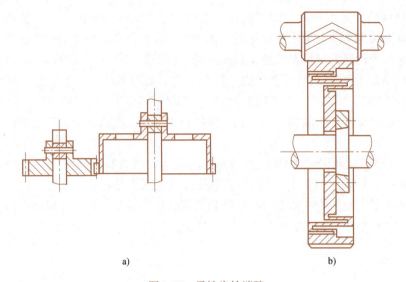

图 2-37 柔性齿轮消隙

a）钟罩形状柔性齿轮　b）径向柔性齿轮

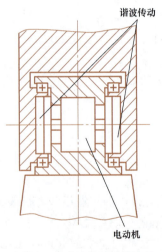

图 2-38 双谐波传动消隙方法

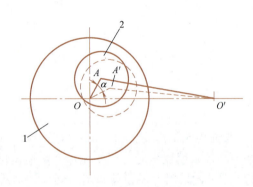

图 2-39 偏心消隙机构

1—支架　2—轴承

5）齿廓弹性覆层消隙。这种消隙是指齿廓表面覆有薄薄一层弹性很好的橡胶层或层压材料，通过对相啮合的一对齿轮加以预载，可以完全消除啮合侧隙。齿轮几何学上的齿面相对滑动在橡胶层内部发生剪切弹性流动时被吸收，因此，像铝合金，甚至石墨纤维增强塑料这类非常轻而不具备良好接触和滑动品质的材料即可用来作为传动齿轮的材料，可大大地减轻重量并减小转动惯量。

3. 谐波传动

电动机是高转速、小力矩的驱动器，在机器人中要通过减速器将其变成低转速、大力矩的驱动器。机器人对减速器的要求如下：

1）运动精度高，间隙小，以实现较高的重复定位精度。

2）回转速度稳定，无波动，运动副间摩擦小，效率高。

3）体积小，重量轻，传动转矩大。

图 2-40 所示为行星齿轮传动机构简图。行星齿轮传动尺寸小，惯量低；一级传动比大，结构紧凑；载荷分布在若干个行星齿轮上，内齿轮也具有较高的承载能力。

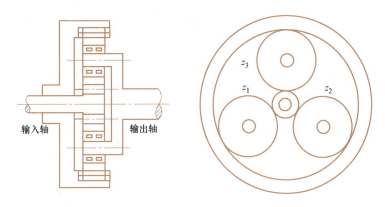

图 2-40 行星齿轮传动机构简图

谐波传动在运动学上是一种具有柔性齿圈的行星传动。但是，它在机器人上的应用比行星齿轮传动更加广泛。图 2-41 所示为谐波传动机构简图。谐波发生器 3 转动，使柔轮 2 上的柔轮齿 5 与圆形花键轮（刚轮）1 上的刚轮齿 4 相啮合。轴 6 为输入轴，如果刚轮 1 固定，则轴 7 为输出轴；如果轴 7 固定，则轴 6 为输出轴。

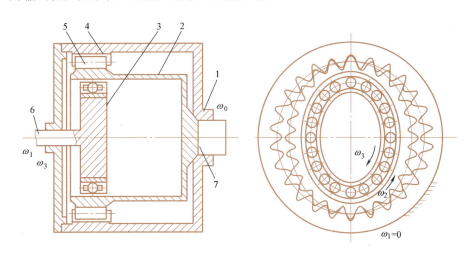

图 2-41 谐波传动机构简图

1—刚轮　2—柔轮　3—谐波发生器　4—刚轮齿　5—柔轮齿　6、7—轴

谐波传动的优点有：尺寸小、惯量低；因为误差均布在多个啮合点上，传动精度高；因为预载啮合，传动侧隙非常小；因为多齿啮合，传动具有高阻尼特性。

谐波传动的缺点有：柔轮存在疲劳问题；扭转刚度低；以 2、4、6 倍输入轴速度的啮合频率产生振动；与行星齿轮传动相比，谐波传动具有较小的传动间隙和较轻的重量，但是刚度差。

谐波传动机构在机器人技术比较先进的国家已得到了广泛的应用，日本 60% 的机器人驱动装置采用了谐波传动。

4. 丝杠螺母副及滚珠丝杠传动

丝杠螺母副传动部件是把回转运动变换为直线运动的重要传动部件。由于丝杠螺母机构是连续的面接触，传动中不会产生冲击，传动平稳，无噪声，并且能自锁。因为丝杠的螺纹升角较小，所以用较小的驱动力矩即可获得较大的牵引力。但是，丝杠螺母的螺旋面之间的摩擦为滑动摩擦，故传动效率低。滚珠丝杠传动效率高，而且传动精度和定位精度均很高，在传动时灵敏度和平稳性也很好，由于磨损小，使用寿命比较长。但丝杠及螺母的材料、热处理和加工工艺要求很高，故成本较高。

图 2-42 所示为滚动丝杠的基本组成，包括丝杠 1、螺母 2、滚珠（或滚柱）3 和导向槽 4。导向槽 4 连接螺母的第一圈和最后一圈，使其形成一个滚动体可以连续循环的导槽。滚珠丝杠在工业机器人中的应用比较多。

5. 其他传动

机器人中常用的传动除谐波传动和滚珠丝杠传动外，还有其他传动。

（1）活塞缸和齿轮齿条机构传动　齿轮齿条机构是通过齿条的往复移动，带动与手臂连接的齿轮做往复回转运动，即实现手臂的回转运动。带动齿条往复移动的活塞缸可以由液压油或压缩空气驱动。

（2）链传动、同步带传动和绳传动　它们常用在机器人采用远距离传动的场合。链传动具有高的载荷/重量比；同步带传动与链传动相比重量轻，传动均匀、平稳；绳传动广泛应用于机器人的手爪开合机构上，特别适合有限行程的运动传递。

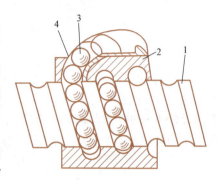

图 2-42　滚动丝杠的基本组成
1—丝杠　2—螺母
3—滚珠（或滚柱）　4—导向槽

2.1.3　臂部和手腕

1. 手臂部件

手臂部件（简称臂部）是机器人的主要执行部件，它的作用是支承腕部和手部，并带动它们在空间中运动。手臂的各种运动通常由驱动机构和各种传动机构来实现。因此，它不仅承受被抓取工件的重量，而且承受末端执行器、手腕和手臂自身的重量。手臂的结构、工作范围、灵活性、抓重大小（即臂力）和定位精度都直接影响机器人的工作性能，因此臂部的结构型式必须根据机器人的运动形式、抓取重量、动作自由度和运动精度等因素来确定。手臂具有以下特性：

1）刚度要求高。为防止臂部在运动过程中产生过大的变形，要合理选择手臂的截面形状。工字形截面的弯曲刚度一般比圆形截面大；空心管的弯曲刚度和扭转刚度都比实心轴大得多，因此常用钢管做臂杆及导向杆，用工字钢和槽钢做支承板。

2）导向性要好。为防止手臂在直线运动中沿运动轴线发生相对转动，常设置导向装置，或设计方形、花键等形式的臂杆。

3）重量要轻。为提高机器人的运动速度，要尽量减轻臂部运动部分的重量，以减小整个手臂对回转轴的转动惯量。

4）运动要平稳、定位精度要高。臂部运动速度越高，惯性力所引起的定位前的冲击就越大，导致运动既不平稳，定位精度也不高。因此，除了臂部设计上要力求结构紧凑、重量轻以外，还要采用一定形式的缓冲措施。

（1）手臂直线运动机构　机器人手臂的伸缩、升降及横向（或纵向）移动均属于直线运动，而实现手臂往复直线运动的机构型式较多，常用的有活塞液压（气）缸、活塞缸和齿轮齿条机构、丝杠螺母机构及活塞缸和连杆机构等。

直线往复运动可采用液压（或气压）驱动的活塞液压（气）缸。由于活塞液压（气）缸的体积小、重量轻，故在机器人手臂结构中应用比较多。双导向杆手臂的伸缩结构如图 2-43 所示。手臂和手腕通过连接板安装在升降液压缸的上端。当双作用液压缸 1 的两腔分别通入液压油时，其推动活塞杆 2（即手臂）做往复直线移动；导向杆 3 在导向套 4 内移动，以防手臂伸缩时的转动（并兼作手腕 6 及手部 7 的夹紧液压缸用的输油管道）。由于手臂的伸缩液压缸安装在两杆之间，由导向杆承受弯曲作用，活塞杆只受拉压作用，故受力简单、传动平稳、外形整齐美观、结构紧凑。

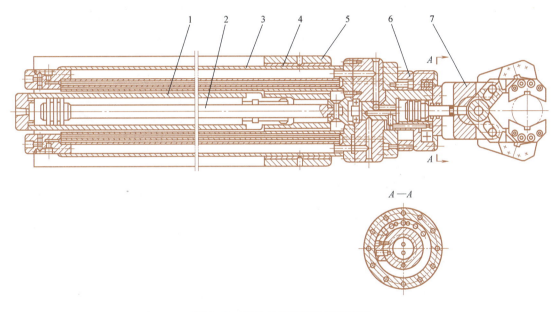

图 2-43　双导向杆手臂的伸缩结构

1—双作用液压缸　2—活塞杆　3—导向杆　4—导向套　5—支承座　6—手腕　7—手部

（2）手臂回转运动机构　实现机器人手臂回转运动的机构型式多种多样，常用的有叶片式回转缸、齿轮传动机构、链轮传动机构及连杆机构。下面以齿轮传动机构中活塞缸和齿轮齿条机构为例说明手臂的回转。齿轮齿条机构是通过齿条的往复移动，带动与手臂连接的齿轮做往复回转运动，即实现手臂的回转运动。带动齿条往复移动的活塞缸可以由液压油或压缩气体驱动。手臂升降和回转运动的结构如图 2-44 所示。活塞液压缸的两腔分别通入液压油，推动齿条 7 做往复移动（见 $A—A$ 剖视图），与齿条 7 啮合的齿轮 4 做往复回转运动。由于齿轮 4、升降缸体 2 和连接板 8 均用螺钉连接成一体，连接板又与手臂固连，从而实现手臂的回转运动。升降液压缸的活塞杆通过连接盖 5 与机座 6 连接而固定不动，升降缸体 2

沿导向套 3 做上下移动，因升降液压缸外部装有导向套，故刚性好、传动平稳。

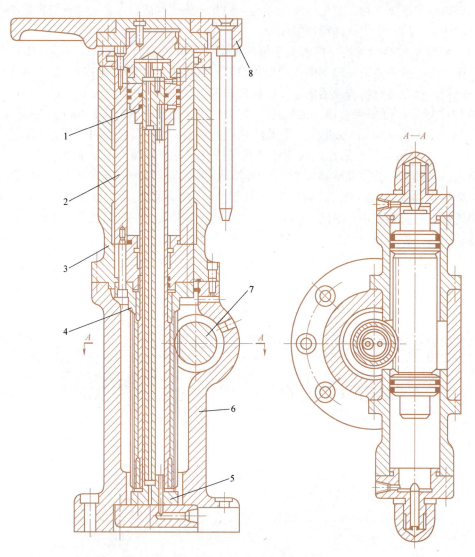

图 2-44 手臂升降和回转运动的结构

1—活塞杆 2—升降缸体 3—导向套 4—齿轮 5—连接盖 6—机座 7—齿条 8—连接板

（3）手臂俯仰运动机构　机器人的手臂俯仰运动一般通过活塞缸和连杆机构来实现。实现手臂俯仰运动所用的活塞缸位于手臂的下方，其活塞杆和手臂用铰链连接，缸体采用尾部耳环或中部销轴等方式与立柱连接，如图 2-45 所示。

铰接活塞缸和连杆机构如图 2-46 所示。采用铰接活塞缸 5、7 和连杆机构，使小臂 4 相对大臂 6、大臂 6 相对立柱 8 实现俯仰运动。

（4）手臂复合运动机构　手臂的复合运动多数用于动作程序固定不变的专用机器人，它不仅使机器人的传动结构简单，而且可简化驱动系统和控制系统，并使机器人传动准确、工作可靠，因而在生产中应用得比较多。除手臂实现复合运动外，手腕和手臂的运动也能组成复合运动。

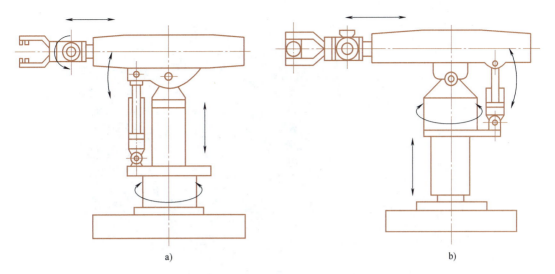

图 2-45 手臂俯仰驱动缸安装示意图

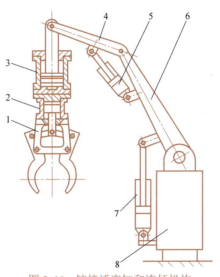

图 2-46 铰接活塞缸和连杆机构

1—手臂 2—夹紧缸 3—升降缸 4—小臂 5、7—铰接活塞缸 6—大臂 8—立柱

手臂(或手腕)和手臂的复合运动可以由动力部件(如活塞缸、回转缸和齿条活塞缸等)与常用机构(如凹槽机构、连杆机构和齿轮机构等)按照手臂的运动轨迹(即路线)或手臂和手腕的动作要求进行组合。

(5)新型的蛇形机械手臂 目前普通工业机器人都能够达到 0.1mm 的重复定位精度,无论是直线运动,还是绕轴转动,甚至是复杂的曲面移动,现在一般的工业机器人都能够很好地完成。一方面得益于机械加工精度的日益提高,另一方面依靠现代化的控制技术保证了机器人定位的精确。

蛇形手臂一般具有高度柔性,可深入装配结构当中进行作业,从而提高生产率。它适合在飞机翼盒的组装探视工作以及在发动机组装中进行深度检测等。图 2-47 所示为典型的飞机装配蛇形手部。

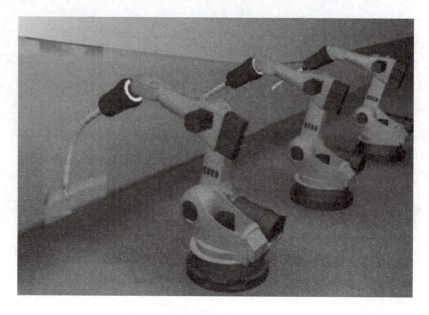

图 2-47 典型的飞机装配蛇形手部

2. 机器人手腕

(1) 概述　机器人手腕是在机器人手臂和手爪之间用于支承和调整手爪的部件。机器人手腕主要用来确定被抓物体的姿态,一般采用三自由度多关节机构,由旋转关节和摆动关节组成。

工业机器人一般具有六个自由度才能使手部(末端执行器)达到目标位置并处于期望的姿态,手腕上的自由度主要用于实现期望的姿态。

为了使手部能处于空间任意方向,要求腕部能实现对空间三个坐标轴 X、Y、Z 的转动,即具有翻转、俯仰和偏转三个自由度,如图 2-48 所示。通常把手腕的翻转称为 Roll,用 R 表示;把手腕的俯仰称为 Pitch,用 P 表示;把手腕的偏转称为 Yaw,用 Y 表示。腕部实际所需要的自由度数目应根据机器人的工作性能要求来确定。在有些情况下,腕部具有两个自由度:翻转和俯仰或翻转和偏转。一些专用机械手甚至没有腕部,但有的腕部为了满足特殊要求,还有横向移动自由度。

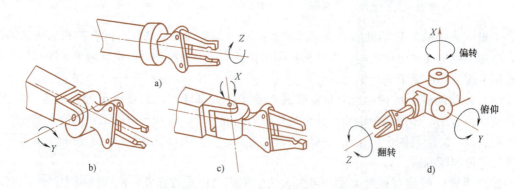

图 2-48　手腕的自由度

a) 手腕的翻转　b) 手腕的俯仰　c) 手腕的偏转　d) 腕部坐标系

因为手腕是安装在手臂的末端,所以手腕的大小和重量是设计手腕时要考虑的关键问题,尽量采用紧凑的结构、合理的自由度。

(2)手腕的分类

1)按自由度分类。

① 单自由度手腕(图2-49)。图2-49a是翻转(Roll)关节,手臂纵轴线和手腕关节轴线构成共轴线形式,这种R关节旋转角度大,可达到360°以上。图2-49b、c是折曲(Bend)关节,关节轴线与前后两个连接件的轴线相垂直,这种B关节因为存在结构上的干涉,旋转角度小,大大限制了方向角。图2-49d所示为移动关节。

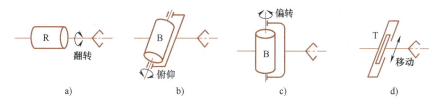

图2-49 单自由度手腕

a)R手腕 b)、c)B手腕 d)T手腕

② 二自由度手腕。二自由度手腕可以由一个R关节和一个B关节组成BR手腕(图2-50a),也可以由两个B关节组成BB手腕(图2-50b)。但是,不能由两个R关节组成RR手腕,因为两个R关节共轴线退化为一个自由度,实际只构成了单自由度手腕(图2-50c)。

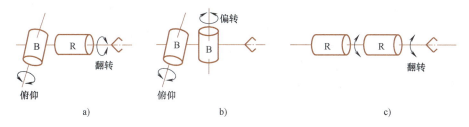

图2-50 二自由度手腕

a)BR手腕 b)BB手腕 c)RR手腕

③ 三自由度手腕。三自由度手腕可以由B关节和R关节组成许多种型式。图2-51a所示为常见的BBR手腕,手部可进行俯仰、偏转和翻转运动,即RPY运动。图2-51b所示为一个B关节和两个R关节组成的BRR手腕,为了不使自由度退化,使手部获得RPY运动,第一个R关节必须如图偏置。图2-51c所示为三个R关节组成的RRR手腕,它也可以实现手部的RPY运动。图2-51d所示为BBB手腕,它已经退化为二自由度手腕,只有PY运动。此外,B关节和R关节排列的次序不同,也会产生不同的效果,也产生了其他型式的三自由度手腕。为了使手腕结构紧凑,通常把两个B关节安装在一个十字接头上,大大减小了BBR手腕的纵向尺寸。

2)按驱动方式分类。

① 液压(气)缸驱动的腕部结构。直接用回转液压(气)缸驱动实现腕部的回转运动,具有结构紧凑、灵巧等优点。图2-52所示为摆动液压缸驱动的腕部结构,采用回转液压缸

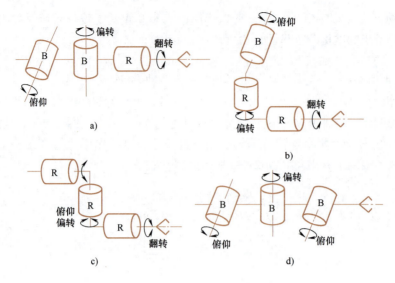

图 2-51 三自由度手腕

a）BBR 手腕　b）BRR 手腕　c）RRR 手腕　d）BBB 手腕

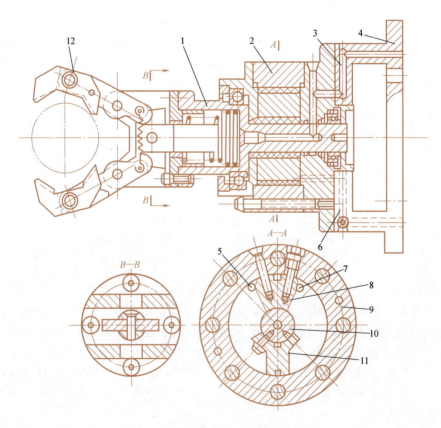

图 2-52 摆动液压缸驱动的腕部结构

1—手部驱动液压缸　2—回转液压缸　3—通向手部的油管　4—腕架　5—左进油孔　6—通向摆动液压缸的油管
7—右进油孔　8—固定叶片　9—缸体　10—回转轴　11—回转叶片　12—手部

实现腕部的旋转运动。从 A—A 剖视图可以看出，回转叶片 11 用螺钉、销钉和回转轴 10 连在一起；固定叶片 8 和缸体 9 连接。当液压油从右进油孔 7 进入液压缸右腔时，便推动回转叶片 11 和回转轴 10 一起绕轴沿顺时针方向转动；当液压油从左进油孔 5 进入液压缸左腔时，便推动转轴沿逆时针方向回转。由于手部 12 和回转轴 10 连成一个整体，故回转角度极限值由动片、定片之间允许回转的角度来决定。图 2-52 所示液压缸可以回转 +90°或 −90°。腕部旋转的位置控制可采用机械挡块，将固定挡块安装在缸体上，可调挡块与手部连接。当要求任意点定位时，可用位置检测元件对所需位置进行检测并加以反馈控制。

腕部用于和臂部连接，三根油管由臂内通过，并经腕架分别进入回转液压缸和手部驱动液压缸。如果能把上述转轴的直径设计得较大，并足以容纳手部驱动液压缸，则可把转轴做成手部驱动液压缸的缸体，即可进一步缩小腕部与手部的总轴向尺寸，使结构更加紧凑。图 2-53 所示为复合液压缸驱动的腕部结构。

② 机械传动的腕部结构。图 2-54 所示为三自由度的机械传动腕部结构，它是一个具有三根输入轴的差动轮系。腕部旋转使附加的腕部机构紧凑，重量轻。从运动分析的角度看，这是一种比较理想的三自由度手腕，这种腕部可使手的运动灵活，适应性广。目前，它已成功地用于点焊、喷漆等通用机器人上。

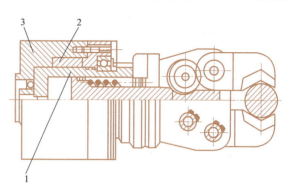

图 2-53 复合液压缸驱动的腕部结构

1—手部驱动液压缸　2—转子　3—腕部驱动液压缸

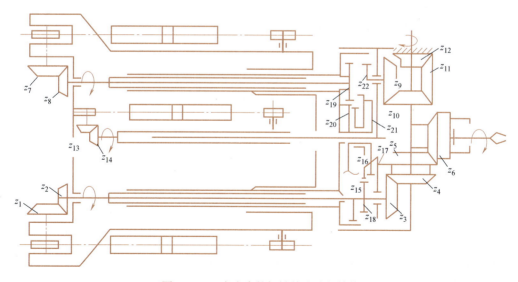

图 2-54 三自由度的机械传动腕部结构

2.1.4 手爪

手爪是机器人直接用于抓取和握紧专用工具进行操作的部件。它具有模仿人手动作的功能，并安装于机器人手臂的前端。机械手能根据计算机发出的命令执行相应的动作，它不仅是一个执行命令的机构，还应该具有识别的功能，也就是"感觉"。为了使机器人的手爪具有触觉，在手掌和手指上都装有带弹性触点的元件。如果要感知冷暖，可以装上热敏元件。在各指节的连接轴上装有精巧的电位器，它能把手指的弯曲角度转换成外形弯曲信息。将外形弯曲信息和各指节产生的接触信息一起送入计算机，通过计算机能迅速判断机械手所抓的物体的形状和大小。

1966 年，美国海军用装有钳形人工指的机器人"科沃"把因飞机失事掉入近海的一颗氢弹从 750m 深的海底捞上来。1967 年，美国飞船"探测者三号"把一台遥控操作的机器人送上月球，它在地球上人的控制下，可以在 $2m^2$ 左右的范围里挖掘月球表面 0.4m 深处的土壤样品，并且放在规定的位置；还能对样品进行初步分析，如确定土壤的硬度、重量等。

现在，机器人的手爪已经具有了灵巧的指、腕、肘和肩胛关节，能灵活自如地伸缩摆动，手腕也会转动弯曲，通过手指上的传感器还能感觉出抓握的东西的重量，已经具备了人手的许多功能。由于被握工件的形状、尺寸、重量、材质及表面状态等的不同，机器人的末端操作器（手爪）也是多种多样的，大致可分为以下几类：

1）夹钳式取料手。
2）吸附式取料手。
3）专用末端操作器及转换器。
4）仿生多指灵巧手。

1. 夹钳式取料手

夹钳式取料手由手指（手爪）、驱动机构、传动机构及连接与支承元件组成，如图 2-55 所示。它通过手指的开合实现对工件的夹持。

（1）手指　手指是直接与工件接触的部件。手部松开和夹紧工件就是通过手指的张开与闭合来实现的。机器人的手部一般有两个手指，也有三个、四个或五个手指，其结构型式常取决于被夹持工件的形状和特性。

指端是手指上直接与工件接触的部位，其结构形状取决于工件形状。常用的手指有以下类型：

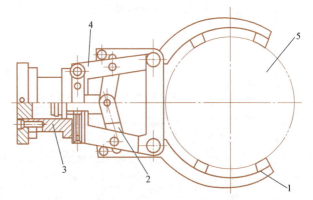

图 2-55　夹钳式取料手的组成
1—手指　2—传动机构　3—驱动机构　4—支架　5—工件

1）V 形指。如图 2-56a 所示，它适用于夹持圆柱形工件，特点是夹紧平稳可靠、夹持误差小；也可以用两个滚轮代替 V 形体的两个工作面，如图 2-56b 所示，它能快速夹持旋转中的圆柱体；图 2-56c 所示为可浮动的 V 形指，有自定位能力，与工件接触好，但浮动件是机构中的不稳定因素，在夹紧时和运动中受到的外力必须由固定支承来承受，应设计成可自锁的浮动件。

2）平面指。平面指如图 2-57a 所示，一般用于夹持方形工件（具有两个平行平面）、方形板或细小棒料。

3）尖指和长指。尖指和长指如图 2-57b 所示，一般用于夹持小型或柔性工件。尖指用于夹持位于狭窄工作场地的细小工件，以避免和周围障碍物相碰；长指用于夹持炽热的工

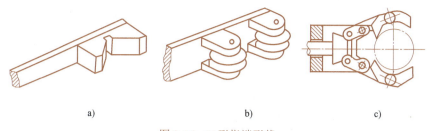

图 2-56 V 形指端形状

a）固定 V 形 b）滚柱 V 形 c）自定位式 V 形

件，以避免热辐射对手部传动机构的影响。

4）特形指。特形指如图 2-57c 所示，用于夹持形状不规则的工件。应设计出与工件形状相适应的专用特形手指，才能夹持工件。指面的形状常有光滑指面、齿形指面和柔性指面等。光滑指面平整光滑，用来夹持已加工表面，避免已加工表面受损；齿形指面上刻有齿纹，可增加夹持工件的摩擦力，以确保夹紧牢靠，多用来夹持表面粗糙的毛坯或半成品；柔性指面内镶橡胶、泡沫或石棉等材料，有增加摩擦力、保护工件表面及隔热等作用，一般用于夹持已加工表面、炽热件，也适于夹持薄壁件和脆性工件。

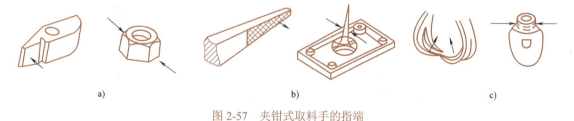

图 2-57 夹钳式取料手的指端

a）平面指 b）尖指和长指 c）特形指

（2）传动机构 传动机构是向手指传递运动和动力，以实现夹紧和松开动作的机构。该机构根据手指开合的动作特点，可分为回转型和平移型。回转型又分为单支点回转和多支点回转。根据手爪夹紧是摆动还是平动，又可分为摆动回转型和平动回转型。

1）回转型传动机构。夹钳式手部中用得较多的是回转型手部，其手指就是一对杠杆，一般再与斜楔、滑槽、连杆、齿轮、蜗轮蜗杆或螺杆等机构组成复合式杠杆传动机构，用于改变传动比和运动方向等。

图 2-58a 所示为单作用斜楔式回转型手部。斜楔向下运动，克服弹簧拉力，使杠杆手指装着滚子的一端向外撑开，从而夹紧工件；斜楔向上运动，则在弹簧拉力作用下使手指松开。手指与斜楔通过滚子接触，可以减少摩擦力，提高机械效率。有时为了简化，也可让手指与斜楔直接接触，如图 2-58b 所示。

图 2-59 所示为滑槽式杠杆回转型手部。杠杆形手指 4 的一端装有 V 形指 5，另一端开有长滑槽。驱动杆 1 上的圆柱销 2 套在滑槽内，当驱动连杆同圆柱销一起做往复运动时，即可拨动两个手指各绕其支点（铰销 3）做相对回转运动，从而实现手指的夹紧与松开动作。

图 2-60 所示为双支点连杆式手部。驱动杆 2 末端与连杆 4 由铰销 3 铰接，当驱动杆 2 做直线往复运动时，通过连杆推动两个手指各绕其支点做回转运动，从而使手指松开或闭合。

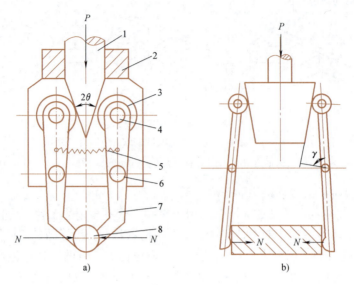

图 2-58 斜楔杠杆式手部

a）单作用斜楔式回转型手部　b）简化型斜楔式回转型手部

1—斜楔驱动杆　2—壳体　3—滚子　4—圆柱销　5—拉簧　6—铰销　7—手指　8—工件

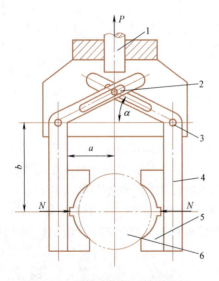

图 2-59　滑槽式杠杆回转型手部

1—驱动杆　2—圆柱销　3—铰销
4—杠杆形手指　5—V 形指　6—工件

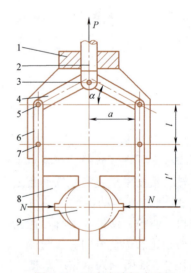

图 2-60　双支点连杆式手部

1—壳体　2—驱动杆　3—铰销　4—连杆
5、7—圆柱销　6—手指　8—V 形指　9—工件

图 2-61 所示为齿轮齿条直接传动的齿轮杠杆式手部。驱动杆 2 末端制成双面齿条，与扇齿轮 4 相啮合，而扇齿轮 4 与手指 5 固连在一起，可绕支点回转。驱动力推动齿条做直线往复运动，即可带动扇齿轮回转，从而使手指松开或闭合。

2）平移型传动机构。平移型夹钳式手部是通过手指的指面做直线往复运动或平面移动来实现张开或闭合动作的，常用于夹持具有平行平面的工件。其结构较复杂，不如回转型手部应用广泛。

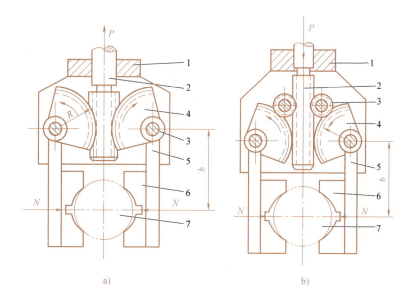

图 2-61 齿轮齿条直接传动的齿轮杠杆式手部

a）齿条直接驱动扇齿轮结构　b）带有换向齿轮的驱动结构

1—壳体　2—驱动杆　3—中间齿轮　4—扇齿轮　5—手指　6—V 形指　7—工件

① 往复运动机构。往复运动机构的种类很多，常用的斜楔传动、齿条传动和螺旋传动等均可用于手部结构。图 2-62a 所示为斜楔平移机构，图 2-62b 所示为连杆杠杆平移机构，图 2-62c 所示为螺旋斜楔平移机构。它们既可以是双指型的，也可以是三指（或多指）型的；既可自动定心，也可非自动定心。

② 平面平行移动机构。图 2-63 所示为几种平移型夹钳式手部。它们的共同点是都采用平行四边形的铰链机构——双曲柄铰链四连杆机构，以实现手指平移。其差别在于分别采用齿条齿轮、蜗杆蜗轮和连杆斜滑槽的传动方法。

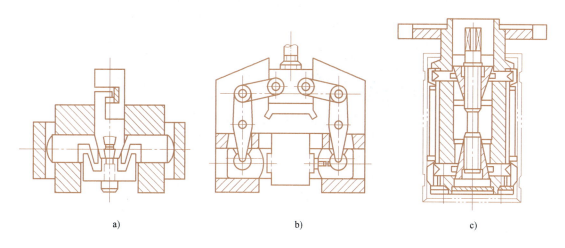

图 2-62 直线平移型手部

a）斜楔平移机构　b）连杆杠杆平移机构　c）螺旋斜楔平移机构

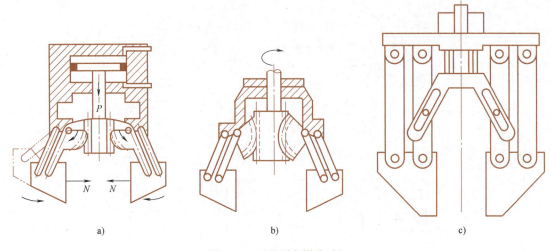

图 2-63 平移型夹钳式手部
a）齿条齿轮式传动　b）蜗杆蜗轮式传动　c）连杆斜滑槽式传动

2. 吸附式取料手

吸附式取料手靠吸附力取料，根据吸附力的不同分为气吸附和磁吸附两种。吸附式取料手适用于大平面、易碎（玻璃、光盘）及微小的物体，因此使用面较广。

（1）气吸附式取料手　气吸附式取料手是利用吸盘内的压力和大气压之间的压力差工作的，按形成压力差的方法，可分为真空吸附、气流负压吸附和挤压排气负压吸附等。图 2-64 所示为玻璃生产线，片片巨幅玻璃在生产线成形、打磨、下片，然后被一只只灵活的"气吸附式取料手"装进玻璃固定架。

图 2-64 玻璃生产线

气吸附式取料手与夹钳式取料手相比，具有结构简单、重量轻、吸附力分布均匀等优点。对于薄片状物体（如板材、纸张、玻璃等）的搬运更具有其优越性，广泛应用于非金属材料或不可有剩磁的材料的吸附。但要求物体表面较平整光滑，无孔、无凹槽。

真空吸附式取料手如图 2-65 所示。其真空是利用真空泵产生的，真空度较高。其主要零件为碟形橡胶吸盘 1,通过固定环 2 安装在支承杆 4 上。支承杆 4 由螺母 6 固定在基板 5 上。取料时,碟形橡胶吸盘与物体表面接触,橡胶吸盘在边缘既起密封作用,又起缓冲作用;然后真空抽气,吸盘内腔形成真空,实施吸附取料。放料时,管路接通大气,失去真空,物体被放下。为避免在取放料时产生撞击,有的还在支承杆上配有弹簧,起缓冲作用。为了更好地适应物体吸附面的倾斜状况,有的在橡胶吸盘背面设计有球铰链。真空吸附式取料手工作可靠、吸附力大,但需要有真空系统,成本较高。

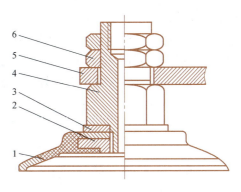

图 2-65 真空吸附式取料手

1—碟形橡胶吸盘 2—固定环 3—垫片
4—支承杆 5—基板 6—螺母

利用真空发生器产生真空,其基本原理如图 2-66 所示。当吸盘压到被吸物后,吸盘内的空气被真空发生器或者真空泵从吸盘上的管路中抽走,使吸盘内形成真空;而吸盘外的大气压力把吸盘紧紧地压在被吸物上,使之几乎形成一个整体,可以共同运动。真空发生器是利用压缩空气产生真空(负压)的。真空发生部分是没有活动部件的单纯结构,故使用寿命较长。

挤压排气负压吸附式取料手如图 2-67 所示。其工作原理为:取料时橡胶吸盘 1 压紧物体,橡胶吸盘变形,挤出腔内多余的空气,取料手上升,靠橡胶吸盘的恢复力形成负压,将物体吸住。释放时,压下拉杆 3,使吸盘腔与大气相连通而失去负压。该取料手结构简单,但吸附力小,吸附状态不易长期保持。

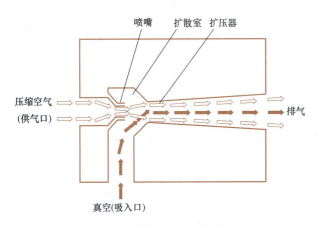

图 2-66 真空发生器基本原理

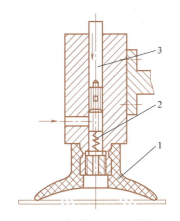

图 2-67 挤压排气负压吸附式取料手

1—橡胶吸盘 2—弹簧 3—拉杆

(2)磁吸附式取料手 磁吸附式取料手是利用电磁铁通电后产生的电磁吸力取料,因此只能对铁磁物体起作用,但是对某些不允许有剩磁的零件禁止使用,故磁吸附式取料手的使用有一定的局限性。

盘状磁吸附式取料手的结构如图 2-68 所示。铁心 1 和磁盘 3 之间用黄铜钎料焊接并构成隔磁环 2,既焊为一体又将铁心和磁盘分隔,使铁心 1 成为内磁极,磁盘 3 成为外磁极。其磁路由壳体 6 的外圈,经磁盘 3、工件和铁心 1,再到壳体内圈形成闭合回路,以此吸附工件。铁心、磁盘和壳体采用 8～10 号低碳钢制成,可减少剩磁,并在断电时不吸或少吸铁屑。盖 5 为用黄铜或铝板制成的隔磁材料,用于压住线圈 11,以防止工作过程中线圈的活动。挡圈 7、8 用于调整失心和壳体的轴向间隙,即磁路气隙 δ。在保证铁心正常转动的情况下,气隙越小越好;气隙过大,电磁吸力就会显著地减小,因此,一般取 δ=0.1～0.3mm。

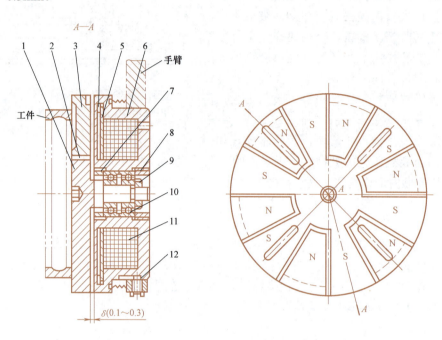

图 2-68 盘状磁吸附式取料手的结构

1—铁心 2—隔磁环 3—磁盘 4—卡环 5—盖 6—壳体 7、8—挡圈
9—螺母 10—轴承 11—线圈 12—螺钉

在机器人手臂的孔内,取料手可做轴向微量的移动,但不能转动。铁心 1 和磁盘 3 一起装在轴承上,用于实现在不停车的情况下自动上、下料。几种电磁式吸盘吸料的示意图如图 2-69 所示。

3. 专用末端操作器及转换器

(1) 专用末端操作器 机器人是一种通用性很强的自动化设备,可根据作业要求完成各种动作,再配上各种专用的末端操作器后,就能完成各种动作。例如在通用机器人上安装焊枪,就成为一台焊接机器人;若安装拧螺母机,则成为一台装配机器人。目前,有许多由专用电动、气动工具改型而成的操作器,如拧螺母机、焊枪、电磨头、电铣头、抛光头和激光切割机等,如图 2-70 所示。这些末端操作器使机器人能胜任各种工作。

(2) 转换器 使用一台通用机器人,要在作业时能自动更换不同的末端操作器,就需要配置具有快速装卸功能的转换器。转换器由两部分组成:转换器插座和换接器插头,分别装在机器人腕部和末端操作器上,能够实现机器人对末端操作器的快速自动更换。

具体实施时,将各种末端操作器存放在工具架上,组成一个专用末端操作器库,如图 2-71 所示。机器人可根据作业要求,自行从工具架上选择相应的专用末端操作器。

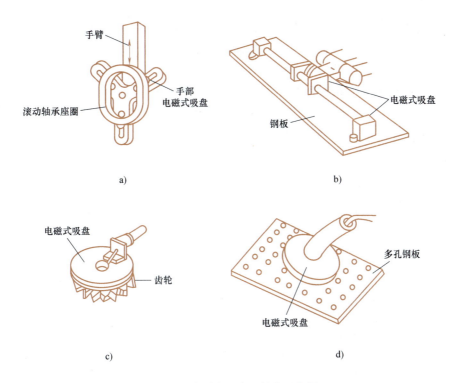

图 2-69 电磁式吸盘吸料的示意图

a）吸附滚动轴承座圈用的电磁式吸盘　b）吸取钢板用的电磁式吸盘
c）吸取齿轮用的电磁式吸盘　d）吸附多孔钢板用的电磁式吸盘

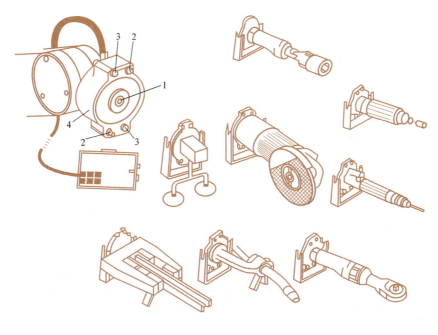

图 2-70 各种专用末端操作器
1—气路接口　2—定位销　3—电接头　4—电磁式吸盘

对专用末端操作器转换器的要求主要有：同时具备气源、电源及信号的快速连接与切换；能承受末端操作器的工作载荷；在失电、失气的情况下，机器人停止工作时不会自行脱离；具有一定的转换精度等。

气动转换器和专用末端操作器如图 2-72 所示。该转换器分成两部分：一部分装在手腕上，称为转换器；另一部分在末端操作器上，称为配合器。利用气动锁紧器将两部分进行连接，并具有就位指示灯，以显示电路、气路是否接通。

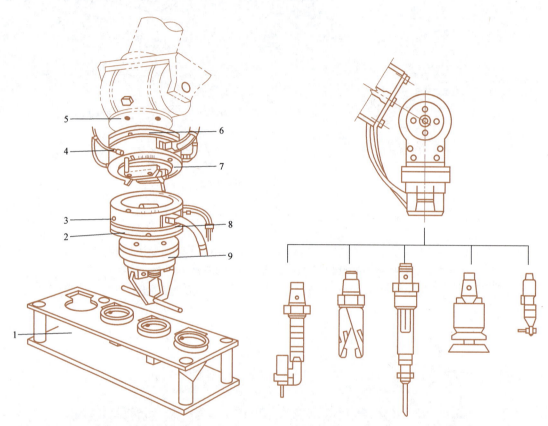

图 2-71　气动转换器与专用末端操作器库

1—末端操作器库　2—操作器过渡法兰
3—位置指示器　4—转换器气路
5—连接法兰　6—过渡法兰　7—转换器
8—转换器配合端　9—末端操作器

图 2-72　气动转换器和专用末端操作器

4. 仿生多指灵巧手

简单的夹钳式取料手不能适应物体的外形变化，不能使物体表面承受比较均匀的夹持力，因此无法对复杂形状、不同材质的物体实施夹持和操作。为了提高机器人手爪和手腕的操作能力、灵活性和快速反应能力，使机器人能像人手那样进行各种复杂的作业（如装配作业、维修作业、设备操作以及机器人模特的礼仪手势等），必须有一个运动灵活、动作多样的灵巧手。

（1）柔性手　柔性手能对不同外形的物体实施抓取，并使物体表面受力比较均匀。

图 2-73 所示为多关节柔性手腕，手指由多个关节串联而成。手指传动部分由牵引钢丝绳及摩擦滚轮组成，每个手指由两根钢丝绳牵引，一侧为握紧，另一侧为放松。采用电动机驱动或液压、气动元件驱动。柔性手腕可抓取凹凸不平的外形，并使物体受力较为均匀。

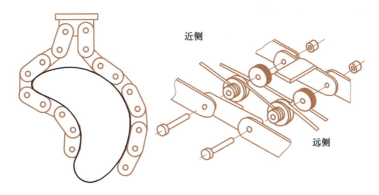

图 2-73　多关节柔性手腕

图 2-74 所示为用柔性材料做成的柔性手，其为一端固定、一端自由的双管合一的柔性管状手爪。当一侧管内充气体或液体、另一侧管内抽气或抽液时，形成压力差，柔性手爪就向抽空侧弯曲。此种柔性手适用于抓取轻型、圆形物体，如玻璃器皿等。

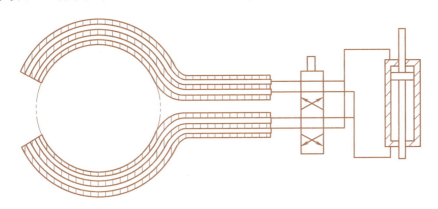

图 2-74　用柔性材料做成的柔性手

（2）多指灵巧手　机器人手爪和手腕最完美的形式是模仿人手的多指灵巧手。如图 2-75 所示，多指灵巧手有多个手指，每个手指有三个回转关节，每个关节的自由度都是独立控制的。因此，人手指能完成的各种复杂动作它几乎都能模仿，如拧螺钉、弹钢琴、做礼仪手势等动作。在手部配置触觉、力觉、视觉、温度传感器，将会使多指灵巧手达到更完美的程度。多指灵巧手的应用前景十分广泛，可在各种极限环境下完成人无法实现的操作，如核工业领域、宇宙空间作业，在高温、高压、高真空环境下作业等。

2.1.5　机身

机身是直接连接、支承和传动手臂及行走机构的部件。它由臂部运动（升降、平移、回转和俯仰）机构及有关的导向装置、支承件等组成。由于机器人的运动形式、使用条件、负载能力各不相同，所采用的驱动装置、传动机构和导向装置也不同，致使机身结构有很大差异。

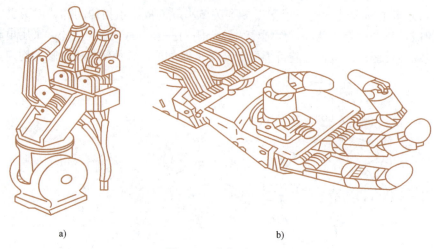

图 2-75 多指灵巧手
a）三指 b）四指

机身结构一般由机器人总体设计确定。例如，直角坐标型机器人有时把升降（Z 轴）或水平移动（X 轴）自由度归属于机身，圆柱坐标型机器人把回转和升降这两个自由度归属于机身，极坐标型机器人把回转与俯仰这两个自由度归属于机身，关节坐标型机器人把回转自由度归属于机身。

一般情况下，实现臂部的升降、回转或俯仰等运动的驱动装置或传动件都安装在机身上。臂部的运动越多，机身的结构和受力越复杂。机身既可以是固定式的，也可以是行走式的，即在它的下部装有能行走的机构，可沿地面或架空轨道运行。

常用的机身结构有升降回转型机身结构、俯仰型机身结构、直移型机身结构和类人机器人型机身结构。

（1）升降回转型机身结构 升降回转型机身结构由实现臂部的回转和升降的机构组成。回转通常由直线液（气）压缸驱动的传动链、蜗杆传动回转轴完成；升降通常由直线缸驱动、丝杠螺母机构驱动和直线缸驱动的连杆升降台完成。

1）升降回转型机身的结构特点。

① 升降液压缸在下，回转液压缸在上，回转运动由摆动液压缸驱动，因摆动液压缸安置在升降活塞杆的上方，故活塞杆的尺寸要加大。

② 回转液压缸在下，升降液压缸在上，回转运动由摆动液压缸驱动，相比之下，回转液压缸的驱动力矩要设计得大一些。

③ 链条链轮传动是将链条的直线运动变为链轮的回转运动，其回转角度可大于 360°。图 2-76a 所示为气动机器人采用单杆活塞气缸驱动链条链轮传动机构实现机身的回转运动。此外，也可用双杆活塞气缸驱动链条链轮传动机构实现机身的回转运动，如图 2-76b 所示。

2）升降回转型机身的结构。图 2-77 所示的升降回转型机身包括两个运动：机身的回转和升降。机身回转机构置于升降缸之上。

手臂部件与回转缸的上端盖连接，回转缸的动片与缸体连接，由缸体带动手臂做回转运动。回转缸的转轴与升降缸的活塞杆是一体的。活塞杆采用空心，内装一花键轴套与花键轴配合，活塞升降由花键轴导向。花键轴与升降缸的下端盖用键来固定，下端盖与连接地面

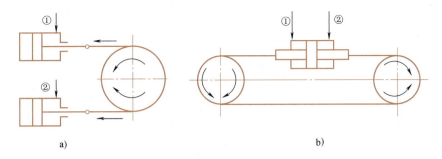

图 2-76 链条链轮传动机构

a) 单杆活塞气缸驱动链条链轮传动机构　b) 双杆活塞气缸驱动链条链轮传动机构

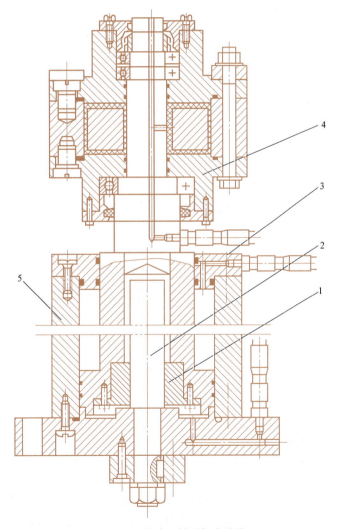

图 2-77 升降回转型机身结构

1—花键轴套　2—花键轴　3—活塞　4—回转缸　5—升降缸

的底座固定，这样就固定了花键轴，也就通过花键轴固定了活塞杆。这种结构中导向杆在内部，结构紧凑。

（2）俯仰型机身结构　俯仰型机身结构由实现手臂左右回转和上下俯仰的部件组成，它用手臂的俯仰运动部件代替手臂的升降运动部件。俯仰运动大多采用摆式直线缸驱动。

机器人手臂的俯仰运动一般采用活塞缸与连杆机构实现。实现手臂俯仰运动的活塞缸位于手臂的下方，其活塞杆和手臂用铰链连接，缸体采用尾部耳环或中部销轴等方式与立柱连接，如图2-78所示。此外，有时也采用无杆活塞缸驱动齿条齿轮或四连杆机构实现手臂的俯仰运动。

（3）直移型机身结构　直移型机身结构多为悬挂式，机身实际是悬挂手臂的横梁。为使手臂能沿横梁平移，除了要有驱动和传动机构外，导轨也是一个重要的部件。

（4）类人机器人型机身结构　类人机器人型机身结构的机身上除了装有驱动臂部的运动装置外，还应该有驱动腿部运动的装置和腰部关节。类人机器人型机身结构的机身靠腿部的屈伸运动来实现升降，腰部关节实现左右、前后的俯仰运动和人身轴线方向的回转运动。

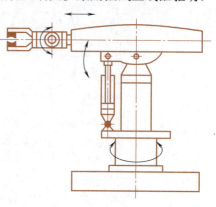

图 2-78　俯仰型机身结构

2.2　机器人传感器

机器人可以被定义为计算机控制的能模拟人的感觉、手工操纵的、具有自动行走能力而又足以完成有效工作的装置。按照其功能，机器人已发展到第三代，而传感器在机器人的发展过程中起着举足轻重的作用。第一代机器人是一种进行重复操作的机械，主要是通常所说的机械手，它虽配有电子存储装置，能记忆重复动作，但是未采用传感器，所以没有适应外界环境变化的能力。第二代机器人已初步具有感觉和反馈控制的能力，能进行识别、选取和判断，这是由于采用了传感器，机器人具有了初步的智能。因而传感器的采用与否已成为衡量第二代机器人的重要特征。第三代机器人为高级智能机器人，"智能化"是这代机器人的重要标志。然而，计算机处理的信息必须通过各种传感器来获取，因此这一代机器人需要有更多的、性能更好的、功能更强大的、集成度更高的传感器。机器人传感器可以分为视觉、听觉、触觉、压觉、接近觉、力觉和滑觉共七类。

2.2.1　视觉传感器

人类从外界获取的视觉信息可分为图形信息、立体信息、空间信息和运动信息。图形信息是平面图像，它可记录二维图像的明暗和色彩，在识别文字和形状时起重要作用。立体信息表明物体的三维形状，如物体的远近、位置等，可用于感知活动空间、手足活动的余地等。运动信息是随时间变化的信息，表明运动物体的有无、运动方向和速度等。

与人类视觉系统的作用一样，机器人视觉系统赋予机器人一种高级感觉机构，使机器人能以"智能"和灵活的方式对其周围环境做出反应。机器人的视觉信息系统包括图像传感器、数据传递系统以及计算机和处理系统。机器人视觉系统主要利用颜色、形状等信息来识别环境目标。以机器人对颜色的识别为例，当摄像头获得彩色图像以后，机器人上的嵌入计算机系统将模拟视频信号数字化，将像素根据颜色分成两部分，即感兴趣的像素（搜索的目标颜色）和不感兴趣的像素（背景颜色）。然后对感兴趣的像素进行 RGB 颜色分量的匹配。为了减少环境光强度的影响，可把 RGB 颜色域空间转化到 HS 颜色空间。图 2-79 所示为典型机器人视觉系统。

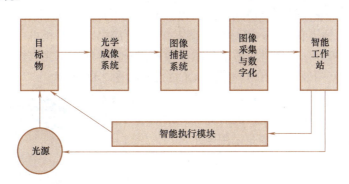

图 2-79 典型机器人视觉系统

视觉传感器是将景物的光信号转换成电信号的器件，其原理是从一整幅图像捕获光线的数以千计的像素。图像的清晰和细腻程度通常用分辨率来衡量，以像素数量表示。Banner 工程公司提供的部分视觉传感器能够捕获 130 万像素。因此，距离目标数厘米或数米远，通过传感器都能"看到"十分细腻的目标图像。

智能视觉传感技术是一种高度集成化、智能化的嵌入式视觉传感技术。它取代了 PC 平台的视觉系统，智能视觉传感技术将视觉传感器、数字处理器、通信模块及其他外围设备集成在一起，成为一个能独立完成图像采集、分析处理、信息传输一体化的智能视觉传感器。视觉传感器都是基于 CCD 图像传感器和 CMOS 图像传感器实现图像像素的采集，随着两者技术及嵌入式处理技术的发展，智能视觉传感器在图像质量、分辨率、测量精度以及处理速度、通信速度方面得到很大的提升优化，其发展将逐步接近甚至超越基于 PC 平台的视觉系统。

智能视觉传感技术下的智能视觉传感器也称为智能相机，是近年来机器视觉领域发展最快的一项新技术。智能相机是一个兼具图像采集、图像处理和信息传递功能的小型机器视觉系统，是一种嵌入式计算机视觉系统。它将图像传感器、数字处理器、通信模块和其他外设集成到一个单一的相机内，这种一体化的设计可降低系统的复杂度，提高可靠性；同时，系统尺寸大大缩小，拓宽了视觉技术的应用领域。智能视觉传感器具有易学、易用、易维护、安装方便，可在短时间内构建起可靠而有效的视觉检测系统等优点。

视觉传感器的图像采集单元主要由 CCD/CMOS 相机、光学系统、照明系统和图像采集卡组成，将光学影像转换成数字图像，传递给图像处理单元。常用的图像传感器主要有 CCD 图像传感器和 CMOS 图像传感器两种。

（1）CCD 图像传感器　CCD 即电子耦合组件（Charged Coupled Device），它是类似传统相机底片的感光系统，是感应光线的电路装置，可以将它想象成一颗颗微小的感应粒子铺满在光学镜头后方，当光线与图像从镜头透过、投射到 CCD 表面时，CCD 就会产生电流，将感应到的内容转换成数码资料存储在相机内部的闪速存储器或内置硬盘卡内。CCD 像素数目越多，单一像素尺寸越大，收集到的图像就越清晰。

CCD 图像传感器由微镜头、滤色片和感光元件三层组成。CCD 图像传感器的每一个感光元件由一个光电二极管和控制相邻电荷的存储单元组成，光电管用于捕捉光子，它将光子转化成电子，收集到的光线越强，产生的电子数量就越多；而电子信号越强，则越容易被记录且不容易丢失，图像细节越丰富。CCD 传感器是一种特殊的半导体材料，由大量独立的感光二极管组成，一般按照矩阵形式排列，相当于传统相机的胶卷。

目前，CCD 的种类有很多，其中面矩阵 CCD 主要应用在数码相机中。它是由许多单个感光二极管组成的阵列，整体呈正方形，然后像砌砖一样将这些感光二极管砌成阵列，组成可以输出一定解析度图像的 CCD 传感器。CCD 芯片如图 2-80 所示。

CCD 传感器的成像原理是使用感光二极管将光线转换为电荷，当拍摄者对焦完毕按下快门的时候，光线通过打开的快门（目前消费级数码相机基本都是采用电子快门）透过马赛克色块射在 CCD 图像传感器上，感光二极管在接受光电子的撞击后释放电子，产生电子的数目与该感光二极管感应到的光成正比。当本次曝光结束之后，每个感光二极管含有不同数量的电子，而在显示器上面看到的数码图像就是通过电子数量的多与少进行表示和存储，然后控制电路从 CCD 中读取图像，进

图 2-80　CCD 芯片

行红（R）、绿（G）和蓝（B）三原色合成，并且放大和将其数字化，这些数字信号被存入数码相机的缓存内，最后写入相机的移动存储介质，完成数码相片的拍摄。

CCD 传感器有两种：第一种是特殊 CCD 传感器，如红外 CCD 芯片（红外焦平面阵列器件）、高灵敏度背照式和电子轰击式 CCD、EBCCD 等，另外还有大靶面（如 2048×2048、4096×4096）可见光 CCD 传感器、宽光谱范围（紫外线→可见光→近红外光→ 3 ～ 5μm 中红外光→ 8 ～ 14μm 远红外光）焦平面阵列传感器等，目前已有商业化产品，并广泛应用于各个领域；第二种是通用型或消费型 CCD 传感器，其在许多方面都有较大的进展，总的方向是提高 CCD 摄像机的综合性能。

CCD 传感器具有以下优点：高解析度、低杂信、高灵敏度、动态范围广、良好的线性特性曲线、大面积感光、低影像失真、体积小、重量轻、低耗电、不受磁场影响、电荷传输效率佳、可大批量生产、品质稳定、坚固、不易老化、使用方便及易保养等。但随着 CCD 应用范围的扩大，其缺点逐渐暴露：首先，CCD 芯片技术工艺复杂，不能与标准的工艺兼容；其次，CCD 技术芯片功耗大，因此 CCD 技术芯片价格昂贵且使用不便。

（2）CMOS 图像传感器　由于 CCD 图像传感器具有工艺复杂等缺点，CMOS 图像传感器逐渐开始发展起来。图 2-81 所示为 AR0130 CMOS 图像传感器。

CMOS 图像传感器的工作原理如下：首先，外界光照射像素阵列，发生光电效应，在像素单元内产生相应的电荷。行选择逻辑单元根据需要，选通相应的行像素单元。行像素单元内的图像信号通过各自所在列的信号总线传输到对应的模拟信号处理单元以及 A-D 转换器，转换成数字图像信号输出。其中的行选择逻辑单元可以对像素阵列逐行扫描，也可以隔行扫描。行选择逻辑单元与列选择逻辑单元配合使用可以实现图像的窗口提取功能。模拟信号处理单元的主要功能是对信号进行放大

图 2-81　AR0130 CMOS 图像传感器

处理，并且提高信噪比。另外，为了获得质量合格的实用摄像头，芯片中必须包含各种控制电路，如曝光时间控制、自动增益控制等。为了使芯片中各部分电路按规定的节拍动作，必须使用多个时序控制信号。为了便于摄像头的应用，还要求该芯片能输出一些时序信号，如同步信号、行起始信号和场起始信号等。

互补金属氧化物场效应晶体管即 CMOS 图像传感器，该传感器芯片采用了 CMOS 工艺，可将图像采集单元和信号处理单元集成到同一块芯片上。由于具有上述特点，它适合大规模批量生产，适合小尺寸、低价格、摄像质量无过高要求的应用领域，如保安用小型或微型相机、手机、计算机网络视频会议系统、无线手持式视频会议系统、条形码扫描器、传真机、玩具、生物显微镜计数以及某些车用摄像系统等。

同时 CMOS 也受噪声、暗电流、像素的饱和与溢出模糊问题的影响，只有解决好这些问题才能进一步提高 CMOS 图像传感器的测量精度以及市场的推广。

固体视觉传感器又可以分为一维线性传感器和二维线性传感器，目前二维线性传感器已经能做到 4000 像素以上。固体视觉传感器具有体积小、重量轻、余晖小等优点，因此应用日趋广泛。

在捕获图像之后，视觉传感器将其与内存中存储的基准图像进行比较，以做出分析。例如，若视觉传感器被设定为辨别正确地插有八颗螺栓的机器部件，则传感器知道应该拒收只有七颗螺栓的部件，或者螺栓未对准的部件。此外，无论该机器部件位于视场中的哪个位置，无论该部件是否在 360° 范围内旋转，视觉传感器都能做出判断。

2.2.2 听觉传感器

听觉传感器是人工智能装置，是第三代机器人必不可少的部分，它是利用语音信息处理技术制成的。在某些环境中，要求机器人能够测知声音的音调、响度，区分左右声源，有的甚至可以判断声源的大致方位，有时人们甚至要求与机器进行语音交流，使其具备人机对话功能，听觉传感器可使机器人实现上述功能。一台高级的机器人不仅能听懂人讲的话，而且能讲出人听得懂的语言，赋予机器人这些智慧的技术统称为语音合成技术。

机器人的听觉功能通过听觉传感器采集声音信号，经声卡输入到机器人"大脑"。机器人拥有了听觉，就能够听懂人类语言，即实现语音的人工识别和理解，因此机器人听觉传感器可分为如下两类：

1) 声检测型，主要用于测量距离等。由于超声波传感器处理信息简单、成本低、速度快，广泛地应用于机器人听觉传感器。

2) 语音识别型，用于建立人和机器之间的对话。语音识别实质上是通过模式识别技术来识别未知的输入声音，通常分为特定语音和非特定语音两种方式，特定语音识别是预先提取特定说话者发音的单词或音节的各种特征参数，并记录在存储器中；后者为自然语音识别。

语音传感器是机器人与操作人员之间的重要接口。它可以使机器人按照"语言"执行命令，进行操作。语音是从 20Hz ~ 20kHz 的疏密波，工程上用空气振动检测器作为听觉器官。传声器就是典型的代表，目前有电磁式、静电式、压电式以及其他类型。将语音信号转换成电信号后，再进行各种预处理。预处理包括信号放大、去除噪声及频率分析。放大和滤波一般是在模拟电路中进行的，然后将信号进行模 - 数转换，用数字信号处理的方法进行频率分析，频率分析一般使用快速傅里叶方法。

例如，优必选的"悟空"机器人可进行听觉、视觉和触觉等多模态交互。听觉方面，微纳感知机器听觉技术打通了终端与云端平台，连通"悟空"机器人与"腾讯叮当"，使"悟空"具有"腾讯叮当"丰富的内容、资源以及良好的现场交互体验。无论是在家里闲暇时与"悟空"解闷谈心，还是在人声鼎沸的餐厅里向他询问附近的影院，或者当双手被占用时，想打个语音电话，10m 之内只要喊一声"悟空悟空"，就能马上唤醒这个人工智能小助手，而且每次唤醒，"悟空"都会根据声音方向，礼貌地将头转向交谈对象，如图 2-82 所示。

图 2-82 优必选的"悟空"机器人

2.2.3 触觉传感器

人的触觉是通过四肢和皮肤对外界物体的一种物性感知。触觉使人们可以精确地感知、抓握和操纵各种各样的物体，是和环境互动的一种重要方式。为了使机器人能感知被接触物体的特性及传感器接触对象后自身的状况（如是否握牢对象物体和对象物体在传感器什么部位等），常使用触觉传感器。

触觉传感器可以被定义为：能够通过手与物体之间的物理接触来评估物体的给定特性的工具。触觉传感器必须能满足下列关于机械手的操作任务要求：

1）响应。在避障和人机交互任务中，要求触觉传感器能判断接触并测量出接触力的大小。

2）探索。在探索过程中，触觉传感器应能提供关于纹理、刚度和温度的表面特性，关于形状的机构特性以及关于接触和振动的功能特性。

3）操作。在自主操作任务中，触觉数据可以在以下情景中被用来控制参数：滑动检测，抓取稳定性估计；接触点估计，表面法向力和曲率测量；切向力和法向力测量，以实现稳定抓取；接触力测量，以实现指尖控制。

依据以上任务要求，传感器具有不同的设计规范。在自主操作应用中，要求触觉传感器能够满足对象表征、识别（估计柔顺性、导热性和纹理特征）和操作（控制施加到物体的力）。下面总结了触觉传感器在操作任务中应用的最重要的设计准则。

1）空间分辨率。触觉传感阵列对空间分辨率的要求既取决于待识别物体的大小，也取决于传感器在机器人手上的位置。

2）灵敏度。触觉传感器中的灵敏度由力（压力）可以检测的最小变化决定。

3）频率响应。依据应用的场合而定。

4）滞后和记忆效应。在理想情况下，滞后和记忆效应都应该尽可能小。

5）布线。触觉传感器的布线不应妨碍机器人手的工作。

6）柔性。传感器本身应该是柔性的，可以方便地安装到任何类型的机器人手上。

7）表面特性。触觉传感器的表面特性（如机械柔度和表面摩擦系数）应适用于各种操作任务。

8）鲁棒性。传感器的设计应该保证传感器能够承受高频度重复使用而不影响其性能，能够承受一定的法向力和切向力。

触觉传感器有机械式(如微动开关)、隔离式双态接触传感器、光反射触觉传感器、针式差动变压器、含碳海绵及导电橡胶等几种。当接触力作用时,这些传感器以通断的方式输出高低电平,实现传感器对被接触物体的感知。

图2-83所示为针式差动变压器矩阵式接触传感器,它由若干个触针式触觉传感器构成矩阵形状。每个触针传感器由钢针、塑料套筒以及给每针杆加复位力的磷青铜弹簧等构成,如图2-83a所示。在各触针上绕着激励线圈与检测线圈,用于将感知的信息转换成电信号,由计算机判定接触程度、接触部位等。

当针杆与物体接触而产生位移时,其根部的磁极体将随之运动,从而增强了两个线圈间的耦合系数。通过控制电路使各行激励线圈上加上交流电压,检测线圈有感应电压,该电压随针杆位移的增加而增大。通过扫描电路轮流读出各列检测线圈上的感应电压,经计算机运算判断,即可知道对象物体的特征或传感器自身的感知特性。

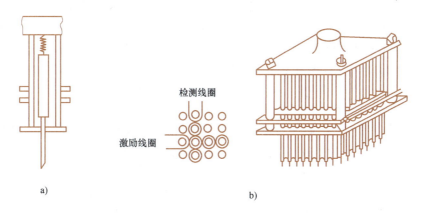

图2-83 针式差动变压器矩阵式接触传感器
a)单个触针式传感器 b)矩阵触针式传感器

触觉传感器的原理是非电特征量与电特征量耦合的机制。根据耦合的原理一般可分为四类:压阻式、压电式、电容式和光学式。它们在功能结构上可以实现微电子机械系统或纳米机电系统(MEMS/NEMS)。

(1)压阻式触觉传感器 压阻式触觉传感是通过机械地改变传感结构的电阻率来实现的。压阻式触觉传感器对噪声具有很强的鲁棒性,是基于阵列应用的很好的选择。压阻式触觉传感器的局限性主要包括:滞后明显,导致其较低的频率响应;只能用于空间分辨率有限的动态测量。有时采用膜片或悬臂梁结构来增加机械挠度和应力,从而提高传感效率。适当的电阻率和机械弹性是完成压阻传感所必需的,大多数金属、半导体和一些聚合物材料是制作压阻传感结构的主要材料。

(2)压电式触觉传感器 根据传感原理,压电式触觉传感器可分为被动式和主动式两类。被动式压电触觉传感器利用直接压电效应,材料在外部应力下极化产生电荷。主动式压电触觉传感器利用逆压电效应,压电传感结构在其一阶谐振频率下被电驱动,当施加外部应力时,产生与外部应力线性共振频率偏移。压电式触觉传感器具有非常高的频率响应,使之成为动态信号传感测试的最佳选择。压电式触觉传感器一般为夹层结构,将压电层放置在两个电极层之间,集成凸起结构作为触头。

（3）电容式触觉传感器　电容式触觉传感器的原理是通过机械地改变电容器的几何形状来改变电容。电容式触觉传感器具有良好的频率响应、空间分辨率高、动态测量范围大等优点，缺点是对多种类型的噪声敏感。平行板电容器是电容的基本结构。感测板至少在一个自由度上几何形状可变，进而来改变电容。台面结构通常在可动板上，以方便与感测目标的接触。常见结构有矩形条纹结构、金字塔结构、柱体结构和球体结构等。

（4）光学式触觉传感器　光学式触觉传感器是通过将电磁波导的几何变化与波的波长、相位、偏振或强度调制耦合来实现的。光学式触觉传感器不受电子噪声的影响，通常有很高的空间分辨率和较宽的动态响应范围。光学式触觉传感器可用于测试表面粗糙度、柔度、剪切和垂直应力。光学式触觉传感器的灵活性和便携性好，具有巨大的应用潜力。同时光纤能够与其他传感原理相配合，可显著提高系统性能，增强对电磁干扰的鲁棒性。

2.2.4　测距传感器

测距传感器可分为超声波测距传感器、红外线测距传感器和激光测距传感器等。

（1）超声波测距传感器　超声波对液体、固体的穿透本领很大，尤其是在阳光不透明的固体中，它可穿透几十米的深度。超声波碰到杂质或分界面会产生显著反射形成反射回波，碰到活动物体能产生多普勒效应。因此，超声波检测广泛应用在工业、国防、生物医学等方面。以超声波作为检测手段，必须产生超声波和接收超声波，完成这种功能的装置就是超声波测距传感器，习惯上称为超声换能器或者超声探头。

超声波测距传感器的检测范围取决于其使用的波长和频率。波长越长，频率越小，检测距离越大，如具有毫米级波长的紧凑型传感器的检测范围为 300～500mm，波长大于 5mm 的传感器检测范围可达 8m。一些传感器具有较窄的声波发射角（6°），因而更适合精确检测相对较小的物体；另一些声波发射角在 12°～15°的传感器能够检测具有较大倾角的物体。此外，还有外置探头型的超声波测距传感器，相应的电子线路位于常规传感器外壳内，这种结构更适合检测安装空间有限的场合。波长等因素会影响超声波测距传感器的精度，其中最主要的影响因素是温度，声波速度随温度的变化而变化，因而许多超声波测距传感器具有温度补偿的特性。该特性能使模拟量输出型的超声波测距传感器在一个宽温度范围内获得高达 0.6mm 的重复定位精度。

超声波传感器的主要材料有压电晶体（电致伸缩）和镍铁铝合金（磁致伸缩）两类。电致伸缩的材料有锆钛酸铅（PZT）等。压电晶体组成的超声波传感器是一种可逆传感器，它可以将电能转变成机械振荡而产生超声波，同时它在接收到超声波时，也能转变成电能，因此它可以分成发送器和接收器。有的超声波传感器既可发送，也能接收。这里仅介绍小型超声波传感器，发送与接收略有差别，它适用于在空气中传播，工作频率一般为 23～25kHz 及 40～45kHz。这类传感器适合测距、遥控及防盗等用途，如 T/R-40-16、T/R-40-12 等（其中 T 表示发送，R 表示接收，40 表示频率为 40kHz，16 及 12 表示其外径尺寸，以 mm 计）。另外有一种密封式超声波传感器，具有防水功能，可以做料位及接近开关用，它的性能较好。超声波的应用有三种基本类型，透射型用于遥控器、防盗报警器、自动门及接近开关等，分离式反射型用于测距、测液位或测料位，反射型用于材料探伤、测厚等。

（2）红外线测距传感器　红外线测距传感器利用红外信号遇到障碍物距离的不同所反射的强度也不同的原理，进行障碍物远近的检测。红外线测距传感器具有一对红外信号发射与接收二极管，发射管发射特定频率的红外信号，接收管接收这种频率的红外信号，当红外线在检测方向上遇到障碍物时，红外信号反射回来被接收管接收，经过处理之后，通过数字传感器接口返回到机器人主机，机器人即可利用红外的返回信号来识别周围环境的变化。

红外线测距传感器是利用红外线的物理性质来进行测量的传感器。红外线又称为红外光，它具有反射、折射、散射、干涉及吸收等性质。任何物质，只要它本身具有一定的温度（高于绝对零度），都能辐射红外线。红外线测距传感器测量时不与被测物体直接接触，不存在摩擦，因此其具有灵敏度高、反应快等优点。

（3）激光测距传感器　激光测距传感器是利用激光技术进行测量的传感器。它由激光器、激光检测器和测量电路组成。激光测距传感器是新型测量仪表，它的优点是能实现无接触远距离测量，速度快，精度高，量程大，抗光、电干扰能力强等。

激光具有以下四个重要特性：

1）高方向性（即高定向性，光速发散角小）。激光束在几公里外的扩展范围不过几厘米。

2）高单色性。激光的频率宽度比普通光小10倍以上。

3）高亮度。利用激光束会聚最高可产生达几百万摄氏度的温度。

4）高相干性。两束光交叠时，产生明暗相间的单色条纹（单色光）或彩色条纹（自然光）的现象称为光的干涉。只有频率和振动方向相同，周相相等或周相差恒定的两束光才具有相干性。利用激光的高方向性、高单色性和高亮度等特点可实现无接触远距离测量，激光传感器常用于长度、距离、振动、速度和方位等物理量的测量。

激光测距传感器工作时，先由激光二极管对准目标发射激光脉冲，经目标反射后，激光向各方向散射。部分散射光返回到传感器接收器，被光学系统接收后成像到雪崩光电二极管上。雪崩光电二极管是一种内部具有放大功能的光学传感器，因此它能检测极其微弱的光信号，记录并处理从光脉冲发出到返回被接收所经历的时间，即可测定目标距离。

现代长度计量多是利用光波的干涉现象进行的，其精度主要取决于光的单色性的好坏。激光是最理想的光源，它比以往最好的单色光源（氪-86灯）还纯10万倍。因此激光测距的量程大、精度高。由光学原理可知，单色光的最大可测长度L与波长λ和谱线宽度δ之间的关系是$L=\lambda/\delta$。用氪-86灯可测量的最大长度为38.5cm，对于较长物体就需分段测量，从而导致精度降低。若用氦氖气体激光器最大可测几十千米。一般测量数米之内的长度，其精度可达0.1μm。

激光测距的原理与无线电雷达相同，将激光对准目标发射出去后，测量它的往返时间，再乘以光速即得到往返距离。由于激光具有高方向性、高单色性和高功率等优点，这些对于测远距离、判定目标方位、提高接收系统的信噪比、保证测量精度等都是很关键的，因此激光测距传感器日益受到重视。在激光测距仪基础上发展起来的激光雷达不仅能测距，而且可以测目标方位、运动速度和加速度等。

2.2.5 加速度传感器

加速度传感器是一种能够测量加速度的传感器。通常由质量块、阻尼器、弹性元件、敏感元件和适调电路等部分组成。在加速过程中，通过对质量块所受惯性力的测量，利用牛顿第二定律获得加速度值。根据传感器敏感元件的不同，常见的加速度传感器包括电容式、电感式、应变式、压阻式、压电式和伺服式等。

（1）压电式加速度传感器　压电式加速度传感器又称为压电式加速度计，它属于惯性式传感器。压电式加速度传感器的原理是利用压电陶瓷或石英晶体的压电效应，在加速度计受振时，质量块加在压电元件上的力也随之变化。当被测振动频率远低于加速度计的固有频率时，力的变化与被测加速度成正比。

电荷输出压电式加速度传感器采用剪切和中心压缩结构型式。其原理是：压电晶体的电荷输出与所受的力成正比，而所受的力在敏感质量一定的情况下与加速度值成正比。在一定条件下，压电晶体受力后产生的电荷量与所感受到的加速度值成正比。经过简化后的方程为

$$Q = d_{ij}F = d_{ij}ma \tag{2-1}$$

式中　Q——压电晶体输出的电荷；
　　　d_{ij}——压电晶体的二阶压电张量；
　　　m——传感器的敏感质量；
　　　a——所受的振动加速度值。

每只传感器内置的晶体元件的二阶压电张量是一定的，敏感质量 m 是一个常量，因此式（2-1）说明压电式加速度传感器产生的电荷量与振动加速度 a 成正比。这就是压电式加速度传感器完成机电转换的工作原理。

压电式加速度传感器承受单位振动加速度值时所输出的电荷量称为电荷灵敏度，单位为 pC/ms^{-2} 或 pC/g（1g ≈ 9.8ms^{-2}）。

压电式加速度传感器实质上相当于一个电荷源和一只电容器，通过等效电路简化后，可算出传感器的电压灵敏度为

$$S_V = S_Q/C_a \tag{2-2}$$

式中　S_V——传感器的电压灵敏度（mV/ms^{-2}）；
　　　S_Q——传感器的电荷灵敏度（pC/ms^{-2}）；
　　　C_a——传感器的电容量（pF）。

压电式加速度传感器最主要的三项指标分别为：电荷灵敏度（或电压灵敏度）、谐振频率（工作频率在谐振频率 1/3 以下）和最大横向灵敏度比。

由于压电式传感器的输出电信号是微弱的电荷，而且传感器本身有很大内阻，故输出能量甚微，这给后接电路带来一定困难。为此，通常把传感器信号先输到高输入阻抗的前置放大器，经过阻抗变换以后，方可用于一般的放大、检测电路，并将信号输给指示仪表或记录器。

常用的压电式加速度计如图 2-84 所示。S 是弹簧，M 是质块，B 是基座，P 是压电元件，R 是夹持环。图 2-84a 是中心安装压缩型，压电元件—质量块—弹簧系统装在圆形中心支柱上，支柱与基座连接。这种结构有高的共振频率。然而基座 B 与测试对象连接时，如果基座 B 有变形则将直接影响拾振器输出。此外，测试对象和环境温度变化将影响压电元件，并使预紧力发生变化，易引起温度漂移。图 2-84b 为环形剪切型，其结构简单，能做成极小型、高共振频率的加速度计，将环形质量块粘到装在中心支柱上的环形压电元件上。由于黏结剂会随温度的升高而变软，因此最高工作温度受到限制。图 2-84c 为三角剪切型，压电元件由夹持环将其夹牢在三角形中心柱上。加速度计感受轴向振动时，压电元件承受切应力。这种结构对基座变形和温度变化有极好的隔离作用，有较高的共振频率和良好的线性。

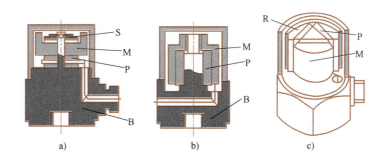

图 2-84 压电式加速度计

a）中心安装压缩型　b）环形剪切型　c）三角剪切型

压电式加速度传感器具有动态范围大、频率范围宽、坚固耐用、受外界干扰小以及压电材料受力自产生电荷信号不需要任何外界电源等特点，是应用广泛的振动测量传感器。虽然压电式加速度传感器的结构简单，商业化使用历史也很长，但因其性能指标与材料特性、设计和加工工艺密切相关，因此在市场上销售的同类传感器性能的实际参数及稳定性、一致性差别非常大。与压阻式和电容式相比，压电式加速度传感器最大的缺点是不能测量零频率的信号。

（2）压阻式加速度传感器　压阻式加速度传感器的敏感芯体为半导体材料制成的电阻测量电桥，其结构动态模型仍然是弹簧质量系统。现代微加工制造技术的发展使压阻形式敏感芯体的设计具有很大的灵活性，可适应各种不同的测量要求。在灵敏度和量程方面，从低灵敏度高量程的冲击测量到直流高灵敏度的低频测量都有压阻形式的加速度传感器。同时压阻式加速度传感器的测量频率范围也可从直流信号到具有刚度高、测量频率范围达几十千赫兹的高频测量。超小型化的设计也是压阻式加速度传感器的一个亮点。需要指出的是，尽管压阻敏感芯体的设计和应用具有很大的灵活性，但对某个特定设计的压阻式芯体而言，其使用范围一般要小于压电式加速度传感器。压阻式加速度传感器的另一缺点是受温度的影响较大，实用的传感器一般都需要进行温度补偿。在价格方面，大批量使用的压阻式加速度传感器成本价具有很大的市场竞争力，但对于特殊应用的敏感芯体，其制造成本远高于压电式加速度传感器。

基于世界领先的 MEMS 硅微加工技术，压阻式加速度传感器具有体积小、低功耗等特点，易于集成在各种模拟和数字电路中，广泛应用于汽车碰撞实验、测试仪器及设备振动监测等领域。

（3）电容式加速度传感器　电容式加速度传感器是基于电容原理的极距变化型的电容传感器。电容式加速度传感器又称为电容式加速度计，它是比较通用的加速度传感器，在某些领域无可替代，如安全气囊、手机移动设备等。电容式加速度传感器采用了微机电系统（MEMS）工艺，在大量生产时变得更经济，从而保证了较低的成本。

电容式加速度传感器的结构型式一般也采用弹簧质量系统。当质量受加速度作用运动而改变质量块与固定电极之间的间隙进而使电容值变化。电容式加速度传感器与其他类型的加速度传感器相比，具有灵敏度高、零频响应、环境适应性好等特点，尤其是受温度的影响比较小；但不足之处表现在信号的输入与输出为非线性，量程有限，受电缆的电容影响大，以及传感器本身是高阻抗信号源，因此电容式加速度传感器的输出信号往往需通过后续电路给予改善。在实际应用中，电容式加速度传感器较多地用于低频测量，其通用性不如压电式加速度传感器，且成本也比压电式加速度传感器高得多。

（4）伺服式加速度传感器　伺服式加速度传感器是一种闭环测试系统，具有动态性能好、动态范围大和线性度好等特点。其工作原理是，传感器的振动系统由"m-k"系统组成，与一般加速度计相同，但质量 m 上还接着一个电磁线圈，当基座上有加速度输入时，质量块偏离平衡位置，该位移大小由位移传感器检测出来，经伺服放大器放大后转换为电流输出，该电流流过电磁线圈，在永久磁铁的磁场中产生电磁恢复力，力图使质量块保持在仪表壳体中原来的平衡位置上，因此伺服式加速度传感器在闭环状态下工作。由于有反馈作用，增强了抗干扰的能力，提高了测量精度，扩大了测量范围，伺服加速度测量技术广泛地应用于惯性导航和惯性制导系统中，在高精度的振动测量和标定中也有应用。

2.3 机器人驱动系统

2.3.1 机器人驱动方式

1. 机器人驱动方式概述

驱动系统是机器人结构中的重要部分。机器人驱动器是用来使机器人发出动作的动力机构，可将电能、液压能和气压能转化为机器人的动力。驱动器在机器人中的作用相当于人体的肌肉。如果把臂部以及关节想象为机器人的骨骼，驱动器就起到肌肉的作用。驱动器必须有足够的功率带动机器人自身和负载运动。驱动器必须轻便、经济、精确、灵敏、可靠且便于维护。因此，机器人驱动的要求如下：

1）驱动装置的重量应尽可能轻。单位质量的输出功率要高，效率高。
2）反应速度要快。要求力-重量比和力矩-转动惯量比要大。
3）动作平滑，不产生冲击。
4）控制灵活，位移偏差和速度偏差小。
5）安全可靠。
6）操作维修方便等。

根据能量转换方式，可将机器人驱动器划分为液压驱动系统、气压驱动系统、电气驱动系统和新型驱动器。在选择机器人驱动器时，除了要充分考虑机器人的工作要求（如工作速度、最大搬运物重、驱动功率、驱动平稳性和精度）外，还应考虑是否能够在较大的惯性负载条件下提供足够的加速度，以满足作业要求。

（1）液压驱动系统的特点及应用　液压驱动系统具有以下几个优点：

1）液压驱动所用的压力为 50～3200N/cm²，能够以较小的驱动器输出较大的驱动力或力矩，即获得较大的功率-重量比。
2）可以把驱动液压缸直接做成关节的一部分，结构简单、紧凑，刚性好。
3）由于液体具有不可压缩性，其定位精度比气压驱动高，并可实现任意位置的开停。
4）液压驱动调速比较简单和平稳，能在很大调整范围内实现无级调速。
5）使用安全阀可简单而有效地防止过载现象发生。
6）液压驱动具有润滑性能好、寿命长等特点。

液压驱动系统的不足之处如下：

1）液压驱动系统的油液容易泄漏。这不仅影响工作的稳定性与定位精度，而且会造成环境污染。

2）油液黏度随温度变化而变化，且在高温与低温条件下很难应用。

3）因油液中容易混入气泡、水分等，系统的刚性会降低，速度特性及定位精度变差。

4）需配备压力源及复杂的管路系统，因此成本较高。

5）液压驱动方式大多用于要求输出力较大而运动速度较低的场合。

在机器人液压驱动系统中，近年来以电液伺服驱动系统最具有代表性。液压驱动方式的输出力和功率更大，能构成伺服机构，常用于大型机器人关节的驱动。

（2）气压驱动系统的特点及应用　与机械、电气、液压驱动系统相比，气压驱动系统具有以下优点：

1）使用的压力通常为 0.4～0.6MPa，最高可达 1MPa。快速性好，这是因为压缩空气的黏度小，流速大，一般压缩空气在管路中的流速可达 180m/s，而油液在管路中的流速仅为 2.5～4.5m/s。

2）气源方便，一般工厂都有压缩空气站供应压缩空气，也可由空气压缩机取得。

3）废气可直接排入大气，不会造成污染，因而在任何位置只需一根高压管连接即可工作，故比液压驱动系统干净而简单。

4）通过调节气量可实现无级变速。由于空气具有可压缩性，气压驱动系统具有较好的缓冲作用。

5）可以把驱动器做成关节的一部分，因而结构简单、刚性好、成本低。

气压驱动系统的缺点如下：

1）因为气压驱动系统的工作压力偏低，所以功率-重量比小、驱动装置体积大。

2）基于气体的可压缩性，气压驱动很难保证较高的定位精度。

3）使用后的压缩空气向大气排放时，会产生噪声。

4）压缩空气含冷凝水，使气压驱动系统易锈蚀，在低温下易结冰。

气压驱动系统多用于开关控制和顺序控制的机器人中。

（3）电气驱动系统的特点及应用　电气驱动一般利用各种电动机产生力和力矩，直接或经过机械传动去驱动执行机构，以获得机器人的各种运动。因为省去了中间能量转换的过程，所以比液压驱动和气动驱动效率高，使用方便且成本低，其应用最广泛。

电气驱动大致可分为普通电动机驱动、步进电动机驱动和直线电动机驱动三类。

1）普通电动机包括交流电动机、直流电动机及伺服电动机。交流电动机一般不能进行调速或难以进行无级调速，即使是多速电动机，也只能进行有限的有级调速。直流电动机能够实现无级调速，但直流电源价格较高，限制了它在大功率机器人上的应用。

2）步进电动机驱动的速度和位移大小可由电气控制系统发出的脉冲数加以控制。由于步进电动机的位移量与脉冲数严格成正比，故步进电动机驱动可以达到较高的重复定位精度，但是，步进电动机速度不能太高，控制系统也比较复杂。

3）直线电动机结构简单、成本低，其动作速度与行程主要取决于其定子与转子的长度，反接制动时，定位精度较低，必须增设缓冲及定位机构。

电动机使用简单，且随着材料性能的提高，电动机性能也逐渐提高。因此总的看来，目前机器人关节驱动逐渐为电动式所代替。

（4）新型驱动器的特点及应用　随着机器人技术的发展，出现了利用新工作原理制造的新型驱动器，如磁致伸缩驱动器、压电驱动器、静电驱动器、形状记忆合金驱动器、超声波驱动器、人工肌肉和光驱动器等。

1）磁致伸缩驱动器。磁性体的外部一旦加上磁场，则磁性体的外形尺寸发生变化（焦耳效应），这种现象称为磁致伸缩现象。此时，如果磁性体在磁化方向的长度增大，则称为正磁致伸缩；如果磁性体在磁化方向的长度减小，则称为负磁致伸缩。从外部对磁性体施加压力，磁性体的磁化状态会发生变化（维拉利效应），则称为逆磁致伸缩现象。这种驱动器主要用于微小驱动场合。

2）压电驱动器。压电材料是一种当它受到力的作用时其表面上出现与外力成比例的电荷的材料，又称为压电陶瓷。反过来，将电场加到压电材料上，则压电材料产生应变，输出力或变位。利用这一特性可以制成压电驱动器，这种驱动器可以达到驱动亚微米级的精度。

3）静电驱动器。静电驱动器利用电荷间的吸力和排斥力互相作用顺序驱动电极而产生平移或旋转的运动。静电作用属于表面力，它和元件尺寸的二次方成正比，在微小尺寸变化时，能够产生很大的能量。

4）形状记忆合金驱动器。形状记忆合金是一种特殊的合金，一旦使它记忆了任意形状，即使它变形，当加热到某一适当温度时，它也能恢复为变形前的形状。已知的形状记忆合金有 Au-Cd、In-Tl、Ni-Ti、Cu-Al-Ni 和 Cu-Zn-Al 等几十种。

5）超声波驱动器。超声波驱动器是利用超声波振动作为驱动力的一种驱动器，即由振动部分和移动部分组成，靠振动部分和移动部分之间的摩擦力来实现驱动。超声波驱动器没有铁心和线圈，结构简单、体积小、重量轻、响应快、力矩大，不需配合减速装置就可以低速运行，因此很适合用于机器人、照相机和摄像机等驱动。

6）人工肌肉。随着机器人技术的发展，驱动器开始从传统的电动机-减速器的机械运动机制向骨架→腱→肌肉的生物运动机制发展。人的手臂能完成各种柔顺作业，为了实现骨骼→肌肉的部分功能而研制的驱动装置称为人工肌肉。为了更好地模拟生物体的运动功能或在机器人上应用，已研制出了多种不同类型的人工肌肉，如利用机械化学物质的高分子凝胶、形状记忆合金制作的人工肌肉。

7）光驱动器。某种强电介质（严密非对称的压电性结晶）受光照射，会产生几千伏/厘米的光感应电压。这种现象是压电效应和光致伸缩效应的结果。这是电介质内部存在不纯物、导致结晶严密不对称、在光激励过程中引起电荷移动而产生的。

（5）几种驱动方式的性能比较　几种驱动方式的性能比较见表2-1。

2. 驱动系统的性能

（1）刚度和柔度　刚度是材料对抗变形的阻抗，与材料的弹性模量有关。例如，梁在负载作用下抗弯曲的刚度，气缸中气体在负载作用下抗压缩的阻抗，瓶中的酒在木塞作用下抗压缩的阻抗。

系统刚度越大，使其变形所需的负载越大；相反，系统柔度越大，则在负载作用下越容易变形。液压驱动系统的刚性很好，没有柔性（液体的弹性模量为 2×10^9 N/m^2 左右）；气压驱动系统很容易被压缩，是柔性的。刚性系统的特点是响应快、精度高。

表 2-1　几种驱动方式的性能比较

性能	液压驱动	气压驱动	电气驱动
输出功率	很大，压力范围为 $50 \sim 140 N/cm^2$	大，压力范围为 $48 \sim 60 N/cm^2$，最大可达 $100 N/cm^2$	较大
控制性能	利用液体的不可压缩性，控制精度较高，输出功率大，可无级调速，反应灵敏，可实现连续轨迹控制	气体压缩性大，精度低，阻尼效果差，低速不易控制，难以实现高速、高精度的连续轨迹控制	控制精度高，功率较大，能精确定位，反应灵敏，可实现高速、高精度的连续轨迹控制，伺服特性好，控制系统复杂
响应速度	很高	较高	很高
结构性能及体积	结构适当，执行机构可标准化、模拟化，易实现直接驱动。功率-重量比大，体积小，结构紧凑，密封问题较大	结构适当，执行机构可标准化、模拟化，易实现直接驱动。功率-重量比大，体积小，结构紧凑，密封问题较小	伺服电动机易于标准化，结构性能好，噪声低，难以直接驱动，结构紧凑，无密封问题
安全性	防爆性能较好，用液压油作为传动介质，在一定条件下有火灾危险	防爆性能好，压力高于 1000kPa 时应注意设备的抗压性	设备自身无爆炸和火灾危险，直流有刷电动机换向时有火花，对环境的防爆性能较差
对环境的影响	液压系统易漏油，对环境有污染	排气时有噪声	无
在机器人中的应用范围	适用于重载、低速驱动	适用于中小负载驱动、精度要求较低的有限点位程序控制机器人	适用于中小负载驱动、要求具有较高精度、较高速度的机器人
效率与成本	效率中等（$0.3 \sim 0.6$），液压元件成本较高	效率低（$0.15 \sim 0.2$），气源方便，结构简单，成本低	效率较高（0.5 左右），成本高
维修及使用	方便，但油液对环境温度有一定要求	方便	较复杂

（2）重量、功率-重量比和工作压强　驱动系统的重量以及功率-重量比至关重要，如电子系统的功率-重量比属于中等水平。在功率相同的情况下，步进电动机通常比伺服电动机要重，因此它具有较低的功率-重量比。电动机的电压越高，功率-重量比越高。气动系统的功率-重量比最低，而液压系统具有最高的功率-重量比。但必须知道，在液压系统中，重量由两部分组成：一部分是液压驱动器，另一部分是液压功率源。系统的功率单元由液压泵、储液箱、过滤器、驱动液压泵的电动机和冷却单元阀等组成，其中，液压泵用于产生驱动液压缸和活塞的高压。驱动器的作用仅在于驱动机器人关节。通常，功率源是静止地安装在与机器人有一定距离的地方，能量通过连接软管输送给机器人。因此对活动部分来说，液压缸的实际功率-重量比非常高。功率源非常重，并且不活动，在计算功率-重量比时忽略不计。如果功率源必须和机器人一起运动，则总功率-重量比也将会很低。

液压系统的工作压强高，相应的功率也大，液压系统的压强范围是 $2.6 \sim 239 kPa$，气缸的压强范围是 $4.8 \sim 5.8 kPa$。液压系统的工作压强越高，功率越大，但维护也越困难，并且一旦发生泄漏将更加危险。

3. 驱动系统的驱动方式

常见驱动系统的驱动方式按几何结构可分为直角坐标型、球坐标型、圆柱坐标型和关节型，如图 2-85 所示。

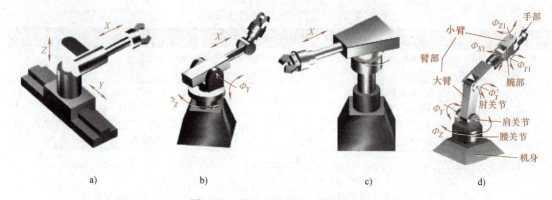

图 2-85 常见驱动系统的驱动方式
a) 直角坐标型　b) 球坐标型　c) 圆柱坐标型　d) 关节型

驱动系统的驱动方式按运动形式可分为直线驱动方式和旋转驱动方式两种。

（1）直线驱动方式　机器人采用的直线驱动包括直角坐标结构的 X、Y、Z 向驱动、圆柱坐标结构的径向驱动、垂直升降驱动，以及球坐标结构的径向伸缩驱动。直线运动可以直接由气缸或液压缸和活塞（图 2-86）产生，也可用滚珠丝杠螺母、齿轮齿条等传动机构（图 2-87 和图 2-88）把旋转运动转换成直线运动。

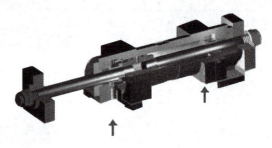

图 2-86　双杆活塞缸的结构

图 2-87　双螺母滚珠丝杠

图 2-88　齿轮齿条传动机构

（2）旋转驱动方式　多数普通电动机和伺服电动机都能够直接产生旋转运动，但其输出力矩小、转速高。因此，需要采用各种传动装置把较高的转速转换成较低的转速，并获得较大的力矩。有时也可以采用直线液压缸或直线气缸驱动，此时需要将直线运动转换成旋转运动。这种运动的传递和转换必须高效率地完成，并且不能有损于机器人系统所需要的特性，特别是定位精度、重复定位精度和可靠性。

运动的传递和转换可以采用齿轮链传动、同步带传动、谐波齿轮传动和钢带传动等来实现。

1）齿轮链传动。齿轮链是由两个或两个以上的齿轮组成的传动机构，如图 2-89 所示，可以传递运动角位移和角速度，也可以传递力和力矩。

2）同步带传动也称为啮合型带传动，如图 2-90 所示。它通过传动带内表面上等距分布的横向齿和带轮上的相应齿槽的啮合来传递运动。

图 2-89　齿轮链传动　　　　　　　　图 2-90　同步带传动

3）谐波齿轮传动是谐波齿轮行星传动的简称，是一种少齿差行星齿轮传动，如图 2-91 所示。通常由刚性圆柱齿轮 1、柔性圆柱齿轮 2、波发生器 H 和柔性轴承等零部件构成。

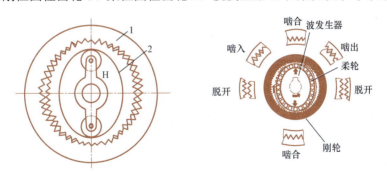

图 2-91　谐波齿轮传动

1—刚性圆柱齿轮　2—柔性圆柱齿轮

谐波齿轮传动的特点是：传动比大、承载能力大、传动精度高、传动平稳（基本上无冲击振动）、传动效率较高，结构简单、体积小、重量轻。

4）钢带传动。

① 摩擦式钢带传动是依靠带与带轮之间的摩擦力实现无限转角的传动形式，如图 2-92 所示。

② 啮合式钢带传动主要用于精密无限转角的传动，如图 2-93 所示。

图 2-92 摩擦式钢带传动

图 2-93 啮合式钢带传动

美国 Adept Technology 公司生产的 ADEPT 机器人使用了带传动和钢带传动,如图 2-94 所示。

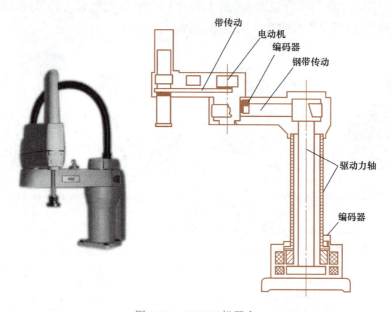
图 2-94 ADEPT 机器人

由于旋转轴具有强度高、摩擦小、可靠性好等优点,在结构设计中应尽量多采用。但是在行走机构关节中,完全采用旋转驱动实现关节伸缩有以下缺点:

1)旋转运动虽然也能通过转化得到直线运动,但在高速运动时,关节伸缩的加速度不能忽视,它可能产生振动。

2)为了提高着地点选择的灵活性,必须增加直线驱动系统。有些要求精度高的地方也要选用直线驱动。

2.3.2 液压驱动系统

在机器人的发展过程中,液压驱动是较早被采用的驱动方式。世界上最先问世的商品化机器人尤尼梅特就是液压机器人,如图 2-95 所示。液压驱动主要用于中大型机器人和有防爆要求的机器人,如图 2-96 所示的喷漆机器人。

1. 液压伺服系统

(1)液压伺服系统的组成　液压伺服系统由液压源、驱动器、伺服阀、传感器和控制器等组成,如图 2-97 所示。通过这些元器件的组合,组成反馈控制系统驱动负载。工作过程如下：①液压源产生一定的压力，通过伺服阀控制液体的压力和流量，继而驱动驱动器；②位置指令与位置传感器的差被放大后得到电气信号，然后将其输入伺服阀中驱动液压执行器，直至偏差为零为止；③若位置传感器信号与位置指令相同，则负载停止运动。

图 2-95　尤尼梅特液压机器人

图 2-96　喷漆机器人

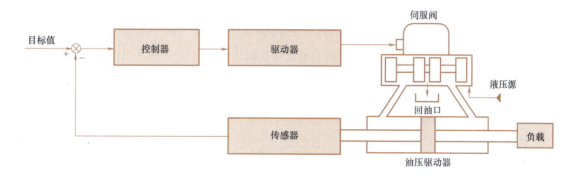

图 2-97　液压伺服系统的组成

（2）液压伺服系统的工作特点

1）系统输出与输入之间有反馈连接，构成闭环控制系统。

2）系统的主反馈是负反馈，使其向减小偏差的方向移动。

3）系统是一个功率放大装置（即系统的输入信号功率很小，而系统输出功率可以达到很大），功率放大所需的能量由液压源提供。

2. 电液伺服系统

（1）电液伺服系统的组成　电液伺服系统是一种由电信号处理装置和液压动力机构组成的反馈控制系统。电液伺服系统通过电气传动方式，用电气信号输入系统来操纵有关的液压控制元件动作，控制液压执行元器件，使其跟随输入信号而动作。在这类伺服系统中，电液两部分都采用电液伺服阀作为转换元器件。

图 2-98 所示为机械手手臂伸缩运动的电液伺服系统原理。其具体工作过程如下：当数控装置发出一定数量的脉冲时，步进电动机就会带动电位器的动触头转动。假设此时沿顺时针方向转过一定的角度 β，这时电位器输出电压为 u，经放大器放大后输出电流 i，使电液伺服阀产生一定的开口量。这时，电液伺服阀处于左位，液压油进入液压缸左腔，活塞杆右移，带动机械手手臂右移，液压缸右腔的油液经电液伺服阀返回油箱。此时，机械手手臂上

的齿条带动齿轮也沿顺时针方向转动，当其转动角度 $\alpha = \beta$ 时，动触头回到电位器的中位，电位器输出电压为零，相应放大器输出电流为零，电液伺服阀回到中位，液压油路被封锁，手臂即停止运动。当数控装置发出反向脉冲时，步进电动机沿逆时针方向转动，与前面正好相反，机械手手臂缩回。

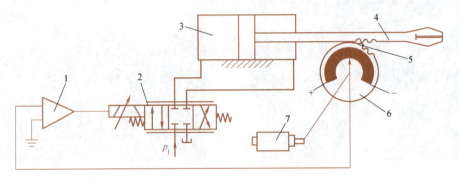

图 2-98 机械手手臂伸缩运动的电液伺服系统原理

1—电放大器 2—电液伺服阀 3—液压缸 4—机械手手臂
5—齿轮齿条机构 6—电位器 7—步进电动机

图 2-99 所示为机械手手臂伸缩运动伺服系统框图。

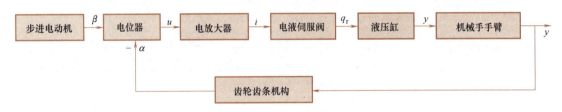

图 2-99 机械手手臂伸缩运动伺服系统框图

（2）电液伺服阀的工作原理 图 2-100 所示为喷嘴挡板式电液伺服阀的工作原理。喷嘴挡板式电液伺服阀由电磁和液压两部分组成，电磁部分是一个动铁式力矩马达，液压部分为两级：第一级是双喷嘴挡板阀，称为前置级（先导级）；第二级是四边滑阀，称为功率放大级（主阀）。

1）工作原理。主阀两端容腔可被看作是驱动滑阀的对称油缸，由先导级的双喷嘴挡板阀控制。挡板 5 的下部延伸一个反馈弹簧杆 11，并通过一钢球与滑阀 9 相连。主阀位移通过反馈弹簧杆转换为弹性变形力作用在挡板上与电磁力矩相平衡。当线圈 13 中没有电流通过时，力矩马达无力矩输出，挡板 5 处于两喷嘴中间位置。当线圈通入电流后，衔铁 3 因受到电磁力矩的作用偏转角度 θ，由于衔铁固定在弹簧管 12 上，这时弹簧管上的挡板也偏转相应的角度 θ，使挡板与两喷嘴的间隙改变。如果右边间隙增加，左喷嘴腔内压力升高，右腔压力降低，则滑阀 9 在此压差作用下右移。挡板的下端是反馈弹簧杆 11，反馈弹簧杆的下端是球头，球头嵌在滑阀 9 的凹槽内。因此，在滑阀移动的同时，球头通过反馈弹簧杆带动上部的挡板一起向右移动，使右喷嘴与挡板的间隙逐渐减小。

当作用在衔铁-挡板组件上的电磁力矩与作用在挡板下端因球头移动而产生的反馈弹簧杆的变形力矩达到平衡时，滑阀便不再移动，并使其阀口一直保持在这一开度上。该阀通过反馈弹簧杆的变形将主阀芯位移反馈到衔铁-挡板组件上与电磁力矩进行比较而构成反馈,故称为力矩反馈式电液伺服阀。

通过线圈的控制电流越大,使衔铁偏转的转矩、挡板挠曲变形、滑阀两端的压差以及滑阀的位移量越大,伺服阀输出的流量也就越大。

2)前置级工作原理。由双喷嘴挡板阀构成的前置级如图2-101所示,它由两个固定节流孔、两个喷嘴和一个挡板组成。两个对称配置的喷嘴共用一个挡板,挡板和喷嘴之间形成可变节流口,挡板一般由扭轴或弹簧支承,且可绕支点偏转,挡板由力矩马达驱动。当挡板上没有作用输入信号时,挡板处于中间位置——零位,与两喷嘴的距离均为 x_0,此时两喷嘴控制腔的压

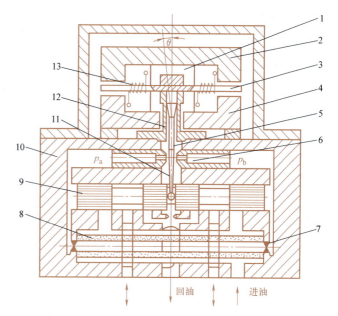

图2-100 喷嘴挡板式电液伺服阀的工作原理

1—永久磁铁 2、4—导磁体 3—衔铁 5—挡板 6—喷嘴
7—固定节流孔 8—过滤器 9—滑阀 10—阀体
11—反馈弹簧杆 12—弹簧管 13—线圈

力 p_1 与 p_2 相等。当挡板转动时,两个控制腔的压力一边升高,另一边降低,就有负载压力 q_L($q_L=p_1-p_2$)输出。双喷嘴挡板阀有四个通道(一个供油口、一个回油口和两个负载口),四个节流口(两个固定节流孔和两个可变节流孔),是一种全桥结构。

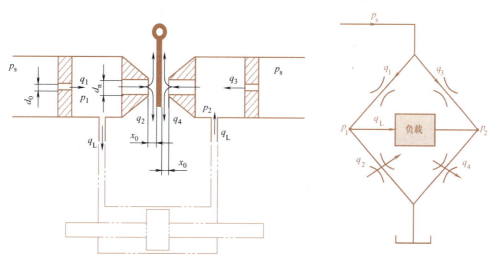

图2-101 由双喷嘴挡板阀构成的前置级

3)喷嘴挡板阀的特点。喷嘴挡板阀的优点是结构简单,加工方便,运动部件惯性小,反应快,精度和灵敏度高;缺点是无功损耗大,抗污染能力较差。喷嘴挡板阀常用作多级放大伺服控制元件中的前置级。

3. 电液比例控制阀

电液比例控制阀是一种按输入的电气信号连续地、按比例地对油液的压力、流量或方向进行远距离控制的阀。电液比例控制阀可以分为电液比例压力阀（如比例溢流阀、比例减压阀等）、电液比例流量阀（如比例调速阀）和电液比例方向阀（如比例换向阀）三大类。

（1）比例电磁铁　比例电磁铁是一种直流电磁铁，与普通电磁换向阀所用电磁铁的不同主要在于，比例电磁铁的输出推力与输入的线圈电流基本成比例。这一特性使比例电磁铁可作为液压阀中的信号给定元件。图 2-102 所示为比例电磁铁的结构。

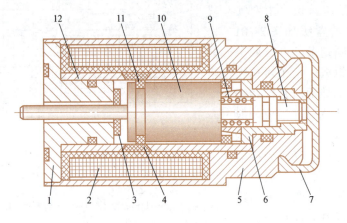

图 2-102　比例电磁铁的结构

1—轭铁　2—线圈　3—限位环　4—隔磁环　5—壳体　6—内盖　7—盖　8—调节螺钉
9—弹簧　10—衔铁　11—（隔磁）支承环　12—导向套

普通电磁换向阀所用的电磁铁只要求有吸合和断开两个位置，并且为了增加吸力，在吸合时磁路中几乎没有气隙。而比例电磁铁则要求吸力（或位移）和输入电流成比例，并在衔铁的全部工作位置上，磁路中保持一定的气隙。

（2）电液比例溢流阀　电液比例溢流阀是电液比例压力阀的一种。用比例电磁铁取代先导型溢流阀导阀的手调装置（调压手柄），便成为先导型比例溢流阀，如图 2-103 所示。

电液比例溢流阀的下部与普通溢流阀的主阀相同，上部则为比例先导压力阀。电液比例溢流阀还附有一个手动调整的安全阀（先导阀）9，用于限制比例溢流阀的最高压力，以避免因电子仪器发生故障导致控制电流过大，压力超过系统允许的最大压力。

（3）比例方向节流阀　用比例电磁铁取代电磁换向阀中的普通电磁铁，便构成直动型比例方向节流阀，如图 2-104 所示。由于使用了比例电磁铁，阀芯不仅可以换位，而且换位的行程可以连续地或按比例地变化，因而连通油口间的通流面积也可以连续地或按比例地变化，故比例方向节流阀不仅能控制执行元件的运动方向，而且能控制其速度。

部分比例电磁铁前端还附有位移传感器（或称为差动变压器），这种比例电磁铁称为行程控制比例电磁铁。位移传感器能准确地测定电磁铁的行程，并向放大器发出电反馈信号。电放大器将输入信号和反馈信号加以比较后，再向电磁铁发出纠正信号以补偿误差，因此阀芯位置的控制更加精确。

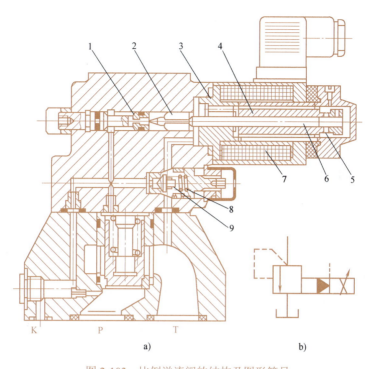

图 2-103 比例溢流阀的结构及图形符号

a）结构图　b）图形符号

1—阀座　2—先导锥阀　3—轭铁　4—衔铁　5、8—弹簧　6—推杆
7—线圈　9—安全阀（先导阀）

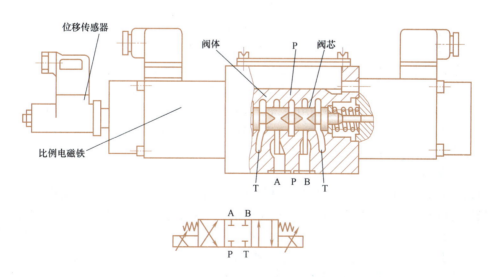

图 2-104 带位移传感器的直动型比例方向节流阀

4. 摆动马达

摆动式液压缸也称为摆动马达。当它通入液压油时，其主轴输出小于 360°的摆动运动。图 2-105a 所示为单叶片式摆动马达，它的摆动角度较大，可达 300°，当摆动马达进、出油口压力分别为 p_1 和 p_2、输入流量为 q 时，它的输出转矩 T 和角速度 ω 分别为

$$T = b\int_{R_1}^{R_2}(p_1-p_2)r\mathrm{d}r = \frac{b}{2}(R_1^2-R_2^2)(p_1-p_2) \tag{2-3}$$

$$\omega = 2\pi n = \frac{2q}{b(R_2^2-R_1^2)} \tag{2-4}$$

式中　　b ——叶片的宽度；

R_1、R_2 ——叶片底部、顶部的回转半径。

图 2-105b 所示为双叶片式摆动马达，它的摆动角度和角速度为单叶片式的一半，而输出角度是单叶片式的两倍。

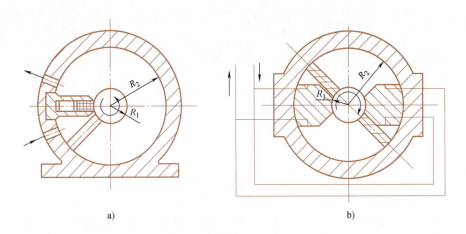

图 2-105　摆动马达

2.3.3　气压驱动系统

气压驱动系统是以压缩空气为工作介质进行能量和信号传递的驱动系统。气压驱动器的结构简单、清洁，动作灵敏，具有缓冲作用。但与液压驱动器相比，功率较小、刚度差、噪声大、速度不易控制，因此多用于精度要求不高的点位控制机器人。

气压驱动系统的工作原理是利用空气压缩机把电动机或其他原动机输出的机械能转换为空气的压力能，然后在控制元件的作用下，通过执行元件把压力能转换为直线运动或回转运动形式的机械能，完成各种动作，并对外做功。

1. 气源装置

气源装置是获得压缩空气的装置。其主体部分是空气压缩机，它将原动机供给的机械能转换为气体的压力能。气源装置为气压驱动系统提供满足一定质量要求的压缩空气，它是气压驱动系统的重要组成部分。由空气压缩机产生的压缩空气必须经过降温、净化、减压、稳压等一系列处理后，才能供给控制元件和执行元件使用。而当用过的压缩空气排向大气时，会产生噪声，应采取措施，降低噪声，改善劳动条件和环境质量。

气源装置由两部分组成：一是空气压缩机，它将大气压状态下的空气升压提供给气压传动系统；二是气源净化装置，它将空气压缩机提供的含有大量杂质的压缩空气进行净化。

（1）空气压缩机　空气压缩机按其压力大小分为低压（0.2～1.0MPa）、中压（1.0～10MPa）和高压（＞10MPa）三类；按工作原理分为容积式（通过缩小单位质量气体体积的方法获得压力）和速度式（通过提高单位质量气体的速度并使动能转化为压力能来获得压力)。

常见的容积式空气压缩机按其结构分为活塞式、叶片式和螺杆式,其中最常用的是活塞式,如图 2-106 所示。常见的速度式空气压缩机按其结构分为离心式、轴流式和混流式等。

(2)气源净化装置　气源净化装置包括后冷却器、油水分离器、储气罐、干燥器和过滤器等。

后冷却器安装在空气压缩机出口处的管道上,它可将 150℃ 左右的压缩空气降温降到 40～50℃,并使混入压缩空气的水汽和油气凝聚成水滴和油滴。

油水分离器主要是用来分离压缩空气中凝聚的水分、油分和灰尘等杂质,使压缩空气得到初步净化。其按结构形式分有环形回转式、撞击折回式、离心旋转式、水浴式及以上形式的组合等。

图 2-106　活塞式空气压缩机

储气罐用来储存一定数量的压缩空气,以备发生故障或临时需要应急使用;消除由于空气压缩机断续排气而对系统引起的压力脉动,保证输出气流的连续性和平稳性;进一步分离压缩空气中的油、水等杂质。

经过后冷却器、油水分离器和储气罐后得到初步净化的压缩空气已满足一般气压传动的需要。但压缩空气中仍含一定量的油、水以及少量的粉尘。如果用于精密的气动装置、气动仪表等,则上述压缩空气还必须进行干燥处理。压缩空气的干燥方法主要有吸附法和冷却法。吸附法是利用具有吸附性能的吸附剂来吸附压缩空气中含有的水分,而使其干燥。冷却法是利用制冷设备使空气冷却到一定的露点温度,析出空气中超过饱和水蒸气部分的多余水分,从而达到所需的干燥度。

过滤器的作用是进一步滤除压缩空气中的杂质。常用的过滤器有:一次性过滤器,滤灰效率为 50%～70%;二次过滤器,滤灰效率为 70%～99%。在要求较高的特殊场合,还可使用高效率的过滤器。

2. 气动驱动器

气动驱动器是将压缩空气的压力能转换为机械能的装置。气缸和气马达是典型的气动驱动器。气缸用于直线往复运动或摆动,气马达用于实现连续回转运动。

(1)气缸　气缸是气动执行元件之一。除几种特殊气缸外,普通气缸的种类及结构形式与液压缸基本相同。目前最常选用的是标准气缸,其结构和参数都已系列化、标准化、通用化。通常有无缓冲普通气缸和有缓冲普通气缸等。其他几种较为典型的特殊气缸有气液阻尼缸、薄膜式气缸和冲击式气缸等。

(2)气马达　气马达也是气动执行元件的一种。它的作用相当于电动机或液压马达,即输出力矩,拖动机构做旋转运动。气马达是以压缩空气为工作介质的原动机。

1)气马达的分类。气马达按结构形式可分为叶片式气马达、活塞式气马达和齿轮式气马达等。最为常见的是活塞式气马达和叶片式气马达。叶片式气马达制造简单、结构紧凑,但低速运动转矩小、低速性能不好,适用于中低功率的机械。活塞式气马达在低速情况下有较大的输出功率,它的低速性能好,适合载荷较大和要求低速转矩的机械。

2)气马达的工作原理。图 2-107 所示为叶片式气马达。它与液压叶片马达相似,主要包括一个径向装有 3～10 个叶片的转子，偏心安装在定子内，转子两侧有前后盖板，叶片在转子的槽内可径向滑动，叶片底部通有压缩空气，转子转动是靠离心力和叶片底部气压将叶片紧压在定子内表面上。定子内有半圆形的切沟，用于提供压缩空气及排出废气。

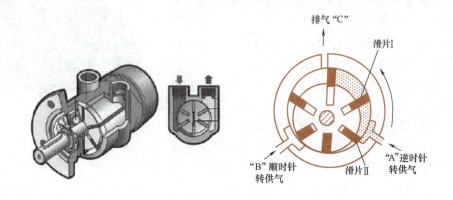

图 2-107　叶片式气马达

3. 气动伺服技术

气动伺服系统以空气压缩机作为驱动源，以压缩空气为工作介质进行能量传递。气动伺服系统是使物体的位置、方位、状态等输出被控量能够跟随输入目标（或给定值）任意变化的自动控制系统。

气动伺服系统的组成与一般伺服系统没有区别，它的各个环节不一定全是气动的。但在气动伺服系统中，执行机构一般常采用活塞式气缸。气动装置的结构比较简单，性能稳定可靠，且具有良好的防火防爆性能，常应用于特种机器人各种过程控制系统。在过程控制系统中，由气动执行机构和调节阀结合组成的气动调节阀是目前使用较多的一种调节阀。但是，由于气体的可压缩性，气动伺服系统的伺服刚度常比液压伺服系统低得多。

气动伺服技术的发展可以追溯到 20 世纪 50 年代后期，当时随着航天技术和导弹技术的诞生和发展，迫切需要有一种能够在高达 500℃左右温度下工作的伺服控制和传动装置，在此工况下电动机传动或液压传动都面临难以克服的困难，电气比例/伺服控制技术因此应运而生。与液压伺服系统相比，气动伺服系统具有系统组成简单，能量存储和功率协调方便，不易燃烧、起爆，运动速度高以及不污染环境等优点，因此气动伺服系统在工业机器人、柔性生产线、包装机械、食品工业、航天工业和医疗工程等领域具有广阔的应用前景。

2.3.4　电动伺服驱动系统

机器人电动伺服驱动系统是利用各种电动机产生的力矩和力，直接或间接地驱动机器人本体，以获得机器人的各种运动。常用的电动机有交/直流伺服电动机（高精度、高速度，位置闭环）和步进电动机（精度速度要求不高，开环）。

机器人对关节驱动电动机的要求如下：

1）快速性。电动机从获得指令信号到完成指令所要求的工作状态的时间应短。响应指令信号的时间越短，电伺服系统的灵敏性越高，快速响应性能越好，一般是以伺服电动机的机电时间常数的大小来说明伺服电动机快速响应的性能。

2）起动转矩惯量比大。在驱动负载的情况下，要求机器人的伺服电动机的起动转矩大，转动惯量小。

3）控制特性的连续性和直线性。随着控制信号的变化，电动机的转速能连续变化，有时还需转速与控制信号成正比或近似成正比。

4）调速范围宽。能用于 1∶1000～1∶10000 的调速范围。

5）体积小、重量轻、轴向尺寸短。

6）能经受得起苛刻的运行条件，可进行十分频繁的正反向和加减速运行，并能在短时间内承受过载。

图 2-108 所示为工业机器人电动机驱动原理框图，工业机器人电动伺服系统的一般结构为三个闭环控制，即电流环、速度环和位置环。

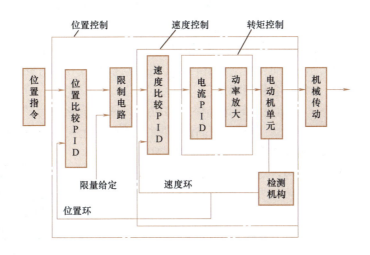

图 2-108　工业机器人电动机驱动原理框图

伺服电动机是指带有反馈的直流电动机、交流电动机、无刷电动机或者步进电动机，它们通过控制以期望的转速（和相应地期望转矩）运动到达期望转角。为此，反馈装置向伺服电动机控制器电路发送信号，提供电动机的角度和速度。如果负荷增大，则转速就会比期望转速低，电流就会增大直到转速和期望值相等。如果信号显示速度比期望值高，则电流就会相应地减小。如果还使用了位置反馈，那么位置信号用于在转子到达期望的角位置时关掉电动机。图 2-109 所示为伺服电动机驱动原理框图。

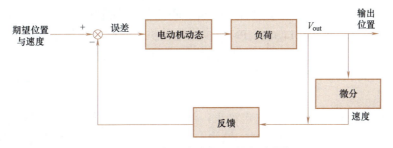

图 2-109　伺服电动机驱动原理框图

1. 步进电动机

机器人驱动一般采用交流伺服电动机，对于性能指标要求不太高的场合也可以采用步进驱动系统。步进电动机又称为脉冲电动机或阶跃电动机，国外一般称为 Stepping Motor、Pulse Motor 或 Stepper Servo，其应用发展已有约 80 年的历史。

步进电动机是一种把电脉冲信号变成直线位移或角位移的控制电动机，其位移速度与脉冲频率成正比，位移量与脉冲数成正比。作为一种开环数字控制系统，在小型机器人中得到较广泛的应用。但由于其存在过载能力差、调速范围相对较小、低速运动有脉动、不平衡等缺点，一般只应用于小型或简易型机器人中。

步进电动机在结构上也是由定子和转子组成的，可以对旋转角度和转动速度进行高精度控制。当电流流过定子绕组时，定子绕组产生一矢量磁场，该矢量场会带动转子旋转一个角度，使转子的一对磁场方向与定子的磁场方向一致。当定子的矢量磁场旋转一个角度时，转子也随着该磁场旋转一个角度。因此，控制电动机转子旋转实际上就是以一定的规律控制定子绕组的电流来产生旋转的磁场。每来一个脉冲电压，转子就旋转一个步距角，称为一步。根据电压脉冲的分配方式，步进电动机各相绕组的电流轮流切换，在供给连续脉冲时，就能一步一步地连续转动，从而使电动机旋转。步进电动机每转一周的步数相同，在不丢步的情况下运行，其步距误差不会长期积累。

在非超载的情况下，电动机的转速、停止的位置只取决于脉冲信号的频率和脉冲数，而不受负载变化的影响，同时步进电动机只有周期性的误差而无累积误差，精度高。步进电动机可以在宽广的频率范围内通过改变脉冲频率来实现调速、快速起停、正反转控制等，这是步进电动机最突出的优点。由于步进电动机能直接接收数字量的输入，故特别适合于计算机控制。图 2-110 所示为步进电动机实物。

（1）步进电动机的分类　步进电动机的种类很多，从广义上讲，步进电动机可分为机械式、电磁式和组合式三大类型。按结构特点电磁式步进电动机可分为反应式（VR）、永磁式（PM）和混合式（HB）三大类；按相数分则可分为单相、两相和多相三种。目前使用最为广泛的为反应式和混合式步进电动机。

图 2-110　步进电动机实物

1）反应式（Variable Reluctance，VR）步进电动机。反应式步进电动机的转子是由软磁材料制成的，转子中没有绕组。它的结构简单，成本低，步距角可以做得很小，但动态性能较差。反应式步进电动机有单段式和多段式两种类型。

2）永磁式（Permanent Magnet，PM）步进电动机。永磁式步进电动机的转子是用永磁材料制成的，转子本身就是一个磁源。转子的极数和定子的极数相同，因此一般步距角比较大。它输出转矩大，动态性能好，消耗功率小（相比反应式），但起动运行频率较低，还需要正负脉冲供电。

3）混合式（Hybrid，HB）步进电动机。混合式步进电动机综合了反应式和永磁式两者的优点。混合式与传统的反应式相比，结构上转子加有永磁体，以提供软磁材料的工作点，而定子励磁只需提供变化的磁场而不必提供磁材料工作点的耗能，因此该电动机效率高、电流小，发热低。因永磁体的存在，该电动机具有较强的反电势，其自身阻尼作用比较好，使其在运转过程中比较平稳、噪声低、低频振动小。该电动机最初是作为一种低速驱动用的交流同步机设计的，后来发现如果各相绕组通以脉冲电流，该电动机也能做步进增量运动。由于能够开环运行以及控制系统比较简单，这种电动机在工业领域中得到了广泛应用。

（2）步进电动机的工作原理　步进电动机的工作就是步进转动，其功用是将脉冲电信号变换为相应的角位移或直线位移，就是给一个脉冲信号，电动机转动一个角度或前进一步。步进电动机的角位移量与脉冲数成正比，它的转速与脉冲频率成正比。在非超载的情况下，电动机的转速、停止的位置只取决于脉冲信号的频率和脉冲数，而不受负载变化的影响，即给电动机加一个脉冲信号，电动机就会转过一个步距角。

图 2-111 所示为四相步进电动机工作原理示意图，该步进电动机采用单极性直流电源供电。只要对步进电动机的各相绕组按合适的时序通电，就能使步进电动机步进转动。

开始时，开关 S_B 接通电源，S_A、S_C、S_D 断开，B 相磁极和转子 0、3 号齿对齐，同时，转子的 1、

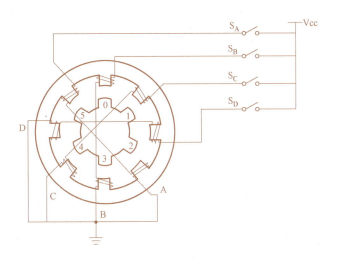

图 2-111　四相步进电动机工作原理示意图

4 号齿就和 C、D 相绕组磁极产生错齿，2、5 号齿就和 D、A 相绕组磁极产生错齿。

当开关 S_C 接通电源，S_B、S_A、S_D 断开时，由于 C 相绕组的磁力线和 1、4 号齿之间磁力线的作用，使转子转动，1、4 号齿和 C 相绕组的磁极对齐。而 0、3 号齿和 A、B 相绕组磁极产生错齿，2、5 号齿就和 A、D 相绕组磁极产生错齿。依次类推，A、B、C、D 四相绕组轮流供电，则转子会沿着 A、B、C、D 方向转动。单四拍、双四拍和八拍工作方式的电源通电时序与波形如图 2-112 所示。

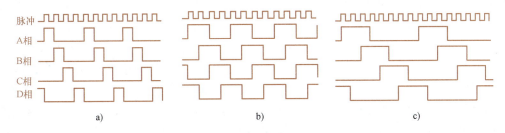

图 2-112　步进电动机工作时序波形
a）单四拍　b）双四拍　c）八拍

（3）步进电动机的特点　步进电动机具有以下特点：

1）步进电动机的角位移与输入脉冲数严格成正比。因此，当它旋转一圈后，没有累积误差，具有良好的跟随性。

2）由步进电动机与驱动电路组成的开环数控系统既简单、廉价，又非常可靠，同时，它也可以与角度反馈环节组成高性能的闭环数控系统。

3）步进电动机的动态响应快，易于起停、正反转及变速。

4）速度可在相当宽的范围内平稳调整，低速下仍能获得较大转距，因此一般可以不用减速器而直接驱动负载。

5）步进电动机只能通过脉冲电源供电才能运行，不能直接使用交流电源和直流电源。

6）步进电动机存在振荡和失步现象，必须对控制系统和机械负载采取相应措施。

7）一般步进电动机的精度为步距角的3%～5%，且不累积。

8）若步进电动机的温度过高，则首先会使电动机的磁性材料退磁，从而导致力矩下降乃至于失步，因此电动机外表允许的最高温度应取决于不同电动机磁性材料的退磁点。一般来讲，磁性材料的退磁点都在130℃以上，有的甚至高达200℃以上，因此步进电动机的外表温度在80～90℃完全正常。

9）当步进电动机转动时，电动机各相绕组的电感将形成一个反向电动势；频率越高，反向电动势越大。在它的作用下，电动机随频率（或速度）的增大而相电流减小，从而导致力矩下降。

10）步进电动机有一个技术参数——空载起动频率，即步进电动机在空载情况下能够正常起动的脉冲频率，如果脉冲频率高于该值，则电动机不能正常起动，可能发生丢步或堵转。在有负载的情况下，启起频率应更低。如果要使电动机达到高速转动，则脉冲频率应该有加速过程，即起动频率较低，然后按一定加速度升到所希望的高频（电动机转速从低速升到高速）。

步进电动机以其显著的特点，在数字化制造时代发挥着重大的用途。随着不同数字化技术的发展以及步进电动机本身技术的提高，步进电动机将会在更多的领域得到应用。

（4）步进电动机的驱动介绍　步进电动机是一种将电脉冲信号转换成直线或角位移的执行元件，它不能直接接到交流或直流电源上工作，而必须使用专用设备——步进电动机驱动系统。步进电动机驱动系统的性能除与电动机本身的性能有关外，在很大程度上也取决于驱动器的优劣。

典型的步进电动机驱动系统由步进电动机控制器、步进电动机驱动器和步进电动机本体三部分组成。由步进电动机控制器发出步进脉冲和方向信号，每发一个脉冲，步进电动机驱动器驱动步进电动机转子旋转一个步距角，即步进一步。步进电动机转速的高低、升速或降速、起动或停止都完全取决于脉冲的有无或频率的高低。控制器的方向信号决定步进电动机的顺时针或逆时针旋转。通常，步进电动机驱动器由逻辑控制电路、功率驱动电路、保护电路和电源组成。步进电动机驱动器一旦接收到来自控制器的方向信号和步进脉冲，控制电路就按预先设定的电动机通电方式产生步进电动机各相励磁绕组导通或截止信号。控制电路输出的信号功率很低，不能提供步进电动机所需的输出功率，必须进行功率放大，这就是步进电动机驱动器的功率驱动部分。功率驱动电路向步进电动机控制绕组输入电流，使其励磁形成空间旋转磁场，驱动转子运动。保护电路在出现短路、过载、过热等故障时迅速停止驱动器和电动机的运行。

步进电动机驱动器主要包括脉冲发生器、环形分配器和功率放大器等几大部分，其原理框图如图2-113所示。

图2-114构造了一种三级结构多CPU并行工作方式的电气控制系统。图中第一级计算机选用工业级嵌入式PC，主要完成机器人路径规划、正向运动学和逆向运动学的计算，然后把计算结果通过RS-232C串行接口送给下一级计算机。第二级计算机一方面接收到PC下

发的命令信息（如示教方式、自动方式、状态查询等）或各关节旋转角度数据后，立即转发给下一级计算机执行；另一方面，它还具有独立的下位机手动示教键盘接口功能。第三级计算机通过内部并行数据总线和握手信号按约定的逻辑关系进行数据通信，它主要接收上一级计算机发来的命令和数据，然后控制对应关节电动机旋转相应的角度，驱动机器人手指到达所要求的位置。

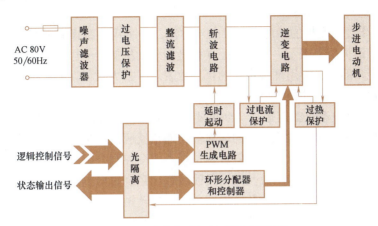

图 2-113　步进电动机驱动器原理框图

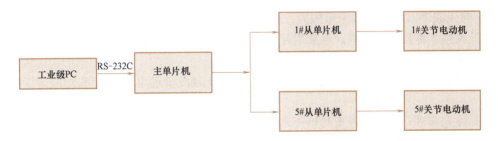

图 2-114　三级结构电气控制系统

步进电动机一定要使用驱动器，但所谓的驱动器不一定是买的"驱动器"，驱动器就是按需要的次序，依次给电动机通电的环形分配器。对于小功率的电动机，有专用的集成电路，也可由分立元器件搭配而成；对于大功率的电动机，可再加大功率的输出元器件。应根据电动机的类型选择驱动器。图 2-115 所示为 ULN2003 驱动的四相步进电动机。

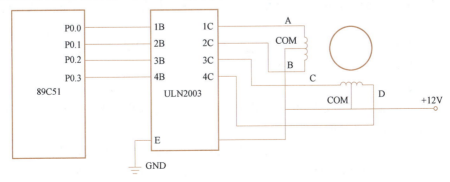

图 2-115　ULN2003 驱动的四相步进电动机

（5）步进电动机的主要技术指标　步进电动机的主要技术指标如下：

1）步距角：指每给一个电脉冲信号，电动机转子所应转过的角度的理论值。目前国产商品化步进电动机常用的步距角包括0.36°、0.6°、0.72°、0.75°、0.9°、1.2°、1.5°、1.8°、2.25°、3.6°和4.5°等。

2）齿距角：相邻两齿中心线间的夹角，通常定子和转子具有相同的齿距角。

3）失调角：转子偏离零位的角度。

4）精度。步进电动机的精度有两种表示方法：一种用步距误差最大值来表示，另一种用步距累积误差最大值来表示。最大步距误差是指电动机旋转一周内相邻两步之间的最大步距角和理想步距角的差值，用理想步距的百分数表示。最大累积误差是指任意位置开始经过任意步之间，角位移误差的最大值。

5）转矩。步进电动机的转矩是一个重要的指标，包括定位转矩、静转矩和动转矩。定位转矩是指在绕组不通电时电磁转矩的最大值。通常反应式步进电动机的定位转矩为零，混合式步进电动机有一定的定位转矩。静转矩是指不改变控制绕组通电状态，即转子不转情况下的电磁转矩，它是绕组内的电流及失调角的函数。当绕组内电流的值不变时，静转矩与失调角的关系称为矩角特性。对应于某一失调角时，静转矩的值最大，称为最大静转矩。动转矩是指转子转动情况下的最大输出转矩值，它与运行频率有关。在一定频率下，最大静转矩越大，动转矩也越大。

6）响应频率。在某一频率范围内，步进电动机可以任意运行而不会丢失一步，则这一范围的最大频率称为响应频率。通常用起动频率作为衡量的指标，它是指在一定负载下直接起动而不失步的极限频率，称为极限起动频率。

7）运行频率：指拖动一定负载使频率连续上升时，步进电动机能不失步运行的极限频率。

（6）注意事项　选用步进电动机驱动器应注意以下几点：

1）电源电压要合适（过电压可能造成驱动模块的损坏），直流输入的正负极性不得接错，驱动控制器的电流设定值应该合适（开始时不要太大）。

2）控制信号线应接牢靠，工业环境下应考虑屏蔽问题（如采用双绞线）。

3）不要一开始就把所有线全接上，可先进行最基本系统的连接，确认运行良好后再完成全部连接。必须事先确认好接地端和浮空端。刚开始运行时，仔细观察电动机的声音和温升情况，发现异常应立即停机调整。

一般步进电动机驱动器识别的最低脉冲脉宽应不少于$2\mu s$，2细分下的最高接收频率为40kHz左右。

步进电动机驱动器的一般故障现象包括不工作、丢步（也许电动机力不够）、时走时停、大小步、振动大、抖动明显、乱转以及缺相等。

2. 伺服电动机

伺服电动机是指在伺服系统中控制机械元件运转的电动机，是一种位置电动机，常在非标设备中用来控制运动件的精确位置。

伺服电动机可使控制速度、位置精度非常准确，可以将电压信号转化为转矩和转速以驱动控制对象。伺服电动机的转子转速受输入信号控制，并能快速反应，在自动控制系统中，用作执行元件，且具有机电时间常数小、线性度高、始动电压小等特性，可把所收到的电信号转换成电动机轴上的角位移或角速度输出。

伺服电动机也称为执行电动机,其最大特点是:有控制电压时转子立即旋转,无控制电压时转子立即停转。转轴的转向和转速是由控制电压的方向和大小决定的。

(1)伺服电动机的分类　伺服电动机一般可分为直流伺服电动机和交流伺服电动机。一般自动控制应用场合应尽可能选用交流伺服电动机。调速和控制精度很高的场合一般选用直流伺服电动机。

直流伺服电动机又分为有刷电动机和无刷电动机。有刷电动机成本低,结构简单,起动转矩大,调速范围宽,控制容易,需要维护,但维护不方便(换碳刷),易产生电磁干扰,对环境有要求。因此,它可以用于对成本敏感的普通工业和民用场合。无刷电动机体积小,重量轻,输出力矩大,响应快,速度高,惯量小,转动平滑,力矩稳定;控制复杂,容易实现智能化,其电子换相方式灵活,可以方波换相或正弦波换相。电动机免维护,效率很高,运行温度低,电磁辐射很小,寿命长,可用于各种环境。

交流伺服电动机也是无刷电动机,分为同步电动机和异步电动机,目前运动控制中一般都用同步电动机,它的功率范围大,可以做到很大的功率。惯量大,最高转动速度低,且随着功率增大而快速降低,因而适合用于低速平稳运行的场合。

交流伺服电动机和无刷直流伺服电动机在功能上的区别:交流伺服要好一些,因为它是正弦波控制,转矩脉动小;直流伺服是梯形波控制,但直流伺服比较简单,便宜。

(2)伺服电动机的内部结构及控制原理　伺服电动机的内部结构如图 2-116 所示。伺服系统是使物体的位置、方位和状态等输出被控量能够跟随输入目标(或给定值)任意变化的自动控制系统。伺服主要靠脉冲来定位,基本上可以理解为伺服电动机接收到 1 个脉冲,就会旋转 1 个脉冲对应的角度,从而实现位移。因为伺服电动机本身具备发出脉冲的功能,所以伺服电动机每旋转一个角度,都会发出对应数量的脉冲,与伺服电动机接收的脉冲形成了呼应,或者叫闭环,如此一来,系统就会知道发出了多少脉冲给伺服电动机,同时又接收了多少脉冲回来,从而能够很精确地控制电动机地转动,实现精确的定位,定位精度可以达到 0.001mm。

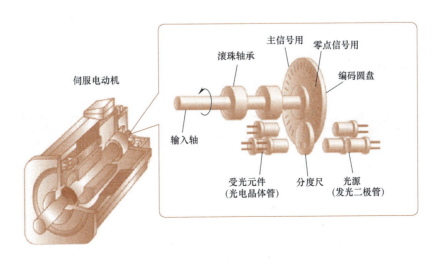

图 2-116　伺服电动机的内部结构

编码器（图2-117）是将信号或数据进行编制、转换为可用于通信、传输和存储的信号形式的设备。编码器可以把角位移或直线位移转换成电信号。按照工作原理，编码器可分为增量式编码器和绝对式编码器。增量式编码器是将位移转换成周期性的电信号，再把这个电信号转变成计数脉冲，用脉冲的个数表示位移的大小。绝对式编码器的每一个位置对应一个确定的数字码，其示值只与测量的起始和终止位置有关，而与测量的中间过程无关。

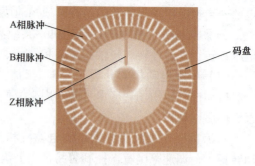

图 2-117 编码器

（3）伺服电动机的特点　伺服电动机和其他电动机（如步进电动机）相比具有以下特点：

1）实现了位置、速度和力矩的闭环控制，克服了步进电动机失步的问题。

2）高速性能好，一般额定转速能达到2000～3000r/min。

3）抗过载能力强，能承受3倍于额定转矩的负载，对有瞬间负载波动和要求快速起动的场合特别适用。

4）低速运行平稳，低速运行时不会产生类似于步进电动机的步进运行现象，适用于有高速响应要求的场合。

5）电动机加减速的动态响应时间短，一般在几十毫秒之内。

6）发热和噪声明显降低。

7）伺服电动机在运行中，瞬时过载能力强，基本可以达到3倍左右的过载。

8）伺服电动机在0～3000r/min之间的转矩平稳，不会因速度的变化而出现转矩的过大变化。

普通的电动机在断电后还会因为自身的惯性再转一会儿，然后停下。而伺服电动机和步进电动机"说停就停，说走就走"，反应极快，但步进电动机存在失步现象。

（4）伺服电动机的选型步骤

1）确定结构部分。常见的结构有滚珠丝杠机构、带传动机构和齿轮齿条机构等，如图2-118所示。在确定机械结构形式的过程中，还需要确定机构中滚珠丝杠的长度、导程以及带轮直径等，以备计算过程中使用。

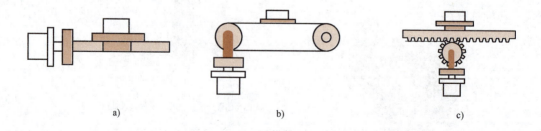

图 2-118 伺服电动机工作方式典型示例

a）滚珠丝杠机构　b）带传动机构　c）齿轮齿条机构

2）确定运转模式。伺服电动机运转模式分析如图 2-119 所示。应合理确定加减速时间、匀速时间、停止时间、循环时间和移动距离等。

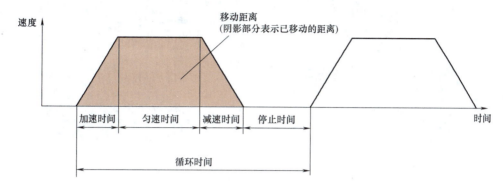

图 2-119　伺服电动机运转模式分析

运转模式对电动机容量的选择有很大的影响。除特殊情况外，应尽可能增大加减速时间、停止时间，即可选用小容量的电动机。

3）计算负载惯量和惯量比。结合各结构部分计算负载惯量。负载惯量相当于保持某种状态所需的力。惯量比是负载惯量除以电动机转子惯量的数值。一般来说，750W 以下的电动机为 20 倍以下，1000W 以上的电动机为 10 倍以下。若要求快速响应，则需更小的惯量比；反之，如果加速时间允许数秒钟，就可采用更大的惯量比。

4）计算转速。根据移动距离、加减速时间和匀速时间来计算电动机转速。运转时电动机的最高转速一般以额定转速以下为目标。需使用至电动机的最高转速时，应注意转矩和温度的上升。

5）计算转矩。根据负载惯量和加减速时间、匀速时间来计算所需的电动机转矩。峰值转矩为运转过程中（主要是加减速时）电动机所需的最大转矩。一般以电动机最大转矩的 80% 以下为目标。转矩为负值时，可能需要再生电阻。

6）选择电动机。选择能满足以上条件的电动机。

3. 舵机

舵机是遥控模型控制动作的动力来源，不同类型的遥控模型所需的舵机种类也不同，因此舵机的选择对于机器人的设计也是很重要的。舵机用于机器人如图 2-120 所示，舵机用于智能小车如图 2-121 所示。

根据控制方式，舵机应该称为微型伺服马达。由于早期在模型上使用最多，主要用于控制模型的舵面，因此俗称舵机。舵机接收一个简单的控制指令就可以自动转动到一个比较精确的角度，因此非常适合在关节型机器人产品中使用。

（1）常用的舵机和分类　为了适合不同的工作环境，有防水及防尘设计的舵机。因不同的负载需求，舵机的齿轮有塑料及金属之分，塑料齿轮的舵机通常的扭力参数都比较小，但是，塑料齿轮可以产生很少的无线电干扰。金属齿轮的舵机一般皆为大扭力及高速型，具有齿轮不会因负载过大而崩齿的优点。较高级的舵机会装配滚珠轴承，转动时更轻快且精准。滚珠轴承有一个及两个的区别，一般两个的比较好。

图 2-120　舵机用于机器人

图 2-121　舵机用于智能小车

驱动舵机的马达通常有两种，即多极和无芯。多极马达的结构与传统马达类似，所不同的是它有 3～5 个转子磁极（功效等于小型电磁铁）。5 极的马达会比 3 极的更精确。不过无论多少极，它们都有一个无芯马达不具备的特性：当马达转子的其中两极都处在同一个永磁铁的范围内时，扭力会比较小，因为两极"分享"了磁场。无芯马达并不使用如此原理的转子，其在一个轻量的电线"篮子"内装有永磁铁，作为转子。这样的设计会比铁心的转子转动得快很多，特别是在改变运动方向的时候。而且这种马达比极性马达效率高得多，但是会产生更多的热量，且对振动更敏感。舵机外形如图 2-122 所示。

目前新推出的 FET 舵机主要采用场效应晶体管（Field Effect Transistor，FET）。FET 具

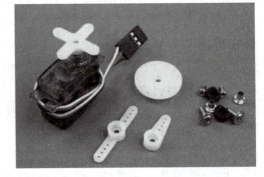
图 2-122　舵机外形

有内阻低的优点，因此电流损耗比一般晶体管少。常见的舵机厂家有日本的 Futaba、JR 和 SANWA 等，国产的有北京的新幻想、吉林的振华等。

（2）舵机的内部结构　舵机简单地说就是集成了直流电动机、电动机控制器和减速器等，并封装在一个便于安装的外壳里的伺服单元，能够利用简单的输入信号比较精确地转动给定角度的电动机系统。

舵机安装了一个电位器（或其他角度传感器）检测输出轴转动角度，控制板根据电位器的信息能比较精确地控制和保持输出轴的角度。这样的直流电动机控制方式称为闭环控制，因此舵机更准确地说是伺服马达，英文为 servo。

舵机的主体结构如图 2-123

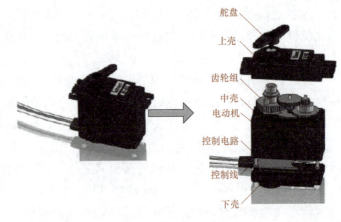
图 2-123　舵机的主体结构

所示，主要包括外壳、齿轮组、电动机、电位器和控制电路等。它的工作原理是：控制电路接收信号源的控制信号，并驱动电动机转动；齿轮组将电动机的速度成大倍数缩小，并将电动机的输出转矩放大响应倍数，然后输出；电位器和齿轮组的末级一起转动，测量舵机轴转动角度；电路板检测并根据电位器判断舵机转动角度，然后控制舵机转动到目标角度或保持在目标角度。

舵机的外壳一般是塑料的，特殊的舵机可能会有金属铝合金外壳。金属外壳能够提供更好的散热，可以让舵机内的电动机运行在更高功率下，以提供更高的转矩输出。金属外壳也可以提供更牢固的固定位置。舵机的金属外壳如图 2-124 所示。

齿轮箱（图 2-125）有塑料齿轮、混合齿轮和金属齿轮的差别。塑料齿轮成本低，噪声小，但强度较低；金属齿轮强度高，但成本高，在装配精度一般的情况下会有很大的噪声。小转矩舵机、微舵、转矩大但功率密度小的舵机一般都用塑料齿轮，如 Futaba 3003、辉盛的 9g 微舵。金属齿轮一般用于功率密度较高的舵机上，如辉盛的 995 舵机，在和 Futaba 3003 一样体积的情况下却能提供 130N·m 的转矩。Hitec 甚至用钛合金作为齿轮材料，其高强度能保证与 Futaba 3003 相同体积的舵机可提供大于 200N·m 的转矩。混合齿轮在金属齿轮和塑料齿轮间做了折中。当电动机输出齿轮上转矩不大时，一般用塑料齿轮。

图 2-124　舵机的金属外壳

图 2-125　舵机的各种齿轮箱

（3）舵机驱动系统（图 2-126）　舵机是一种位置（角度）伺服驱动器，适用于那些需要角度不断变化并可以保持的控制系统。目前在高档遥控玩具，如航模(包括飞机模型、潜艇模型）和遥控机器人中已经使用得比较普遍。

控制电路板接收来自信号线的控制信号，控制电动机转动，电动机带动一系列齿轮组，减速后传动至输出舵盘。舵机的输出轴和位置反馈电位计是相连的，舵盘转动的同时，带动位置反馈电位计，电

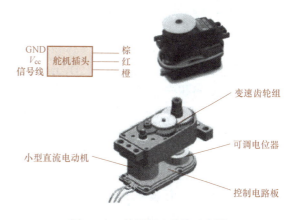

图 2-126　舵机驱动系统示意图

位计将输出一个电压信号到控制电路板，进行反馈，然后控制电路板根据所在位置决定电动机转动的方向和速度，直至达到目标停止。

舵机的输入线共有三条，中间红色的是电源线，一边黑色的是地线，这两根线给舵机提供最基本的能源保证，主要是电动机的转动消耗。电源有两种规格：4.8V 和 6.0V，分别对应不同的转矩标准，即输出力矩不同，6.0V 对应的要大一些，具体看应用条件；另外一根线是控制信号线，Futaba 的一般为白色，JR 的一般为橘黄色。需要注意的是，SANWA 的某些型号的舵机引线电源线在边上而不是中间，如图 2-127 所示，需要辨认。但一般而言，红色为电源线，黑色为地线。

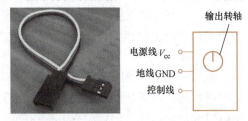

图 2-127　舵机的输出线

舵机的控制信号为周期是 20ms 的脉宽调制（Pulse Width Modulation，PWM）信号，其中脉冲宽度为 0.5～2.5ms，对应舵盘的位置为 0°～180°，呈线性变化。舵机输出角与输入脉冲的关系如图 2-128 所示。也就是说，给它提供一定的脉宽，其输出轴就会保持在一个相对应的角度上，无论外界转矩怎样改变，直到给它提供一个另外宽度的脉冲信号，它才会改变输出角度到新的对应位置上。舵机内部有一个基准电路，可产生周期为 20ms、宽度为 1.5ms 的基准信号，其内的比较器将外加信号与基准信号相比较，判断出方向和大小，从而产生电动机的转动信号。由此可见，舵机是一种位置伺服驱动器，转动范围不能超过 180°，适用于那些需要角度不断变化并可以保持的控制系统，如机器人的关节、飞机的舵面等。

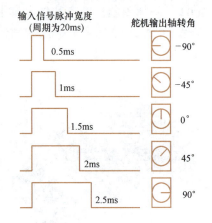

图 2-128　舵机输出角与输入脉冲的关系

（4）舵机的选型　市场上的舵机有塑料齿、金属齿，小尺寸、标准尺寸、大尺寸等，另外还有薄的标准尺寸舵机，以及低重心的型号。小舵机一般称为微型舵机，扭力都比较小，市面上 2.5g、3.7g、4.4g、7g、9g 等舵机指的是舵机的质量分别为 2.5g、3.7g、4.4g、7g、9g，体积和扭力也逐渐增大。微型舵机内部多数都是塑料齿，9g 舵机有金属齿的型号，扭力也比塑料齿的要大些。Futaba S3003、辉盛 MG995 是标准舵机，体积差不多，但前者是塑料齿，后者是金属齿，两者的标称扭力也差很多。春天 sr403p、Dynamixel AX-12+ 是机器人专用舵机，不同的是前者是国产，后者是韩国产，两者都是金属齿，标称扭力在 13kg/cm 以上，但前者只是经过修改的模拟舵机，后者则是不仅具有 RS-485 串口通信和位置反馈，还具有速度反馈与温度反馈功能的数字舵机，两者在性能和价格上相差很大。

除了体积，还要考虑外形和扭力的不同选择，以及舵机的反应速度和虚位，一般舵机的标称反应速度为 0.22s/60°、0.18s/60°，好些的舵机有 0.12s/60°，数值越小，反应就越快。

厂商提供的舵机规格资料都会包含外形尺寸（mm）、扭力（kg/cm）、反应速度（s/60°）、测试电压（V）及质量（g）等。扭力的单位是 kg/cm，是指在摆臂长度 1cm 处，能吊起多少千克重的物体。这就是力臂的含义，因此摆臂长度越长，则扭力越小。反应速度的单位是 s/60°，是指舵机转动 60°所需要的时间。测试电压会直接影响舵机的性能，如 FutabaS-9001 在 4.8V 时扭力为 3.9kg/cm、反应速度为 0.22s/60°、在 6.0V 时扭力为

5.2kg/cm、反应速度为 0.18s/60°。若无特别注明，JR 的舵机都是以 4.8V 作为测试电压，Futaba 则是以 6.0V 作为测试电压。反应速度快、扭力大的舵机，除了价格高，还具有高耗电的特点。因此使用高级舵机时，需搭配高品质、高容量的电池，以提供稳定且充裕的测试电压。

（5）使用舵机时的注意事项

1）常用舵机的额定工作电压为 6V，可以使用 LM1117 等芯片提供 6V 的电压，为了简化硬件上的设计，可直接使用 5V 的电压供电，但最好和单片机分开供电，否则会造成单片机无法正常工作。

2）一般来说，可以将信号线连接至单片机的任意引脚，对于 51 单片机需通过定时器模块输出 PWM 信号才能进行控制。但是如果连接像飞思卡尔之类的芯片，由于其内部带有 PWM 模块，可以直接输出 PWM 信号，此时应将信号线连在专用的 PWM 输出引脚上。

2.3.5 新型驱动器

1. 压电驱动器

压电效应的原理是，如果对压电材料施加压力，它便会产生电位差（称为正压电效应）；反之，对其施加电压，则会产生机械应力（称为逆压电效应）。

压电驱动器是利用逆压电效应，将电能转变为机械能或机械运动，实现微量位移的执行装置。压电材料具有很多优点：易于微型化、控制方便、低压驱动、对环境影响小以及无电磁干扰等。

图 2-129 所示为一种典型的应用于微型管道机器人的足式压电微驱动器，它由一个压电双晶片及其上两侧分别贴置的两片类鳍形弹性体足构成。压电双晶片在电压信号的作用下产生周期性的定向弯曲，导致弹性足与管道两侧接触处的动态摩擦力不同，从而推动执行器向前运动。

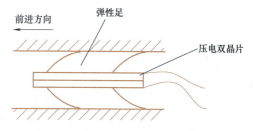

图 2-129　足式压电微驱动器

2. 形状记忆合金驱动器

（1）形状记忆合金的定义及特点　一般金属材料在受到外力作用后，首先发生弹性变形，达到屈服极限，产生塑性变形，应力消除后形成永久变形。但有些材料在发生了塑性变形后，经过合适的加热过程，能够恢复到变形前的形状，这种现象称为形状记忆效应（SME）。

具有形状记忆效应的金属一般是由两种以上金属元素组成的合金，称为形状记忆合金（SMA）。形状记忆合金是一种特殊的合金，一旦使它记忆了任何形状，即使产生变形，只要加热到某一适当温度，它就能恢复到变形前的形状。利用这种驱动器的技术即为形状记忆合金驱动技术。

形状记忆合金具有位移较大、功率-重量比高、变位迅速、方向自由等特点，特别适用于小负载、高速度、高精度的机器人装配作业、显微镜内样品移动装置、反应堆驱动装置、医用内窥镜、人工心脏、探测器及保护器等产品。

（2）形状记忆合金驱动器的特点　形状记忆合金驱动器除具有高的功率-重量比之外，还具有结构简单、无污染、无噪声、具有传感功能以及便于控制等特点。形状记忆合金驱动器在使用中主要存在两个问题：效率较低、疲劳寿命较短。

图 2-130 所示为具有相当于肩、肘、臂、腕、指五个自由度的微型机械手结构。手指和手腕靠 SMA（Ni-Ti 合金）线圈的伸缩、肘和肩靠直线状 SMA 丝的伸缩分别实现开闭和屈伸动作。每个元件由微型计算机控制，通过由脉冲宽度控制的电流来调节位置和动作速度。由于 SMA 丝很细（0.2mm），因而其动作很快。

图 2-131 所示为六足微小型机器人手爪，图 2-132 所示为用背部的金属纤维振动翅膀，图 2-133 所示为移动跳跃机器人"KOHARO"。

3. 磁致伸缩驱动器

某些磁性体的外部一旦加上磁场，该磁性体的外形尺寸就会发生变化，利用这种现象制作的驱动器称为磁致伸缩驱动器。

1972 年，Clark 等人首先发现 Laves 相稀土-铁化合物 RFe_2（R 代表稀土元素 Tb、Dy、Ho、Er、Sm 及 Tm 等）的磁致伸缩在室温下是 Fe、Ni 等传统磁致伸缩材料的 100 倍，这种材料称为

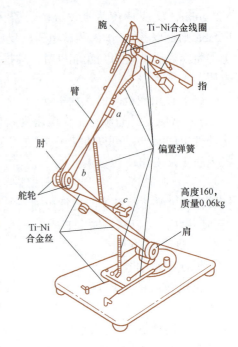

图 2-130 利用记忆合金制作的微型机械手结构

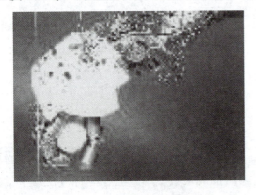

图 2-131 六足微小型机器人手爪

图 2-132 用背部的金属纤维振动翅膀

超磁致伸缩材料。从那时起，对磁致伸缩效应的研究才再次引起了学术界和工业界的注意。超磁致伸缩材料具有伸缩效应大、机电耦合系数高、响应速度快以及输出力大等特点，因此，它的出现为新型驱动器的研发提供了一种行之有效的方法，并引起了国际上的极大关注。图 2-134 所示为超磁致伸缩驱动器结构简图。

图 2-133 移动跳跃机器人"KOHARO"

4. 超声波电动机

超声波电动机（Ultrasonic Motor，USM）是20世纪80年代中期发展起来的一种全新概念的驱动装置，它利用压电材料的逆压电效应，将电能转换为弹性体的超声振动，并将摩擦传动转换成运动体的回转或直线运动。与传统电磁式电动机相比，超声波电动机具有以下特点：

1）转矩质量比大，结构简单、紧凑。
2）低速、大转矩，不需要齿轮减速机构，可实现直接驱动。
3）动作响应快（毫秒级），控制性能好。
4）具有断电自锁功能。
5）不产生磁场，也不受外界磁场干扰。
6）运行噪声小。
7）摩擦损耗大，效率低，只有10%～40%。
8）输出功率小，目前实际应用的只有10W左右。
9）寿命短，只有1000～5000h，不适合连续工作。

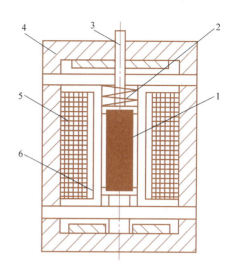

图2-134　超磁致伸缩驱动器结构简图

1—超磁致伸缩材料　2—预压弹簧　3—输出杆
4—压盖　5—激励线圈　6—铜管

超声波电动机的分类方法如下：

1）按自身形状和结构可分为圆盘或环形、棒状或杆状及平板形。
2）按功能分可分为旋转型、直线移动型和球型。
3）按动作方式可分为行波型和驻波型。

图2-135所示为环形行波型USM的定子和转子，图2-136所示为环形USM装配图。

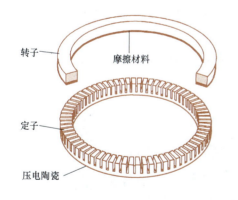

图2-135　环形行波型USM的定子和转子　　图2-136　环形USM装配图

超声波电动机通常由电子（振动体）和转子（移动体）两部分组成。但电动机中既没有线圈，也没有永磁体。其定子由弹性体和压电陶瓷构成，转子为一块金属板。电子和转子在压力作用下紧密接触，为了减少定子和转子之间因相对运动而产生的磨损，一般在两者之间（转子上面）加一层摩擦材料。

图 2-137 所示为行波型超声波电动机驱动电路框图。对极化后的压电陶瓷元件施加一定的高频交变电压,压电陶瓷随着高频电压幅值的变化而膨胀或收缩,从而在定子弹性体内激发出超声振动,这种振动传递给与定子紧密接触的摩擦材料,从而驱动转子旋转。

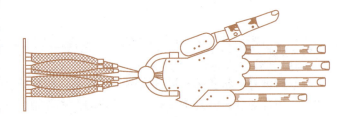

图 2-137 行波型超声波电动机驱动电路框图

5. 人工肌肉驱动器

随着机器人技术的发展,驱动器从传统的电动机-减速器的机械运动方式发展为骨骼-腱-肌肉的生物运动方式。为了使机器人手臂能完成比较柔顺的作业任务,实现骨骼-肌肉的部分功能而研制的驱动装置,称为人工肌肉驱动器。

现在已经研制出了多种不同类型的人工肌肉,如利用机械化学物质的高分子凝胶、形状记忆合金(SMA)制作的人工肌肉等。应用最多的是气动人工肌肉驱动器(Pneumatic Muscle Actuators),它是一种拉伸型气动执行元件,当通入压缩空气时,能像人类的肌肉那样产生很强的收缩力。其结构简单、紧凑,多用于小型、轻质的机械手。

图 2-138 所示为英国 Shadow 公司的 Mckibben 型气动人工肌肉安装位置示意图。其传动方式采用

图 2-138 Mckibben 型气动人工肌肉安装位置示意图

人工腱传动。所有手指由柔索驱动,而人工肌肉则固定于前臂上,柔索穿过手掌与人工肌肉相连。驱动手腕动作的人工肌肉固定于大臂上。

图 2-139 所示为比利时一家公司生产的 Lucy,它身高 150cm、质量为 30kg,每条腿有 6 个自由度,采用 12 个气动肌肉控制,共有 23 个自由度。

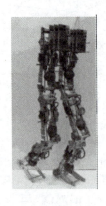

图 2-139 比利时一家公司生产的 Lucy

2.4 机器人控制技术

2.4.1 机器人控制系统概述

控制系统是机器人的指挥中枢，相当于人的大脑，负责对作业指令信息、内外环境信息进行处理，并依据预定的本体模型、环境模型和控制程序做出决策，产生相应的控制信号，通过驱动器驱动执行机构的各个关节按所需的顺序、沿确定的位置或轨迹运动，完成特定的作业。从控制系统的构成看，有开环控制系统和闭环控制系统之分；从控制方式看，有程序控制系统、适应性控制系统和智能控制系统之分。

大多数机器人的控制器由一台或多台微型计算机组成，如单片机、嵌入式计算机等；也有不用芯片，只利用逻辑电路进行控制的机器人，这类机器人称为"BEAM机器人"。

1. 机器人控制系统的基本组成

机器人控制系统主要由控制器、执行器、被控对象和检测变送单元四部分组成，各部分的功能如下。

（1）控制器　控制器用于将检测变送单元的输出信号与设定值信号进行比较，按一定的控制规律对其偏差信号进行运算，并将运算结果输出到执行器。控制器可以用来模拟仪表的控制器或由微处理器组成的数字控制器。例如，智能车机器人的控制器就是选用数字控制器式的单片机进行控制的。

（2）执行器　执行器是控制系统环路中的最终元件，它直接用于操纵变量变化。执行器接收控制器的输出信号，改变操纵变量。执行器可以是气动薄膜控制阀、带电气阀门定位器的电动控制阀，也可以是变频调速电动机等。例如，智能车机器人身上选用了较为高级的芯片，其输出的PWM信号可以直接控制电动机转动，其控制系统的执行器内嵌在控制器中。

（3）被控对象　被控对象是需要进行控制的设备。例如，在仿生机器人中，被控对象就是机器人各关节的舵机。

（4）检测变送单元　检测变送单元用于检测被控变量，并将检测到的信号转换为标准信号输出。例如，在仿生机器人控制系统中，检测变送单元用来检测舵机转动的角度，以便做出调整。控制系统组成示意图如图2-140所示。

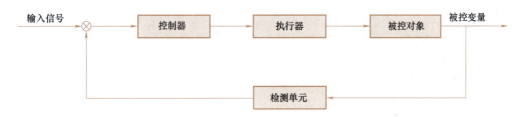

图2-140　控制系统组成示意图

2. 机器人控制系统的工作原理

机器人控制系统的工作原理决定了机器人的控制方式，也就是决定了机器人将通过何种方式进行运动。常见的控制方式有以下五种。

（1）点位式　这种控制方式适用于要求机器人能够准确控制末端执行器位姿的应用场

合，而与路径无关。主要应用实例有焊接机器人，对于焊接机器人来说，只需其控制系统能够识别末端焊缝即可，而不需要关心其他位姿。

（2）轨迹式　这种控制方式要求机器人按示教的轨迹和速度运动，主要应用在示教机器人上。

（3）程序控制系统　这种控制系统给机器人的每一个自由度施加一定规律的控制作用，机器人可实现要求的空间轨迹。这种控制系统较为常用，仿生机器人的控制系统就是通过预先编程，然后将编好的程序下载到单片机上，再通过遥控器调取程序进行控制的。

（4）自适应控制系统　当外界条件变化时，为了保证机器人所要求的控制品质，或为了随着经验的积累而自行改善机器人的控制品质，可采用自适应控制系统。这种系统的控制过程是基于操作机的状态和对伺服误差的观察，来调整非线性模型的参数，直到误差消失为止。其结构和参数能随时间和条件自动改变，且具有一定的智能性。

（5）人工智能控制系统　对于那些事先无法编制运动程序，但又要求在机器人运动过程中能够根据所获得的周围状态信息，实时确定机器人控制作用的应用场合，可采用人工智能控制系统。这种控制系统比较复杂，主要应用在大型复杂系统的智能决策中。

机器人控制系统的工作原理是：检测被控变量的实际值，将输出量的实际值与给定输入值进行比较并得出偏差，然后根据偏差值产生控制调节作用以消除偏差，使输出量能够维持期望的输出。在仿生机器人控制系统中，由遥控器发出移动至目标位置的命令经控制系统后输出 PWM 信号，驱动机器人关节转动，再由检测系统检测关节转角并进行调整。如果命令是连续的，机器人的关节就可持续转动了。

3. 机器人控制系统的主要作用

机器人控制系统除了具备以上功能以外，还需要具备一些其他功能，以方便机器人开展人机交互和读取系统的参数信息。

（1）记忆功能　在小型仿生机器人控制系统中设有 SD 卡，可以存储机器人的关节运动信息、位置姿态信息以及控制系统运行信息。

（2）示教功能　通过示教，找出机器人的最优姿态，如仿生机器人控制系统就配有示教装置。

（3）与外围设备进行联系的功能　这些联系功能主要通过输入和输出接口、通信接口来实现。

（4）传感器接口　小型仿生机器人传感系统中包含位置检测传感器、视觉传感器、触觉传感器和力传感器等，这些传感器随时都在采集机器人的内、外部信息，并将其传送到控制系统中，这些工作都需要通过传感器接口来完成。

（5）位置伺服功能　机器人的多轴联动、运动控制、速度和加速度控制等工作都与位置伺服功能相关，这些都是在程序中实现的。

（6）故障诊断和安全保护功能　机器人的控制系统时刻监视着机器人运行时的状态，并完成故障状态下的安全保护。一旦机器人发生故障，就停止其工作以保护机器人。

由此可知，机器人控制系统之所以能够完成如此复杂的控制任务，主要归功于作为机器人控制系统核心的控制器，其实质即为控制芯片，如单片机、DSP、ARM、AVR 等嵌入式控制芯片。机器人的智能性就源于它有一个芯片作为大脑。机器人有了芯片就可以进行逻辑判断，并能发送和接收控制指令。

2.4.2 人工智能技术

智能控制领域的核心是人工智能（Artificial Intelligence，AI）技术。人工智能技术是 20 世纪 50 年代中期兴起的，是计算机科学、控制论、信息论、语言学、神经生理学、心理学、数学和哲学等多种学科相互渗透而发展起来的综合性学科。人工智能又称为智能模拟，是用计算机系统模拟人类的感知、推理等思维活动。

1. 人工智能的定义

人工智能是研究开发用于模拟、延伸和扩展人的智能的理论、方法、技术及应用系统的一门新的技术科学。人工智能是计算机科学的一个分支，它企图了解智能的实质，并生产出一种新的、能以与人类智能相似的方式做出反应的智能机器，该领域的研究包括机器人、语言识别、图像识别、自然语言处理和专家系统等。"机器人学"一词最初是在 1956 年美国计算机协会组织的达特茅斯（Dartmouth）学会上提出的。自那以后，研究者们发展了众多理论和原理，人工智能的概念也随之扩展。由于智能的概念不确定，人工智能的概念一直没有统一的标准。

美国斯坦福大学人工智能研究中心的尼尔逊教授对人工智能做了如下定义："人工智能是关于知识的学科——怎样表示知识以及怎样获得知识并使用知识的科学。"而美国麻省理工大学的温斯顿教授则认为，"人工智能就是研究如何使计算机去做过去只有人才能做的智能工作。"童天湘在《从"人机大战"到人机共生》中这样定义人工智能："虽然现在的机器不能思维也没有'直觉的方程式'，但可以把人处理问题的方式编入智能程序，使不能思维的机器也有智能，使机器能做那些需要人的智能才能做的事，也就是人工智能。"诸如此类的定义基本都反映了人工智能学科的基本思想和基本内容，即人工智能是研究人类智能活动的规律，构造具有一定智能的人工系统，研究如何让计算机去完成以往需要人的智力才能胜任的工作，也就是研究如何应用计算机的软硬件来模拟人类某些智能行为的基本理论、方法和技术。

2. 人工智能的应用领域

目前，将人工智能与具体领域相结合进行研究的，主要有以下领域。

（1）专家系统　专家系统是一种模拟人类专家解决某些领域问题的计算机程序系统。专家系统内部含有大量的某个领域的专家水平的知识与经验，能够运用人类专家的知识和解决问题的方法进行推理和判断，模拟人类专家的决策过程，来解决该领域的复杂问题。目前，专家系统是人工智能研究最活跃和最广泛的应用领域之一，涉及人类社会的各个方面，各种专家系统已遍布各个专业领域，并取得了很大的成功。根据专家系统处理问题的类型，可将其分为解释型、诊断型、调试型、维修型、教育型、预测型、规划型、设计型、控制型和监督型共十种类型。

（2）机器学习　机器学习主要从以下三个方面进行：首先是研究人类学习的机理、人脑思维的过程，其次是选择机器学习的方法，最后是建立针对具体任务的学习系统。

（3）模式识别　模式识别是研究如何使机器具有感知能力，主要研究听觉模式和视觉模式的识别。计算机如果能理解自然语言，即能"听懂"人的语言，人们便可以直接用口语操作计算机，这将给人们带来极大的便利。机器人是一种模拟人的行为的机械，对它的研究经历了三代发展过程：第一代机器人只能按程序完成工作；第二代机器人配备了传感器，能获取作业环境、操作对象等简单信息，并由机器人内部的计算机进行分析处理，控制机器人的动作；第三代机器人具有类似人的智能，它装备了高灵敏度传感器，因而具有超过人的视觉、听觉、嗅觉和触觉的能力，能对感知的信息进行分析，控制自己的行为，处理环境变化，完成各种复杂的任务，而且具有自我学习、归纳、总结以及提高已掌握知识的能力。

（4）数据挖掘与数据库中的知识发现　数据挖掘（也称数据开采、数据采掘等）与数据库中的知识发现的本质含义是一样的，只是前者主要流行于统计、数据分析、数据库和信息系统等领域，后者则主要流行于人工智能和机器学习等领域。

（5）人工神经网络　人工神经网络是在研究人脑奥秘的过程中得到启发，试图用大量的处理单元模仿人脑系统工程结构和工作机理。

（6）符号计算　计算机最主要的用途之一就是科学计算，科学计算可分为两类：一类是纯数值计算，如求函数的值、方程的数值解等，应用领域有天气预报、油藏模拟、航天等；另一类是符号计算，又称代数运算，这是一种智能化计算，处理对象是符号。符号既可以代表整数、有理数、实数和复数，也可以代表多项式、函数、集合等。随着计算机的普及和人工智能的发展，相继出现了多种功能齐全的计算机代数系统软件，其中 Mathematica 和 Maple 是典型代表，由于它们都是用 C 语言写成的，因此可以在绝大多数计算机上使用。

（7）机器翻译　机器翻译是利用计算机把一种自然语言转变成另一种自然语言的过程，用以完成这一过程的软件系统叫做机器翻译系统。目前，国内的机器翻译软件不下百种，根据这些软件的翻译特点，大致可以将其分为三大类：词典翻译类、汉化翻译类和专业翻译类。词典类翻译软件的代表是"金山词霸"，它可以迅速查询英文单词或词组的含义，并提供单词的发音，为用户了解单词或词组的含义提供了极大的便利。汉化翻译软件的典型代表是"东方快车2000"，它首先提出了"智能汉化"的概念，使翻译软件的辅助翻译作用更加明显。

3. 人工智能的发展趋势

（1）人工智能的发展现状

1）国内人工智能的发展现状。很长一段时间以来，机械和自动控制领域的专家们都把研制具有人的行为特征的类人型机器人作为奋斗目标。中国科学技术大学在国家863计划和自然科学基金的支持下，一直从事两足步行机器人、类人型机器人的研究开发工作，在1990年成功研制出的我国第一台两足步行机器人的基础上，经过十年的科研攻关，于2000年11月，又成功研制出我国第一台类人型机器人。它有人一样的身躯、四肢、头颈和眼睛，并具备了一定的语言功能。其行走频率从过去的一步/6s，加快到两步/s；从只能平静地静态步行，到能快速、自如地动态步行；从只能在已知的环境中步行，到可在小偏差、不确定环境中行走，取得了机器人神经网络系统、生理视觉系统、双手协调系统、手指控制系统等多项重大研究成果。

2）国外发展现状。目前，AI技术在美国、欧洲和日本发展很快。

美国计划从互联网到人工智能一直保持世界领先。谷歌、脸书、微软、IBM、亚马逊等公司也不断加大对人工智能研发的投入，集聚了大量的实验成果、人才团队。美国已将AI技术渗透到交通、医疗、金融和环保等诸多领域，并建立起全面的管理体系，帮助政府实现精细化管理，加强人工智能产业链的建设和完善。

欧洲已经在人工智能立法方面走在了世界前列，甚至认为机器人也应该缴税并享受社会保障待遇，但现实的目标是如何通过人工智能提升社会生产力，尽早使人类能够摆脱物质与金钱的束缚，实现真正的自由。

日本 AI 技术发展相对谨慎，计划分三步走。第一阶段（2020 年前后），确立无人工厂、无人农场技术，普及利用人工智能进行药物开发支援，通过人工智能预知生产设备故障。第二阶段（2020—2030 年），实现人员和货物运输配送的完全无人化、机器人协调工作，实现针对个人药物的开发，利用人工智能控制家和家电。第三阶段（2030 年以后），使看护机器人成为家里的一员，普及机器人移动的自动化、无人化，将人为原因的死亡事故降至零。通过人工智能分析潜在意识，可视化"想要的东西"。

（2）人工智能的发展方向　人工智能作为一项整体研究才刚刚开始，离人们的目标还很遥远，但其在某些方面将会有大的突破。

1）自动推理。自动推理是人工智能最经典的研究分支，其基本理论是人工智能其他分支的共同基础。一直以来，自动推理都是人工智能研究最热门的内容之一，其中知识系统的动态演化特征及可行性推理的研究是较新的热点，很有可能取得大的突破。

2）机器学习。机器学习的研究取得了长足的发展。许多新的学习方法相继问世并获得了成功的应用，如强化学习（Reinforcement Learning）等。同时也应看到，现有的方法在处理在线学习方面尚不够有效，寻求一种新的方法来解决移动机器人、自主 agent、智能信息存取等研究中的在线学习问题是研究人员关心的共同问题，相信不久会在这些方面取得突破。

3）自然语言处理。自然语言处理是人工智能技术应用于实际领域的典型范例，经过人工智能研究人员的艰苦努力，已在这一领域获得了大量令人瞩目的理论与应用成果，许多产品已经进入众多领域。近年来，智能信息检索技术在互联网技术的影响下迅猛发展，已经成为人工智能的一个独立研究分支。

4）基于专家系统的入侵检测方法。入侵检测中的专家系统是网络安全专家在对可疑行为进行分析后得出的一套推理规则。基于规则的专家系统能够在专家的指导下，随着经验的积累而利用自我学习能力进行规则的扩充和修正。专家系统对历史记录的依赖性与统计方法相比较小，因此，其适应性较强，可以较灵活地适应广普的安全策略和检测要求。这是人工智能发展的一个主要方向。

5）人工智能在机器人中的应用。机器人足球系统是目前进行人工智能系统研究的热点，其集高科技和娱乐性于一体的特点引起了国内外大批学者的兴趣。决策系统主要解决机器人足球比赛过程中机器人之间的协作和机器人运动规划问题，在机器人足球系统设计中，需要综合运用人工智能中的决策树、神经网络和遗传学等算法，随着人工智能理论的进一步发展，将使机器人足球系统得到长足的发展。

技术的发展总是超乎人们的想象，要准确地预测人工智能的未来是不可能的。但是，从目前一些具有前瞻性的研究可以看出，未来人工智能可能会向以下几个方面发展：模糊处理、并行化、神经网络和机器情感等。目前，人工智能的推理功能已取得突破，学习及联想功能正在研究之中，下一步就是模仿人类右脑的模糊处理功能和整个大脑的并行化处理功能。人工神经网络是人工智能应用的新领域，未来智能计算机的构成可能就是作为主机的冯·诺依曼型机与作为智能外围的人工神经网络的结合。研究表明：情感是智能的一部分，而不是与智能相分离的。因此，人工智能领域的下一个突破可能在于赋予计算机情感能力。情感能力对于实现计算机与人的自然交流至关重要。

人工智能研究面临的困难比人们估计的大得多，人工智能研究的任务比人们讨论过的艰巨得多。同时也说明，要从根本上了解人脑的结构和功能，解决所面临的难题，完成人工智能的研究任务，需要寻找和建立更新的人工智能框架和理论体系，打下人工智能进一步发展的理论基础。

2.4.3 控制器

1. 单片机控制器

单片机（Microcontrollers）是一种集成电路芯片，是采用超大规模集成电路技术把具有数据处理能力的中央处理器（CPU）、随机存储器（RAM）、只读存储器（ROM）、多种I/O接口和中断系统定时器/计数器等（可能还包括显示驱动电路、脉宽调制电路、模拟多路转换器A-D转换器等电路）集成到一块硅片上而构成的一个小巧且完善的微型计算机系统，在控制领域应用十分广泛。

（1）单片机控制原理　单片机自动完成赋予其任务的过程，就是单片机执行程序的过程，即执行一条条指令的过程。所谓指令，就是把要求单片机执行的各种操作用命令的形式写下来，这是在设计人员赋予它的指令系统时所决定的。一条指令对应一种基本操作。单片机所能执行的全部指令就是该单片机的指令系统。不同种类的单片机，其指令系统也不同。为了使单片机能够自动完成某一特定任务，必须把要解决的问题编成一系列指令（这些指令必须是单片机能识别和执行的指令），这一系列指令的集合称为程序。程序需要预先存放在具有存储功能的存储器中。存储器由许多存储单元（最小的存储单位）组成，就像摩天大楼是由许多房间组成的一样，指令就存放在这些单元里。众所周知，摩天大楼的每个房间都被分配了唯一的房号，同样，每一个存储单元也必须被分配唯一的地址号，该地址号称为存储单元的地址。只要知道了存储单元的地址，就可以找到这个存储单元，其中存储的指令就可以被十分方便地取出，然后再被执行。

程序通常是按顺序执行的，所以程序中的指令也是一条条地按顺序存放的。单片机在执行程序时要想把这些指令一条条地取出并加以执行，必须有一个部件能追踪指令所在的地址，这一部件就是程序计数器（包含在CPU中）。在开始执行程序时，给程序计数器赋予程序中第一条指令所在的地址，然后取出每一条要执行的命令，程序计数器中的内容就会自动增加，增加量由本条指令的长度决定，可能是1、2或3，以指向下一条指令的起始地址，保证指令能够按顺序执行。

只有当程序遇到转移指令、子程序调用指令，或遇到中断时，程序计数器才转到需要的地方去。从ROM相应单元中取出指令字节放在指令寄存器中寄存，然后，指令寄存器中的指令代码被译码器译成各种形式的控制信号，这些信号与单片机时钟振荡器产生的时钟脉冲在定时与控制电路中相结合，形成按一定时间节拍变化的电平和时钟，即所谓的控制信息，在CPU内部协调寄存器之间的数据传输、运算等操作。

（2）单片机系统与计算机的区别　将微处理器（CPU）、存储器、I/O接口电路和相应的实时控制器件集成在一块芯片上形成单片微型计算机，简称单片机。单片机在一块芯片上集成了ROM、RAM和FLASH存储器，外部只需要加电源、复位电路和时钟电路，就可以成为一个简单的系统。其与计算机的主要区别如下：

1）个人计算机（PC）的CPU主要面向数据处理，其发展途径主要围绕数据处理功能、计算速度和精度的进一步提高。单片机主要面向控制，控制中的数据类型及数据处理相对简单,因此,单片机的数据处理功能与通用计算机相比要弱一些,计算速度较慢,计算精度也相对较低。

2)PC 中存储器的组织结构主要针对增大存储容量和 CPU 对数据的存取速度。单片机中存储器的组织结构比较简单,存储器芯片直接挂接在单片机的总线上,CPU 对存储器的读写按直接物理地址来寻址存储器单元,存储器的寻址空间一般为 64KB。

3)通用计算机中 I/O 接口主要考虑标准外设,如阴极射线管(CRT)、标准键盘、鼠标、打印机、硬盘和光盘等。单片机的 I/O 接口实际上是向用户提供的、与外设连接的物理界面,用户对外设的连接要设计具体的接口电路,需要具有熟练的接口电路设计技术。简单地说,单片机就是一个集成芯片,外加辅助电路后可构成一个系统。由微型计算机配以相应的外围设备(如打印机)及其他专用电路、电源、面板、机架以及足够的软件就可构成计算机系统。

(3)单片机的驱动外设 单片机内部的外设一般包括串行接口控制模块、串行外设接口(SPI)模块、集成电路(IC)模块、数/模(A/D)模块、脉冲宽度调制(PWM)模块、控制局域网(CAN)模块、带电可擦可编程只读存储器(EEPROM)和比较器模块等,它们都集成在单片机内部,有相对应的内部控制寄存器,可通过单片机指令直接控制。有了上述功能控制器,就可以不依赖于复杂编程和外围电路而实现某些功能。

例如,使用数字 I/O 端口可以进行跑马灯实验,通过将单片机的 I/O 引脚位进行置位或清零,可用来点亮或关闭发光二极管(LED)灯。串行接口的使用是非常重要的,通过这个接口,可以使单片机与 PC 之间交换信息,同时有助于掌握目前最为常用的通信协议,也可以通过 PC 的串行接口调试软件来监视单片机实验板的数据。利用 I2C、SPI 通信接口扩展外设是最常用的方法之一,也是非常重要的一种方法。这两个通信接口都是串行通信接口,典型的基础实验就是 I^2C 的 EEPROM 实验与 SPI 的 SD 卡读写实验。单片机目前基本都自带多通道 A-D 转换器,通过这些转换器可以利用单片机获取模拟量,用于检测电压、电流等信号。使用者要分清模拟地与数字地、参考电压、采样时间、转速率及转换误差等重要概念。

2. ARM 控制器

高级精简指令集机器(Advanced RISC Machines,ARM)既是一个公司的名字,也是对一类微处理器的通称,还可以认为是一种技术的名字。ARM 公司 1991 年成立于英国,主要出售芯片设计技术的授权。目前,采用 ARM 技术的微处理器(通常所说的 ARM 微处理器)已遍及工业控制、消费类电子产品、通信系统以及无线系统等各类产品市场。基于 ARM 技术的微处理器的应用占据了 32 位 RISC 处理器 75% 以上的市场份额。ARM 技术正在逐步渗透到人们生活的各个方面。目前,ARM 微处理器主要有以下几个系列:ARM7 系列、ARM9 系列、ARM9E 系列、ARM10E 系列、ARM11 系列、SecurCore 系列、XScale 系列和 Cortex 系列等。

(1)ARM 概述 ARM 是一个 32 位精简指令集的处理器架构,广泛用于嵌入式系统设计。ARM 开发板根据其内核可以分为 ARM7、ARM9、ARM11、Cortex-M 系列、Cortex-R 系列和 Cortex-A 系列等。其中,Cortex 是 ARM 公司生产的最新架构,占据了很大的市场份额。Cortex-M 系列是面向微处理器的,Cortex-R 系列是针对实时系统的,Cortex-A 系列则是面向尖端的基于虚拟内存的操作系统和用户的。由于 ARM 公司只对外提供 ARM 内核,各大厂商在授权付费使用 ARM 内核的基础上研发生产了各自的芯片，形成了嵌入式 ARM CPU 的大家庭。提供这些内核芯片的厂商有 Atmel、TI、飞思卡尔、NXP、ST 和三星等。图 2-141 所示为 ST 公司生产的 Cortex-M3ARM 处理器 STM32F103 系列 XXLQFP64 引脚图。

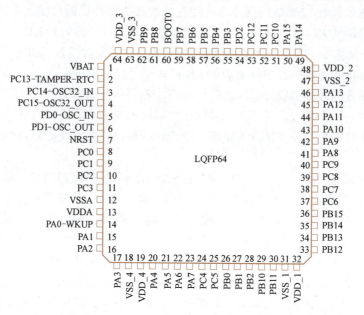

图 2-141　STM32F103 系列 XXLQFP64 引脚图

（2）ARM 的特点　ARM 内核采用精简指令集计算机（RISC）体系结构，其指令集和相关译码机制比复杂指令集计算机（CISC）要简单得多，其目标就是设计出一套能在高时钟频率下单周期执行的简单而高效的指令集。RISC 的设计重点在于降低处理器中指令执行部件的硬件复杂程度，这是因为软件比硬件更容易提供更大的灵活性和更高的智能水平。因此，ARM 具备非常典型的 RISC 结构特性，具有以下特点：

1）具有大量的通用寄存器。

2）通过装载/保存（Lad-store）结构使用独立的 load 和 store 指令完成数据在寄存器与外部存储器之间的传送，处理器只处理寄存器中的数据，从而避免多次访问存储器。

3）寻址方式非常简单，所有装载/保存的地址都只由寄存器内容和指令域决定。

4）使用统一和固定长度的指令格式。

这些在基本 RISC 结构上增强的特性使 ARM 处理器在高性能、低代码规模、低功耗和小的硅片尺寸方面获得了良好的平衡。

（3）ARM 的驱动外设　ARM 公司只设计内核，将设计好的内核出售给芯片厂商，芯片厂商在内核外添加外设。这里主要分析 STM32 的外设。

STM32 是一种性价比很高的处理器，具有丰富的外设资源。它的存储器片上集成着 32～512KB 的 Flash 存储器、6～64KB 的 SRAM 存储器，足够一般小型系统使用；还集成着 12 通道的 DMA 控制器及其支持的外设；片上集成的定时器包含 ADC、DAC、SPI、I^2C 和 UAR，还集成着 2 通道 12 位 D-A 转换器（STM32F103×C、STM32F103×D 和 STM2F103×E）；最多可达 11 个定时器，其中 4 个 16 位定时器，每个定时器有 4 个 IC/OC/PWM 或者脉冲计数器；2 个 16 位的 6 通道高级控制定时器，最多 6 个通道可用于 PWM 输出；

2个看门狗定时器（独立看门狗和窗口看门狗）；1个Systick定时器（24位倒计时器）；2个16位基本定时器，用于驱动DAC；支持多种通信协议；具有2个I2C接口、5个USART接口、3个SPI接口，2个I2S复用口，CAN接口以及USB2.0全速接口。

（4）ARM Cortex-M3控制技术　ARM公司于2005年推出了Cortex-M3内核，就在当年，ARM公司与其他投资商合伙成立了Luminary公司，由该公司率先设计、生产和销售基于Cortex-M3内核的ARM芯片——Stellaris（群星）系列ARM。Cortex-M3内核是ARM公司整个Cortex内核系列中的微控制器系列（M）内核，其他两个系列分别是应用处理器系列（A）与实时控制处理系列（R），这三个系列又分别简称为A、R、M系列，每个系列的内核分别有各自不同的应用场合。

Cortex-M3内核主要应用于低成本、小引脚数和低功耗的场合，并且具有极强的运算能力和中断响应能力。Cortex-M3处理器采用纯Thumb-2指令的执行方式，使这种具有32位高性能的内核能够实现8位和16位的代码存储密度。ARM Cortex-M3处理器是使用最少门数的ARM CPU，核心门数只有33K，包含了必要外设之后的门数也只有60K，使封装更为小型，成本更加低廉。Cortex-M3采用了ARMv7哈佛架构，具有带分支预测的三级流水线，中断延迟最大只有12个时钟周期，在末尾联锁的时候只需要6个时钟周期。同时，它具有1.25 DMIPS/MHz的性能和0.19mW/MHz的功耗。从ARM7升级为Cortex-M3可获得更佳的性能和功效。

过去十几年中，ARM7系列处理器被广泛应用于众多领域。Cortex-M3在ARM7的基础上开发成功，为基于ARM7处理器系统的升级开辟了通道。它的中心内核效率更高、编程模型更简单，具有出色的确定中断行为，其集成外设以低成本提供了更强大的性能。

表2-2所列为ARM7TDMI-S和Cortex-M3的特性（采用100MHz的频率和TSMC0.18G的制程）。

表2-2　ARM7TDMI-S和Cortex-M3的特性

比较项目	ARM7TDMI-S	Cortex-M3
架构	ARMv4T（冯·诺依曼） 指令和数据总线共用，会出现瓶颈	ARMv7-M（哈佛） 指令和数据总线分开，无瓶颈
指令集	32位ARM指令+16位Thumb指令，两套指令之间需要进行状态切换	Thumb/Thumb-2指令集 16位和32位指令可直接混写，无须状态切换
流水线	三级流水线，若出现转移，则需要刷新流水线，损失较大	三级流水线+分支预测，出现转移时流水线无须刷新，几乎无损失
性能	0.95DMIPS/MHz（ARM模式）	1.25DMIPS/MHz
功耗	0.28mW/MHz	0.19mW/MHz
低功耗模式	无	内置睡眠模式
面积	0.62mm^2（仅内核）	0.86mm^2（内核+外设）
中断	普通中断IRQ和快速中断FIQ太少，大量外设不得不复用中断	不可屏蔽中断NMI+1～240个物理中断，每个外设都可以独占一个中断，效率高
中断延迟	24～42个时钟周期，缓慢	12个时钟周期，最快只需6个
中断压栈	软件手工压栈，代码长且效率低	硬件自动压栈，无须代码且效率高

（续）

比较项目	ARM7TDMI-S	Cortex-M3
存储器保护	无	8段存储器保护单元（MPU）
内核寄存器	寄存器分为多组，结构复杂，占用面积大	寄存器不分组（SP除外），结构简单
工作模式	七种工作模式，比较复杂	只有线程模式和处理模式两种，简单
乘除法指令	多周期乘法指令，无除法指令	单周期乘法指令，2～12周期除法令
位操作	无。访问外寄存器需分"读-改-写"三步走	先进的Bit-band位操作技术，可直接访问外设寄存器的某个位
系统节拍定时	无	内置系统节拍定时器，有利于操作系统移植

基于ARMv7架构的Cortex-M3处理器带有一个分级结构。它集成了名为CM3Core的中心处理器内核和先进的系统外设，实现了内置的中断控制、存储器保护以及系统的调试和跟踪功能。这些外设可进行高度配置，允许Cortex-M3处理器处理大范围的应用并更贴近系统的需求。目前，已对Cortex-M3内核和集成部件进行了专门的设计，用于实现最大存储容量、最少引脚数目和极低功耗，如图2-142所示。

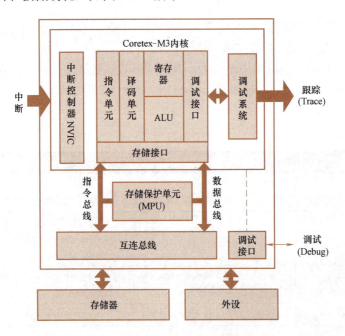

图2-142　Cortex-M3内核框图

Cortex-M3中央内核基于哈佛架构，指令和数据各使用一条总线；ARM7系列处理器则使用冯·诺依曼（Von Neumann）架构，指令和数据共用信号总线以及存储器。由于指令和数据可以从存储器中同时读取，因此，Cortex-M3处理器可以对多个操作并行执行，加快了应用程序的执行速度。

Cortex-M3内核包含一个适用于传统Thumb和新型Thumb-2指令的译码器、一个支持硬件乘法和硬件除法的先进算术逻辑单元（ALU）、控制逻辑和用于连接处理器其他部件的接口。内核流水线分三个阶段：取指、译码和执行。当遇到分支指令时，译码阶段也包含预测的指令取指，这提高了执行速度。处理器在译码阶段自行对分支目的地指令进行取指。在稍后的执行过程中，处理完分支指令后便知道下一条要执行的指令。如果分支不跳转，那么，紧跟着的下一条指令随时可供使用；如果分支跳转，则在跳转的同时分支指令也可供使用，空闲时间限制为一个周期。

Cortex-M3 处理器是一个 32 位处理器，带有 32 位宽的数据路径、寄存器库和存储器接口。其中有 13 个通用寄存器、2 个堆栈指针、1 个链接寄存器、1 个程序计数器和一系列包含编程状态寄存器的特殊寄存器。Cortex-M3 处理器支持两种工作模式（线程和处理器）和两个等级（有特权和无特权）的代码访问，能够在不牺牲应用程序安全的前提下执行复杂的开放式系统。无特权代码执行限制或拒绝对某些资源的访问，如对某个指令或指定内存位置的访问。线程模式是常用的工作模式，它同时支持享有特权的代码以及没有特权的代码。当发生异常时，进入处理器模式，在该模式下，所有代码都享有特权。此外，所有操作均根据以下两种工作状态进行分类：Thumb 代表常规执行操作，Debug 代表调试操作。

Cortex-M3 处理器是一个存储器映射系统，为高达 4GB 的可寻址存储空间提供了简单和固定的存储器映射。同时，这些空间为代码（代码空间）、SRAM（存储空间）、外部存储器/器件和内部/外部外设提供了预定义的专用地址。

借助 Bit-banding 技术，Cortex-M3 处理器可以在简单系统中直接对数据的单个位进行访问。存储器映射包含两个位于 SRAM 中的大小均为 1MB 的 Bit-band 区域和映射到 32MB 别名区域的外设空间。在别名区域中，某个地址上的加载/存储操作将直接转化为对该地址别名的位的操作。对别名区域中的某个地址进行写操作，如果使其最低有效位置位，则 Bit-band 位为 1；如果使其最低有效位清零，则 Bit-hand 位为零。读别名后的地址将直接返回适当的 Hit-band 位中的值。除此之外，该操作为原子位操作，其他总线活动不能使其中断。

3. AVR 控制器

Atmel 公司是世界上著名的生产高性能、低功耗、非易失性存储器和数字集成电路的半导体公司。1997 年，Atmel 公司根据市场需求，推出了全新配置的精简指令集高速 8 位单片机，简称 AVR。其被广泛应用于计算机外设、工业实时控制、仪器仪表、通信设备和家用电器等各个领域。

衡量单片机性能的重要指标包括高可靠性、功能强、高速度、低功耗和低价位。AVR 单片机具有如下主要特性：

1）废除了机器周期，采用 RISC，以字为指令长度单位，取指周期短，可预取指令，实现了流水作业，可高速执行指令，以高可靠性为后盾。

2）在软硬件运行速度、性能和成本等多方面获得了优化平衡，是高性价比的单片机。

3）内嵌高质量的 Flash 程序存储器，擦写方便；支持图像信号处理（ISP）和应用编程（IAP），便于产品的调试、开发、生产和更新。

4）I/O 接口资源灵活，功能强大。

5）内部具备多种独立的时钟分频器。

6）高波特率的可靠通信。

7）包括多种电路，可增强嵌入式系统的可靠性，如自动上电复位、看门狗、掉电检测以及多个复位源等。

8）具有多种省电休眠模式，宽电压（2.7～5V）运行，抗干扰能力强，可减少一般8位机中软件抗干扰设计的工作量和硬件使用量。

9）集成多种元件和多种功能，充分体现了单片机技术朝着片上系统SoC的发展方向过渡。

AVR单片机有以下三个档次：

1）低档Tiny系列单片机，20脚：Tiny 11/12/13/15/26/28、AT89C1051、AT89C1052。

2）中档（标准）AT90S系列单片机，40脚：AT90S1200/2313/8515/8535、AT89C51。

3）高档ATmega系列单片机，64脚：ATmega8/16/32/64/128，存储容量分别为8KB、16KB、32KB、64KB、128KB；ATmega8515/8535。

（1）ATmega128单片机　ATmega128单片机是Atmel公司推出的一款基于AVR内核、采用RISC结构、低功耗CMOS的8位单片机。由于在一个周期内执行一条指令，ATmega128可以达到接近1MIPS/MHz的性能。其内核将32个工作寄存器和丰富的指令集连接在一起，所有的工作寄存器都与逻辑单元（ALU）直接连接，实现了在一个时钟周期内执行一条指令，可以同时访问两个独立的寄存器。这种结构提高了代码效率，使AVR的运行速度比普通的CISC单片机高出10倍。

ATmega128单片机具有以下特点：

1）高性能、低功耗的AVR8位微处理器以及先进的RSC结构。

① 133条指令，大多数可以在一个时钟周期内完成。

② 32×8的通用工作寄存器＋外设控制寄存器。

③ 全静态工作。

④ 工作于16MHz时性能高达16MIPS。

⑤ 只需两个时钟周期的硬件乘法器。

2）非易失性的程序和数据存储器。

① 128KB的系统内可编程序Flash，寿命为10000次写/擦除周期。

② 具有独立锁定位、可选择的启动代码区，通过片内的启动程序实现系统内编程，真正实现了读-修改-写操作。

③ 4KB的EEPROM，寿命为100000次写/擦除周期。

④ 4KB的内部SRAM。

⑤ 多达64KB的优化外部存储器空间。

⑥ 可以对锁定位进行编程，以实现软件加密。

⑦ 可以通过SPI实现系统内编程。

3）JTAG接口（与IEEE 1149.1标准兼容）。

① 遵循JTAG标准的边界扫描功能。

② 支持扩展的片内调试。

③ 通过JTAG接口实现对Flash、EEPROM、熔丝位和锁定位的编程。

4）外设特点。

① 两个具有独立的预分频器和比较器功能的8位定时器/计数器。

② 两个具有预分频器、比较功能和捕捉功能的16位定时器/计数器。

③ 具有独立预分频器的实时时钟计数器。
④ 两路 8 位 PWM。
⑤ 6 路分辨率可编程序（2～16 位）的 PWM。
⑥ 输出比较调制器。
⑦ 8 路 10 位 ADC：8 个单端通道；7 个差分通道，其中 2 个是具有可编程序增益（1×，10× 或 200×）的差分通道。
⑧ 面向字节的两线接口。
⑨ 两个可编程序的串行 USART。
⑩ 可工作于主机 - 从机模式的 SPI 串行接口。
⑪ 具有独立片内振荡器的可编程序看门狗定时器。
⑫ 片内模拟比较器。

5）特殊的处理器特点。
① 上电复位以及可编程序的掉电检测。
② 片内经过标定的 RC 振荡器。
③ 片内 / 片外中断源。
④ 可以通过软件进行选择的时钟频率。
⑤ 可以通过熔丝位进行选择的 ATmega103 兼容模式。
⑥ 全局上拉禁止功能。

6）I/O 和封装。
① 53 个可编程序 I/O 接口线。
② 64 引脚 TQFP 与 64 引脚 MLF 封装。

7）六种省电模式。
① 空闲模式（Idle）：CPU 停止工作，其他子系统继续工作。
② ADC 噪声抑制模式：CPU 和所有的 I/O 模块停止运行，而异步定时器和 ADC 继续工作。
③ 省电模式（Power-save）：异步定时器继续运行，其他部分则处于睡眠状态。
④ 掉电模式（Power-down）：除了中断和硬件复位之外都停止工作。
⑤ Standby 模式：振荡器工作，其他部分睡眠。
⑥ 扩展的 Standby 模式：允许振荡器和异步定时器继续工作。

8）工作电压。ATmega128L 为 2.7～5.5V，ATmega128 为 4.5～5.5V。
9）速度等级。ATmega128L 为 0～8MHz，ATmega128 为 0～16MHz。

ATmega128 单片机引脚如图 2-143 所示。

端口 A（PA0～PA7）：端口 A 为 8 位双向 I/O 接口，并具有可编程序的内部上拉电阻。其输出缓冲器具有对称的驱动特性，可以输出和吸收大电流。作为输入使用时，若内部上拉电阻使能，则端口被外部电路拉低时将输出电流。复位发生时端口 A 为三态，端口 A 也可以用于其他不同的特殊功能。

端口 C（PC0～PC7）：端口 C 为 8 位双向 I/O 接口，并具有可编程序的内部上拉电阻。其输出缓冲器具有对称的驱动特性，可以输出和吸收大电流。作为输入使用时，若内部上拉电阻使能，则端口被外部电路拉低时将输出电流。复位发生时端口 C 为三态。端口 C 也可以用于其他不同的特殊功能,在 ATmega103 兼容模式下,端口 C 只能作为输出,而且在复位发生时不是三态。

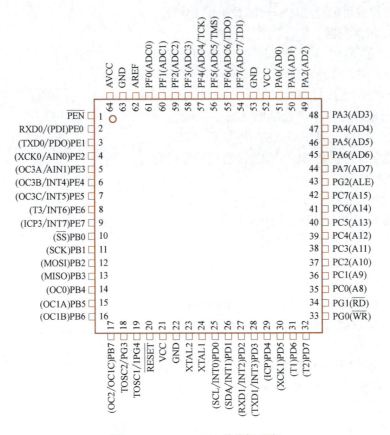

图 2-143　ATmega128 单片机引脚

端口 D（PD0～PD7）：端口 D 为 8 位双向 I/O 接口,并具有可编程序的内部上拉电阻。其输出缓冲器具有对称的驱动特性,可以输出和吸收大电流。作为输入使用时,若内部上拉电阻使能,则端口被外部电路拉低时将输出电流。复位发生时端口 D 为三态。端口 D 也可以用于其他不同的特殊功能。

端口 E（PE0～PE7）：端口 E 为 8 位双向 I/O 接口,并具有可编程序的内部上拉电阻。其输出缓冲器具有对称的驱动特性,可以输出和吸收大电流。作为输入使用时,若内部上拉电阻使能,则端口被外部电路拉低时将输出电流。复位发生时端口 E 为三态。端口 E 也可以用于其他不同的特殊功能。

端口 F（PF0～PF7）：端口 F 为 ADC 的模拟输入引脚。如果不用于 ADC 的模拟输入,则端口 F 可以作为 8 位双向 I/O 接口,并具有可编程序的内部上拉电阻。其输出缓冲器具有对称的驱动特性,可以输出和吸收大电流。作为输入使用时,若内部上拉电阻使能,则端口被外部电路拉低时将输出电流。复位发生时端口 F 为三态。如果使用了 JTAG 接口,则复位发生时引脚 PF7（TDI）、PF5（TMS）和 PF4（TCK）的上拉电阻使能。端口 F 也可以作为 JTAG 接口。

端口 G（PG0～PG4）：端口 G 为 5 位双向 I/O 接口,并具有可编程序的内部上拉电阻。

其输出缓冲器具有对称的驱动特性，可以输出和吸收大电流。作为输入使用时，若内部上拉电阻使能，则端口被外部电路拉低时将输出电流。复位发生时端口 G 为三态。端口 G 也可以用于其他不同的特殊功能。

RESET：复位输入引脚。超过最小门限时间的低电平将引起系统复位，低于此时间的脉冲不能保证可靠复位。

XTAL1：反向振荡器放大器及片内时钟操作电路的输入。

XTAL2：反向振荡器放大器的输出。

AVCC：电源。

AREF：ADC 的模拟基准输入引脚。

（2）ATmega128 存储器　AVR 结构具有三个线性存储空间：程序寄存器（PSW）、数据寄存器（MDR）和 EEPROM，其中 PSW 和 MDR 是主存储器空间。

ATmega128 具有 128KB 的在线编程 Flash。因为所有的 AVR 指令均为 16 位或 32 位，故 Flash 组织成 64KB×16 的形式。Flash 程序存储器分为（软件安全性）引导程序区和应用程序区。

ATmega128 还可以访问直到 64KB 的外部数据静态随机存取存储器（SRAM），其起始紧跟在内部 SRAM 之后。数据寻址模式分为五种：直接寻址、带偏移量的间接寻址、间接寻址、预减的间接寻址以及后加的间接寻址。

1）直接寻址访问整个数据空间。

2）带偏移量的间接寻址模式寻址到 Y、Z 指针给定地址附近的 63 个地址。

3）预减的和后加的间接寻址模式要用到 X、Y、Z 指针。

32 个通用寄存器、64 个 I/O 寄存器 4096B 的 SRAM 可以被所有的寻址模式所访问。

ATmega128 包含 4KB 的 EEPROM。它是作为一个独立的数据空间存在的，可以按字节读写。EEPROM 的寿命至少为 100000 次（擦除）。EEPROM 的访问由地址寄存器、数据寄存器和控制寄存器决定。

ATmega128 的所有 I/O 接口和外设都被放置在 I/O 空间中，在 32 个通用工作寄存器和 I/O 接口之间传输数据。其支持的外设要比预留的 64 个 I/O 接口（通过 IN/OUT 指令访问）所能支持的要多。

外部存储器接口非常适合与存储器元件互连，如外部 SRAM 和 Flash、液晶显示器（LCD）、A-D 转换器、D-A 转换器等。其主要特点如下：

1）具有四种不同的等待状态（包括无等待状态）。

2）不同的外部存储器可以设置不同的等待状态。

3）可以有选择地确定地址高字节的位数。

4）数据线具有总线保持功能以降低功耗。

外部存储器接口包括以下几个：

1）AD0～AD7：复用的地址总线和数据总线。

2）A8～A15：高位地址总线（位数可配置）。

3）ALE：地址锁存使能。

4）RD：读锁存信号。

5）WR：写锁存信号。

外部存储器接口控制位于以下三个寄存器中：

1）微控制单元（MCU）控制寄存器 MCUCR。

2）外部存储器控制寄存器 A-XMCRA。

3）外部存储器控制寄存器 B-XMCRB。

（3）ATmega48/88/168 控制器　ATmega48/88/168 是基于 AVR 增强型 RISC 结构的低功耗 8 位 CMOS 微控制器。由于具有先进的指令集以及单时钟周期指令执行时间，ATmega48/88/168 的数据吞吐率高达 1MIPS/MHz，从而可以缓解系统在功耗和处理速度之间的矛盾。

AVR 内核具有丰富的指令集和 32 个通用工作寄存器。所有的寄存器都直接与算术逻辑单元（ALU）相连接，每一条指令在一个时钟周期内可以同时访问两个独立的寄存器。这种结构大大提高了代码效率，并具有比普通 CISC 微控制器高 10 倍左右的数据吞吐率。

ATmega48/88/168 具有以下配置：

1）4KB/8KB/16KB 的系统内可编程序 Flash（在编程过程中还具有读的能力，即 RWW）。

2）23 个通用 I/O 接口、32 个通用工作寄存器、3 个具有比较模式的定时器 / 计数器（T/C）。

3）可编程序串行 USART、面向字节的两线串行接口、一个串行外设接口（SPI）、一个 6 路 10 位 ADC 接口（TQFP 与 MLF 封装的元件具有 8 路 10 位 ADC 接口）。

4）具有片内振荡器的可编程序看门狗定时器。

5）拥有五种工作模式。在空闲模式下，CPU 停止工作，而 SRAM、T/C、USART、两线串行接口、SPI 和中断系统继续工作；在掉电模式下，晶体振荡器停止振荡，除了中断和硬件复位功能外，所有功能都停止工作，而寄存器的内容则一直保持；在省电模式下，异步定时器继续运行，以允许用户维持时间基准，其他部分则处于睡眠状态；在 ADC 噪声抑制模式下，CPU 和所有 I/O 模块停止运行，而异步定时器和 ADC 继续工作，以减少 ADC 转换时的开关噪声；在 Standby 模式下振荡器工作，其他部分睡眠，只消耗极少的电能，并具有快速启动能力。

4. Arduino 控制器

Arduino 控制器是一个基于开放源码的软硬件平台，构建于开放源码 Simple I/O 接口版，并具有使用类似 Java、C 语言的集成开发环境（IDE）和图形化编程环境。由于源码开放且价格低廉，Arduino 目前被广泛应用于欧美等国家和地区的电子设计以及互动艺术设计领域，并广泛用于我国的创客界。

Arduino 先后发布了十多种型号，有小到可以缝在衣服上的 LilyPad，也有为 Arduino 设计的 Mega；有最基础的型号 UNO，还有最新的 Leonardo。目前，使用最广泛的是 Arduino UNO 系列版本。它是 USB 系列的最新版本，不同于以前的各种 Arduino 控制器，它是把 ATmega8U2 编程为一个 USB 到串行接口的转换器，而不再使用 FIDI 的 USB 到串行接口驱动芯片。

由 DFRobot 出品的 Arduino Click 如图 2-144 所示。该控制器采用的是最基础且应用最广泛的 UNO 板卡。

图 2-144　DFRobot 出品的 Arduino Click

它继承了 Arduino328 控制器的所有特性，并集成了电动机驱动、键盘、I/O 扩展板以及无线数据串行通信等接口，不仅可以兼容几乎所有 Arduino 系列的传感器和扩展板，而且可以直接驱动 12 个舵机。除此之外，它还提供了更多人性化设计，如采用了 3P 彩色排针，能够对应传感器连接线，以防止插错。其中红色对应电源，黑色对应 GND，蓝色对应模拟口，绿色对应数字口。

Arduino 控制器的基本参数见表 2-3。

表 2-3　Arduino 控制器的基本参数

项目	参数
处理器	ATmega328
输出电源	5V（2A）/3.3V
数字 I/O 引脚	其中，3、5、6、9、10 和 11 路作为 PWM 输出，数字口的值为 0 或 1
模拟输入值	A0 ～ A7（模拟口的值为 0 ～ 1023 之间的任意值）
EEPROM	1KB
IIC	3 个（其中有两个是 90°针脚接头）
测试按钮	5 个（S0 ～ S4）
复位按钮	1 个（RST）
工作时钟	16MHz

2.4.4　位置控制

位置控制的目的是使机器人实现预先规划的运动，最终保证机器人末端沿预定轨迹运行。

机器人位置控制主要有两种控制方式：定位控制方式和路径控制方式。定位控制方式包括固定位置控制方式、多点位置控制方式和伺服控制方式。路径控制方式包括点位控制和连续轨迹控制。点位控制是指仅控制机器人离散点上手爪或工具的位姿，尽快而无超调地实现相邻点的运动，对运动轨迹不做控制，主要技术指标为点位精度和完成运动的时间，如图 2-145a 所示。连续轨迹控制是指连续控制机器人手爪的位姿轨迹，要求速度可控、轨迹光滑、运动平稳，主要技术指标为轨迹精度和平稳性，如图 2-145b 所示。

1. 单关节位置控制

由于绝大多数机器人是关节式运动形式，很难直接检测机器人末端的运动，只能对各关节进行控制。在设计控制系统时，通常把机器人的每个关节视作一个独立的伺服机构，采用基于关节坐标的控制方式。尽管现代机器人越来越多地采用无刷电动机，但 20 世纪 80 年代中期以前的机器人都采用直流伺服电动机。直流伺服电动机的控制模型是基础，无刷电动机控制模型可以转化成直流电动机控制模型。直流伺服电动机控制的机器人是由多轴（关节）组成的，每轴的运动都影响机器人末端的位置和姿态。作为模型，可以认为每个关节均由一个驱动器单独驱动。利用各个关节传感器获得的反馈信息计算所需力矩，发出相应的力矩指令，以实现要求的运动。

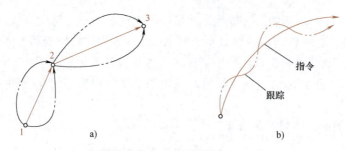

图 2-145　路径控制方式

a）点位控制　b）连续轨迹控制

图 2-146 所示为单关节位置控制系统框图。

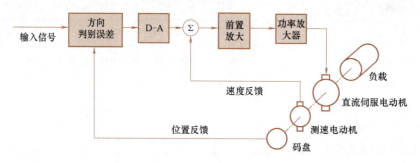

图 2-146　单关节位置控制系统框图

2. 直角坐标控制

图 2-147 所示为具有轨迹变换的直角坐标控制系统。输入是期望的直角坐标轨迹，通过解机器人逆运动学方程，将直角坐标空间轨迹转换成关节空间轨迹。

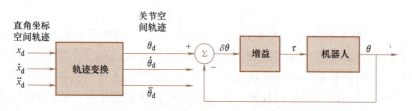

图 2-147　具有轨迹变换的直角坐标控制系统

图 2-148 所示为检测机器人各关节位置的直角坐标控制系统。通过运动学方程转换成直角坐标系中的位置描述，然后与期望值比较，形成直角坐标空间的误差信息。

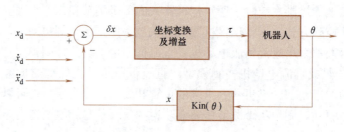

图 2-148　检测机器人各关节位置的直角坐标控制系统

2.4.5 轨迹控制

机器人规划指的是机器人根据自身的任务,求得完成该任务所需解决方案的过程。这里的任务既可以是机器人要完成的某一具体任务,也可以是机器人的某个动作,如手部或关节的某个规定运动等。

机器人的规划是分层次的,从高至低依次为任务规划、动作规划、手部轨迹规划、关节轨迹规划和关节的运动控制。路径是机器人位姿的一定序列,不考虑机器人位姿参数随时间的变化。路径点包括所有的中间点以及初始点和最终点。虽然通常使用"点"这个术语,但实际上它们是表达位置和姿态的坐标系,描述它们需要六个量。轨迹是指机器人在运动过程中的轨迹,即运动点的位移、速度和加速度,也就是机器人在运动过程中,每个自由度的位移、速度和加速度的时间历程。

轨迹规划中,轨迹的生成一般是先给定轨迹上的若干个点,将其经运动学反解映射到关节空间,对关节空间中的相应点建立运动方程,然后按这些运动方程对关节进行插值,从而实现作业空间的运动要求,这一过程通常称为轨迹规划。机器人运动轨迹的描述一般是对其手部位姿的描述,此位姿值可与关节变量相互转换。控制轨迹也就是按时间控制机器人手部或工具中心走过的空间路径。

轨迹规划的目的是将操作人员输入的简单任务描述变为详细的运动轨迹描述。对一般的机器人来说,操作人员可能只输入了机械手末端的目标位置和方位,而规划的任务便是确定出到达目标位置的关节轨迹的形状、运动时间和速度等。图 2-149 所示为任务规划器工作流程。

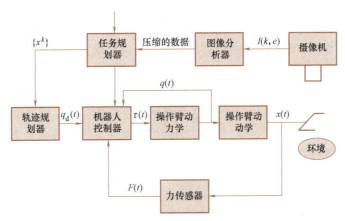

图 2-149 任务规划器工作流程

机器人轨迹规划过程如图 2-150 所示。首先对机器人的任务、运动路径和轨迹进行描述;然后根据已经确定的轨迹参数,在计算机上模拟所要求的轨迹;最后对轨迹进行实际计算,即在运行时间内按一定的速率计算出位置、速度和加速度,从而生成运动轨迹。

有关机器人位姿的两个基本问题如下:

1)正问题:给定机器人结构形式和结构参数的变化范围,确定机器人末端手部的位置和姿态。

2)逆问题:给定机器人手部在基准坐标系中的空间位置和姿态参数后,确定各关节的运动变量和各构件的尺寸参数。

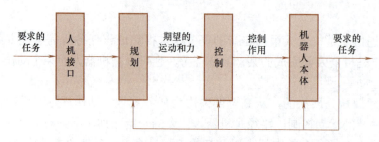

图 2-150　机器人轨迹规划过程

路径和轨迹规划与机器人从一个位置移动到另一个位置的方式有关，需要用到机器人的运动学和动力学。轨迹规划方法一般是在机器人初始位置和目标位置之间用多项式函数来"内插"或"逼近"给定的路径，并产生一系列控制设定点。

机器人关节轨迹的差值问题：单个关节的不同轨迹曲线，用关节角度的函数描述机器人的轨迹。首先，根据工具空间中期望的路径点，通过逆运动学计算，得到期望的关节位置；然后，在关节空间内，给每个关节找到一个经过中间点到达终点的光滑函数；同时，使每个关节到达中间点和终点的时间相同，即可保证机械手工具能够到达期望的直角坐标位置。这里只要求各个关节在路径点之间的时间相同，而各个关节的光滑函数的确定则是互相独立的。

2.5　机器人通信技术

通信系统是智能机器人个体以及群体系统工作的一个重要组成部分。机器人通信技术是机器人之间进行交互和组织的基础。机器人的通信可以从通信对象角度分为内部通信和外部通信。内部通信是指协调模块间的功能行为，它主要通过各部件的软硬件接口来实现。外部通信是指机器人与控制者或机器人之间的信息交互，它一般通过独立的通信专用模块与机器人连接整合来实现。通过通信，多机器人系统中的各机器人能了解其他机器人的意图、目标、动作以及当前环境状态等信息，有效地通信可以保证有效地共享信息，从而更好地完成任务。本节主要阐述机器人的主要通信方式。

2.5.1　无线射频通信

无线射频识别（Radio Frequency Identification，RFID）是 20 世纪 90 年代兴起的一种非接触式自动识别技术。RFID 可在阅读器和射频卡之间进行非接触双向数据传输，以达到目标识别和数据交换的目的。与传统的条型码、磁卡及 IC 卡相比，射频卡具有非接触、阅读速度快、无磨损、不受环境影响、寿命长、便于使用等特点，且具有防冲突功能，能同时处理多张卡片。

RFID 的工作原理是：阅读器通过发射天线发送一定频率的射频信号，当射频卡进入发射天线工作区域时产生感应电流，射频卡获得能量被激活；射频卡将自身编码等信息通过卡内置发送天线发送出去；系统接收天线接收到从射频卡发送来的载波信号，经天线调节器传送到阅读器，阅读器对接收的信号进行解调和解码，然后送到后台主系统进行相关处理；主系统根据逻辑运算判断该卡的合法性，针对不同的设定做出相应的处理和控制，发出指令信号，控制执行机构动作。

目前，RFID 的相关标准有 ISO 10536、ISO 14443 和 ISO 15693 等，其中应用最多的是 ISO 14443 和 ISO 15693，这两个标准都由物理特性、射频功率和信号接口、初始化和反碰撞、传输协议四部分组成。

在电子学理论中，电流流过导体，导体周围会形成磁场；交变电流通过导体，导体周围会形成交变电磁场，称为电磁波。

当频率低于 100kHz 时，电磁波会被地表吸收，不能形成有效的传输；当频率高于 100kHz 时，电磁波则可以在空气中传播，并经大气层外缘的电离层反射，形成远距离传输能力。将这种具有远距离传输能力的高频电磁波称为射频（Radio Frequency，FR）。用高频电流对电信息源（模拟的或数字的）进行调制（调幅或调频），形成射频信号，通过天线发射到空中；远距离接收射频信号后对其进行反调制，还原成电信息源，这一过程称为无线传输。

无线传输技术发展了近 200 年，形成了大量的用户和产品群。但是，由于气候的变化和地表障碍物的影响，该技术不能传输完美的信息。

近代，人们发明了廉价的高频传输线缆（射频线），为了追求完美的信息传输质量，兼顾原有的无线设备，无线方式有线传输开始流行，从而产生了射频传输这一概念。

如果信息源经过二次调制，用线缆传输到对端，对端通过反调制将信息源还原后再应用，那么，不管频率多低，都是射频传输方式；如果没有调制，反调制过程，只是将信息源用线缆传送到对端直接使用，则不管频率多高，都是一般的有线传输方式。

1. 接收器结构设计

如果简单地把射频芯片设计分成系统设计、电路模块设计和版图设计三个阶段，那么，越早出现不良设计，对后面的设计工作造成的难度越大，得到相同效果所花费的代价也就越大，由此系统级设计就显得尤为重要。射频接收器结构的确定可以说是系统设计的一个基本任务。

一般而言，在现代射频系统中，天线接收到的信号频率很高，而且具有极小的信道带宽。如果考虑直接滤出所需信道，则滤波器的 Q 值将非常大，而且由于高频电路在增益、精度和稳定性等方面的问题，在目前的技术条件下，直接在高频段对信号解调是不现实的。使用混频器将高频信号降频，在一个中频频率下进行信道滤波、放大和解调，可以解决高频信号处理所遇到的上述困难。但又引入了另一个严重的问题，即镜像频率干扰：如果两个信号的频率与本振信号频率差在频率轴上对称地位于本振信号的两边，或者它们的绝对值相等但符号相反，那么经过混频后，这两个信号都将被搬移到同一个中频频率。如果其中一个是有用信号，另一个是噪声信号，则噪声信号所在的频率就称为镜像频率，这种经过混频后出现的干扰现象通常被称为镜频干扰。为了抑制镜频干扰，普遍采用的方法是利用滤波器滤除镜像频率成分。但是，由于该滤波器工作在高频频段，其滤波效果取决于镜频频率与信号频率之间的距离，或者说取决于中频频率的高低。如果中频频率高，信号频率与镜像频率相距较远，那么，镜像频率成分就会受到较大的抑制；反之，如果中频频率较低，信号频率与镜像频率相隔不远，则滤波效果就较差。但另一方面，由于信道选择在中频频段进行，较高的中频频率对信道选择滤波器的要求也较高。因此，镜像频率抑制与信道选择形成了一对矛盾，而中频频率的选择成为平衡这对矛盾的关键。在一些要求较高的应用中，常常使用两次或三次变频来取得更好的折中。

依靠考虑周到的中频频率选择以及高品质的射频（镜像抑制）和中频（信道选择）滤波器，一个精心设计的超外差接收机可以达到很高的灵敏度、较多的选择性和很宽的动态范围，长久以来成为经典的传统选择。如前所述，超外差接收机在抑制镜像频率干扰、灵敏度和选择性上有较大优势，而且经多级转换后，无直流漂移和信号泄漏，但是也有成本高、对 IR 滤波器有较高要求、需要低噪声放大器（LNA）和混频器（Mixer）与 50Ω 阻抗的良好匹配等缺点，而且镜像频率抑制滤波器和信道选择滤波器通常不适于单片集成。

其他接收结构还有宽带 - 双中频接收机、采样接收机和数字中频接收机等。宽带 - 双中频接收机结构具有易集成、成本低和功耗低等优点，其缺点是受闪烁噪声影响和二阶互调失真明显，而且有射频中频串扰的问题。子采样接收机和数字中频接收机对模数转换器（ADC）有较高要求，如需要 ADC 有足够大的动态范围、带通 $\Sigma\text{-}\Delta$ ADC 等，而带通 $\Sigma\text{-}\Delta$ ADC 有较大的设计难度。

由于上述原因，现在的射频芯片采用零中频和低中频设计方案的情况较为普遍，也是射频接收端通常需要仔细评估的两种方案。零中频采用同相正交（IQ）解调的方法提取相位、正交成分等信息，由 ADC 将其数字化后进行处理。低中频则采用典型的限频鉴频器从调制载波中提取信号。

低中频结构避免了自动增益控制（Automatic Gain Control，AGC）电路，而且对信道信号的好坏有较快的响应速度，由此降低了接收机及相关电路的复杂程度。鉴频器电路易于设计，不要求载波同步及大电流，占用芯片面积也较小。但相对于采用 IQ 解调的零中频结构，低中频结构的灵敏度会有 3dB 的损失。另外，低中频结构通常需要一个信道滤波器来获得有效载波频率，减少噪声、邻道干扰等的影响。如果射频系统使用的协议所限定的信号频率宽度、邻道选择要求较宽松，则对滤波器的要求就比较低。低中频结构还需要使用镜像抑制混频器来减少镜像干扰问题。

对于低码元（Chip）率的协议，如 2M Chips/s，要求调频宽度约为 2MHz。如果中频过低，信道滤波器相对带宽过高，则滤波器很难将中频信号滤出，从而会将难度转嫁给基带的数字滤波器。相反，如果中频滤波器频率过高，则要求放大器的带宽足够大。

相比于低中频结构，零中频结构不需要本振在接收和放射模式间改变频率，也就降低了频率合成器的设计难度。零中频结构也不需要使用镜像抑制混频器，因为零中频结构不会产生镜像频率。相比于相等带宽的中频带通滤波器设计，零中频结构只需要更简单的低通滤波器来确定 I 路与 Q 路的输出信噪比。零中频结构可以在滤波器匹配和同步检波技术上获得最佳解调效果。

但是，与低中频技术相比，零中频也有其自身的缺点。例如，需要 AGC、混频器后的直流偏移（DC Offset）消除电路，并且由于信号分 I、Q 两路，故需要两个（ADC 及一个共用 ADC 对信号进行模数转换。I、Q 两路与基带芯片或集成的基带电路之间需要一个 IQ 模拟接口，IQ 结构存在一个重要的设计难点——IQ 平衡问题。I、Q 两路间的幅值和相位失衡会使 IQ 图像叠加在有用的信号上，这会降低误差向量幅值（EVM）性能。因此，零中频结构有时还需要额外的电路来隔离基带芯片，以实现同步解调。

此外，要选择最适合协议的结构、还应对功耗、总体匹配、镜像消除、闪烁噪声与品质噪声等方面进行考虑。在低功耗方面，可以考虑直接变频、低通 S-D ADC、正交带通

S-D ADC 等。对于不同的协议，它们的闪烁噪声、码率等都有所不同，需要在仿真后得出结论。

总之，接收器的结构设计非常重要，不能简单地认为哪种结构"好"或哪种结构"不好"，而是需要认真分析协议要求，根据相关参数进行仿真，而且最终的方案会涉及多方面的折中考虑。

2. 通信实例

（1）蓝牙射频技术 蓝牙射频技术采用的是一种扩展窄带信号频谱的数字编码技术，通过编码运算增加了发送比特的数量，从而扩大了使用的带宽。蓝牙使用跳频方式来扩展频谱。跳频扩频使带宽上信号的功率谱密度降低，从而大大提高了系统抗电磁干扰、抗串话干扰的能力，使蓝牙的无线数据传输更加可靠。

在频带和信道分配方面，蓝牙系统一般工作在 2.4GHz 的 ISM 频段。起始频率为 2.402GHz，终止频率为 2.480GHz，还在低端设置了 2MHz 的保护频段，在高端设置了 3.5MHz 的保护频段。共享一个公共信道的所有蓝牙单元形成一个微网，每个微网最多可以有 8 个蓝牙单元。在微网中，同一信道的各单元的时钟和跳频均保持同步。

蓝牙具有以下射频收发特性：

1）蓝牙采用时分双工传输方案，使用一个天线，利用不同的时间间隔发送和接收信号，而且在发送和接收信号过程中通过不断改变传输方向来共用一个信道，实现全双工传输。

2）蓝牙发送功率可分为三个级别：100mW、2.5mW 和 1mW。一般采用的发送功率为 1mW，无线通信距离为 10m，数据传输速率达 1Mb/s。若采用新的蓝牙 5.0 标准，可使蓝牙的通信距离达到 300m，数据传输速率达到 24Mb/s，而发送功率更低。除此之外，蓝牙标准还对收发过程的寄生辐射、射频容限、干扰和带外抑制等做了详尽的规定，以保证数据传输的安全性。

蓝牙无线设备是通过无线射频链接，利用蓝牙模块来实现串行通信的。蓝牙模块主要由无线收发单元、链路控制单元、链路管理及主机 I/O 单元三个单元组成。就蓝牙射频模块来说，为了在提高收发性能的同时减小器件的体积和降低成本，各公司都采用了自己特有的一些技术，从而使蓝牙射频模块的结构不尽相同。但就其基本原理来说，蓝牙射频模块一般由接收模块、发送模块和合成器三个模块组成。

其中，合成器是收发模块中最关键的部分。合成器在频道选择和接收模式下采用锁相环路技术。在接收模式下，锁相环路闭合，用于提供接收模块解调信号所需的稳定本振。在发送模式下，锁相环路开路，调制信号直接加载到 VCO 上对载波进行调制。此时，载波频率由环路滤波器输出电压保持。通常合成器的工作频率仅为发射频率的一半，以减少与射频放大器的耦合。

（2）新一代 WLAN 射频技术 第一代的无限局域网（WLAN）解决方案对于用户密度变化的反应能力非常有限，并且不能有效地优化带宽资源。随着 WLAN 负载的增加，现存的产品通常无法判断临近接入点的负载和用户量是否相近，也无法判断是否有必要与临近接入点分担负载。用户负载均衡要求使用更为集中的软件控制，通过这个软件来实现基于系统级的网络效率评估，从而优化用户和接入点的比例。

新一代的系统将充分利用整个软件框架来实现接入点的失效探测，并将根据附近接入点的工作情况来自动调整。通过控制每个接入点的输出传输功率和操作频率，系统可以允许特定的接入点通过增加功率或者改变信道的方式来填补可能出现的没有覆盖到的漏洞，或者减轻接入点间的相互干扰，从而增加网络的稳定性。如果某个接入点失效，系统可以指导特定的接入点分担一定的客户端，以优化通信路由和网络负载。最后，接入点通过这种方式可以知道在它们周围发生了什么事情，并且可以探测范围内的漏洞。由于无法预测 RF 覆盖模式，系统的可用性在很大程度上可能会受到一些表面上看起来无害行为的影响，例如，电梯的移动会影响系统的可用性。虽然很多企业会回避那些过于自适应的系统，但是，通过增加输出功率可以使系统能够探测范围内的漏洞并对其进行修补，还可以带来其他益处，如增加网络的正常运行时间。

在考虑无线网络的扩展性时，对 RF 域有一个全面的认识也是非常有益处的。新一代的接入点将有能力提供双频连接，包括对 802.11b、802.11g 和 802.11a。对于有限可用的频谱，如 2.4GHz 和 5GHz 频率，任何网络设计的目的都应该是优化可用信道的使用，为每个客户端提供最大的带宽。

在整个无线网络的安全体系中，RF 媒介扮演了一个截然不同的角色。虽然物理层并不负责设备和用户的认证，也不负责对空中传播的数据包进行加密，但是，对于那些未授权的接入点或者可疑的客户端设备行为，它可以提供重要的数据。虽然在市场上有很多种探测器解决方案，但是大多数产品的配置方案都是覆盖整个网络，而不是将其集成到一个单一的系统中。无线接入点应该能够以探测模式进行操作，从而可以判断其他无线组件的配置是否正确。它们还应该可以报告哪些接入点或者客户端设备还没有得到相关批准。理想的情况是，这种无线探测的 RF 实现方法应该可以通过有线的实现方法进行补充，并且有能力将在无线网络中探测到的可疑行为和在有线环境中收集到的信息进行对应。通过这种相关能力，系统可以判断可疑的接入点是属于某个主机网络，还是只是邻近企业基础设施的一部分。另外，通过连续不断地监控网络行为，系统可以执行入侵检测和防止入侵，并且可以报告哪些是具有欺骗性的接入点、哪些是 Ad-Hoc 网络、哪些是拒绝服务攻击以及中间人攻击等。

新一代 WLAN 射频技术的应用如图 2-151 所示。

（3）网络优化中的射频管理　在进行网络优化的时候，必须保证在传输能量的同时不形成叠加，这对每个使用同一频率的码分多址（CDMA）系统的小区来讲尤其重要。

射频管理就是保证射频能量在不造成任何污染的情况下进行传播——让能量到需要它的地方去，而远离不需要它的地方。因此，抑制天线旁瓣和后瓣并通过调校电倾角来调

图 2-151　新一代 WLAN 射频技术的应用

整天线覆盖范围是相当重要的。小区越小,其重要性越为突出。有关研究显示,干扰程度与天线上波瓣的抑制度有关。在希望降低干扰水平时,应尽可能地对天线上波瓣进行抑制。过去,上波瓣的抑制度通常在 12dB 以内,而如今的目标抑制度已达到了 18～20dB。RFS 公司的 Optimizer 系列天线在整个倾角范围内取得了高于 20dB 的抑制度。旁瓣相对于主瓣越小,天线抵御同频干扰的能力就越强。如果引起干扰的不是第一上波瓣,则可能是第二上波瓣,因此每个不需要的信号都必须尽量小。电倾角调校功能是现代成熟网络的小区规划和管理的一大优势。以机械方式对天线波束进行倾角调校虽然易于操作,但对杂散旁瓣的辐射收效甚微,甚至会增加来自于后瓣的干扰。而电倾角调校技术能将所有的主瓣、后瓣和旁瓣倾斜至同一角度,也就是说,电倾角调校技术可在不同倾角角度对旁瓣进行辐射管理,以加强对干扰的控制。

远程天线倾角控制技术主要是指从天线塔顶以外的其他地点对天线倾角进行控制。远程倾角控制有许多优点:无需租用设备登临天线塔的费用,避免了对在同一地点拥有基站的其他运营商的影响等。它能够帮助运营商全天动态地根据业务流量模式的变化对网络进行调整,是多功能高性能天线的另一个基本特性。

(4)超宽带(UWB)无线技术　UWB 是一种无线射频技术,支持家电、计算机外设和移动设备在短距离内高速传输数据,且功耗非常低。该技术是无线传输高品质多媒体内容的理想选择。UWB 技术使用宽带无线频谱在短距离(如在家中或小型办公室中)内传输数据,与传统无线技术相比,它能够在特定时段通过无线方式传输更多的数据。这一特性与低功耗脉冲数据交付(Pulsed Data Delivery)功能相结合,加快了数据传输速度,同时也不会受到现有其他无线技术(如 WiFi、WiMAX 和蜂窝广域通信)的干扰。

脉冲无线电是最有希望的超宽带技术之一。脉冲信号由极窄的脉冲串组成,这些脉冲在时间上伪随机出现。伪随机性依靠跳时码实现,跳时码的作用是让发射信号随机化,有利于用户分隔和谱成形,以避免窃听。信号的调制方式可以用脉冲振幅调制(PAM)或脉冲位置调制(PPM)。为了使用低成本的超宽带设备,所有脉冲都具有同一波形。

与现有的无线通信技术相比,UWB 技术所使用的通信载波是连续的电波,形象地说,这种电波就像是一个人拿着水管浇灌草坪时,水管中的水随着人手的上下移动形成的连续的水流波动。几乎所有的无线通信(包括移动电话、无线局域网的通信)都是用某种调制方式将信号加载在连续的电波上。与此相比,UWB 技术就像是一个人用旋转的喷洒器来浇灌草坪一样,它可以喷射出更多、更快的短促水流脉冲。UWB 产品在工作时可以发送出大量非常短、非常快的能量脉冲。这些脉冲都是经过精确计时的,脉冲可以覆盖非常广泛的区域。

超宽带技术的一个优点是:电路更简单,尤其是在接收端,因为不需要在本地生成载波,也不必提供多级混合电路、成形滤波等。但是,使用载波扩频的优点胜过超宽带技术。超宽带本身是一类基带信号(虽然其频谱范围达到数 GHz)。在这种情况下,频谱的近直流和中远部分的传播特性具有不同的特点,使得这项技术局限于短距离通信。对于长距离通信而言,扩频技术更合适一些。

射频技术在通信领域的应用目前仍处于开拓状态,应用还不是很广,但随着射频通信技术的成熟,未来市场需求量巨大,前景广阔。

3. 基于 RF 的机器人遥控器

现实生活中除了红外遥控技术外,还可以选用射频遥控技术。射频遥控技术能突破红外遥控技术的三大局限：视线与距离、单向通信和高功耗。以下就这三个方面对射频遥控技术进行介绍。

（1）视线与距离　红外遥控技术最常见、最明显的局限就是需要在视线之内进行连接。这种连接非常脆弱，如果不小心碰了一下设备，刚好挡住了光学红外接收器，那么红外遥控就会受到影响。在这种情况下，就不能直接进行遥控操作了。

基于射频技术的遥控与红外遥控不同，其物理特性使操控信号能够穿透墙壁、地毯和家庭娱乐中心等阻隔视线的物体。例如 WiFi 网络连接，其优势在于用户操控不再被局限于书桌等特定位置，而是可以在家里随时随地与网络保持连接。而射频遥控的工作原理与此类似。此外，射频遥控距离也远于一般的红外遥控距离（1～5m）。在相同的操控条件下，射频技术能轻松达到 20～50m 的连接距离。根据不同的应用，遥控距离还能通过略微提高功率而得到进一步的延长。

（2）单向通信　射频技术同样能轻松突破红外技术的第二种局限，即单向通信。由于在家庭娱乐系统中射频技术遥控还不是特别普遍，大多数人甚至还没有意识到红外遥控的单向通信是一种局限。一旦视线和距离局限得以解决，用户可能很快就会发现确实需要遥控器能够反馈回来被操控系统的相关情况。例如，当希望查找储存在音响系统中的某首歌曲时，如果使用单向操作系统，要么必须清楚地记得从当前曲目按多少次"下一首"按键才能找到需要的歌曲，要么必须在每次按"下一首"按键时聆听辨别每首歌的开头片段。在理想的情况下，用户显然希望能直接在遥控器上滚动显示的缩略曲目表中挑选想听的歌曲。

此外，双向通信技术还支持一种几乎每个家庭都需要的特性，即查找遥控器所在位置的寻呼机功能。有了这种功能，用户再也不用费时去寻找遥控器，而只需要让遥控器发声就能马上知道其位置。

除家庭娱乐系统外，其他功能同样可受益于射频遥控技术，如车库遥控功能。如果遥控器具有双向通信功能，就能直接查看车库的开关状态了。

（3）功耗　普通的红外遥控器每年至少需要更换一次电池。如果把每部遥控器中的电池数量乘以家庭娱乐系统中遥控器的数量，则会发现每年消耗的电池数量高达数百万节。此外，由于使用红外技术的功耗较高，红外遥控器需要多节大号电池，因此不利于产品的小型化。但是，功耗较低的射频遥控器可以使用 CR2032 纽扣电池等小号电池。由于可以使用小号电池，因此遥控器的外观设计将不再受电池大小的限制，从而可以设计出手感更舒适、外观更时尚美观的遥控器。

此外，电池工作时间延长也意味着家庭娱乐系统制造商收到的支持服务呼叫次数和退料审查（RMA）将得以减少，因为许多用户所谓的系统问题最终被发现只是由电源原因造成的。射频遥控器等可以延长电池工作时间的系统，对消费者和制造商而言是双赢结果。

2.5.2　无线传感器通信

1. 无线传感器通信的优点

根据国际上采用的通信技术种类，可将无线传感器网络划分为无线广域网（WWAN）、无线城域网（WMAN）、无线局域网（WLAN）、无线个域网（WPAN）和低速率无线个域网（LR-WPAN）。

（1）无线广域网（WWAN）　WWAN（Wireless Wide Area Networks）主要是为了满足超出一个城市范围的信息交流和网际接入需求，让用户可以与在遥远地方的公共或私人网络建立无线连接。在 WWAN 的通信中，一般要用到全球移动通信系统（GSM）、通用分组无线服务（GPRS）、全球定位系统（GPS）、CDMA 和 3G 等通信技术。

（2）无线城域网（WMAN）　在 1999 年，美国电气和电子工程师学会（Institute of Electrical and Electronic Engineers，IEEE）设立了 IEEE 802.16 工作组，其主要工作是建立和推进全球统一的无线城域网技术标准。在 IEEE 802.16 工作组的努力下，近些年陆续推出了 IEEE 802.16、IEEE 802.16a、IEEE 802.16b 和 IEEE 802.16d 等一系列标准。然而，IEEE 主要负责标准的制定工作，为了使 IEEE 802.16 系列技术得到推广，在 2001 年成立了全球微波接入互操作性（Worldwide Interoperability for Microwave Access，WiMAX）论坛组织，因而相关无线城域网技术在市场上又被称为 WiMAX 技术。

WiMAX 技术的物理层和媒质访问控制层（MAC）技术基于 IEEE 802.16 标准，可以在 5.8GHz、3.5GHz 和 2.5GHz 三个频段上运行。WiMAX 利用无线发射塔或天线来提供面向互联网的高速连接。其接入速率最高可达 75Mb/s，胜过有线数字用户线路（DSL）技术，最大传输距离可达 50km，覆盖半径达 1.6km，它可以替代现有的有线和 DSL 连接方式，来提供最后 1km 的无线宽带接入。因而，WiMAX 可应用于固定、简单移动、便携、游牧和自由移动这五类应用场景。

WiMAX 论坛组织是推广 WiMAX 技术的大力支持者，目前该组织拥有近 300 个成员，其中包括阿尔卡特、AT&T、富士通、英国电信、诺基亚和英特尔等行业巨头。WiMAX 之所以能获得如此多公司的支持和推动，与其所具有的技术优势是分不开的。WiMAX 的技术优势可以简要概括为以下几点：

1）传输距离远、接入速度快、应用范围广。WiMAX 采用正交频分复用（Orthogonal Freguency Division Multiplexing，OFDM）技术，能有效地抗多径干扰；同时采用自适应编码调制技术，可以实现覆盖范围和传输速率的折中；利用自适应功率控制，可以根据信道状况动态调整发射功率。正因为有这些技术，WiMAX 的无线信号传输距离最远可达 50km，最高接入速度达到了 75Mb/s。由于具有传输距离远、接入速度快的优势，其可以应用于广域接入、企业宽带接入、移动宽带接入，以及数据回传等几乎所有的宽带接入市场。

2）不存在"最后 1km"的瓶颈限制，系统容量大。WiMAX 作为一种宽带无线接入技术，可以将 WiFi 热点连接到互联网，也可作为 DSL 等有线接入方式的无线扩展，实现最后 1km 的宽带接入。WiMAX 可为 50km 区域内的用户提供服务，用户只要与基站建立宽带连接即可享受服务，因而其系统容量大。

3）提供广泛的多媒体通信服务。由于 WiMAX 具有很好的可扩展性和安全性，从而可以提供面向连接的、具有完善服务质量（QoS）保障的、电信级的多媒体通信服务，其提供的服务按优先级从高到低有主动授予服务、实时轮询服务、非实时轮询服务和尽力投递服务。

4）安全性高。WiMAX 空中接口专门在 MAC 层上增加了私密子层，不仅可以避免非法用户接入，保证合法用户顺利接入，而且提供了加密功能（如 EAP-SIM 认证），保护了用户隐私。

（3）无线局域网（WLAN）　无线局域网是指以无线电波、红外线等无线媒介代替目前有线局域网中的传输媒介（如电缆）而构成的网络。无线局域网所使用通信技术覆盖范围的半径一般为 100m 左右，相当于几个房间或小公司的办公室。当然，实际的覆盖范围受很多因素影响，如通信区域中的高大障碍物等。

IEEE 802.11 系列标准是 IEEE 制定的无线局域网标准，主要对网络的物理层和媒质访问控制层进行规定，其中重点是对媒质访问控制层的规定。目前该系列的标准有 IEEE 802.11、IEEE 802.11b、IEEE 802.11a、IEEE 802.11g、IEEE 802.11d、IEEE 802.11e、IEEE 802.11f、IEEE 802.11h、IEEE 802.11i 和 IEEE 802.11j 等，每个标准都有其自身的优势和缺点。

下面就 IEEE 已经制定且涉及物理层的四种 IEEE 802.11 系列标准进行简要介绍。

1）IEEE 802.11。IEEE 802.11 是最早提出的无线局域网网络规范，是 IEEE 于 1997 年 6 月推出的，它工作于 2.4GHz 的 ISM 频段，物理层采用红外、跳频扩频（Frequency-Hopping Spread Spectrum，FHSS）或直接序列扩频（Direct Sequence Spread Spectrum，DSSS）技术，其数据传输速率最高可达 2Mb/s，它主要用于解决办公室局域网和校园网中用户终端等的无线接入问题。采用 FHSS 技术时，2.4GHz 频道被划分成 75 个 1MHz 的子频道，当接收方和发送方协商了一个调频模式，数据则按照这个序列在各个子频道上进行传送，每次在 IEEE 802.11 网络上进行的会话都可能采用一种不同的跳频模式，采用这种跳频方式避免了两个发送端同时采用同一个子频段的情况；而 DSSS 技术将 2.4GHz 的频段划分成 14 个 22MHz 的子频段，数据就从 14 个频段中选择一个进行传送，而不需要在子频段之间跳跃。由于临近的频段互相重叠，在这 14 个子频段中，只有 3 个频段是互不覆盖的。IEEE 802.11 由于数据传输速率上的限制，在 2000 年紧跟着推出了改进后的 IEEE 802.11b。但随着网络的发展，特别是 IP 语音、视频数据流等高带宽网络应用的需要，IEEE 802.11b 只有 11Mb/s 的数据传输率已不能满足实际需要。于是，传输速率高达 54Mb/s 的 IEEE 802.11a 和 IEEE 802.11g 也陆续推出。

2）IEEE 802.11b。IEEE 802.11b 又称为 WiFi，是目前最普及、应用最广泛的无线标准之一。IEEE 802.11b 工作于 2.4GHz 频段，物理层支持 5.5Mb/s 和 11Mb/s 两种传输速率。IEEE 802.11b 的传输速率会因环境干扰或传输距离而变化，其速率在 1Mb/s、2Mb/s、5.5Mb/s、11Mb/s 之间切换，而且在速率为 1Mb/s、2Mb/s 时与 IEEE 802.11 兼容。IEEE 802.11b 采用了 DSSS 技术，并提供数据加密功能，使用的是高达 128 位的有线等效保密协议（Wired Equivalent Privacy，WEP）。但是，IEEE 802.11b 和后来推出的工作在 5GHz 频率下的 IEEE 802.11a 标准不兼容。

从工作方式上看，IEEE 802.11b 的工作模式分为两种：点对点模式和基本模式。点对点模式是指无线网卡和无线网卡之间的通信方式，即一台配置了无线网卡的计算机可以与另一台配置了无线网卡的计算机进行通信，对于小规模无线网络来说，这是一种非常方便的互联方案。而基本模式则是指无线网络的扩充或无线和有线网络并存时的通信方式，这也是 IEEE 802.11b 最常用的连接方式。在该工作模式下，配置了无线网卡的计算机需要通过无线接入点才能与另一台计算机连接，由接入点来负责频段管理等工作。在带宽允许的情况下，一个接入点最多可支持 1024 个无线节点的接入。当无线节点增加时，网络存取速度会随之变慢，此时通过添加接入点的数量可以有效地控制和管理频段。

IEEE 802.11b 技术的成熟使基于该标准的网络产品的成本得以大幅下降，无论是家庭，还是公司企业用户，无须太多的资金投入即可组建一套完整的无线局域网。当然，IEEE 802.11b 并不是完美的，也有其不足之处，例如，IEEE 802.11b 最高 11Mb/s 的传输速率并不能很好地满足用户大容量数据传输的需要，因而在要求高宽带时，其应用也受到限制，但是可以作为有线网络的一种很好的补充。

3）IEEE 802.11a。IEEE 802.11a 工作于 5GHz 频段，但在美国是工作于 U-NII 频段，即 5.15～5.25GHz、5.25～5.35GHz 和 5.725～5.825GHz 三个频段范围，其物理层速率可达 54Mb/s，传输层速率可达 25Mb/s。IEEE 802.11a 的物理层还可以工作在红外线频段，波长为 850～950nm，信号传输距离约为 10m。IEEE 802.11a 采用 OFDM 扩频技术，并提供 25Mb/s 的无线 ATM 接口和 10Mb/s 的以太网无线帧结构接口，支持语音、数据和图像业务。IEEE 802.11a 采用数据加密可达 152 位的有线等效保密（WEP）协议。

就技术角度而言，IEEE 802.11a 与 IEEE 802.11b 之间的差别主要体现在工作频段上。由于 IEEE 802.11a 工作在与 IEEE 802.11b 不同的 5GHz 频段，避开了大量无线电子产品广泛采用的 2.4GHz 频段，因此，其产品在无线通信过程中所受到的干扰大为减少，抗干扰性较 IEEE 802.11b 更为出色。高达 54Mb/s 的数据传输速度是 IEEE 802.11a 的真正意义所在。当 IEEE 802.11b 以其 11Mb/s 的数据传输速度满足了一般上网浏览网页、数据交换以及共享外设等需求的时候，IEEE 802.11a 已经为今后无线宽带网的高数据传输要求做好了准备，从长远发展的角度来看，其竞争力是不言而喻的。此外，IEEE 802.11a 的无线网络产品较 IEEE 802.11b 有着更低的功耗，这对笔记本电脑及掌上电脑，（PDA）等移动设备来说也有着重大实用价值。

然而，在 IEEE 802.11a 的普及过程中也面临着很多问题。首先是来自厂商方面的压力。IEEE 802.11b 已走向成熟，许多拥有 IEEE 802.11b 产品的厂商会对 IEEE 802.11a 持保守态度。从目前的情况来看，由于这两种技术标准互不兼容，不少厂商为了均衡市场需求，直接将其产品做成了"a+b"的形式，这种做法虽然解决了"兼容"问题，但也使成本增加。其次，由于相关法律法规的限制，5GHz 频段无法在全球各个国家中获得批准和认可。5GHz 频段虽然令基于 IEEE 802.11a 的设备具有了低干扰的使用环境，但也有其不利的一面，太空中数以千计的人造卫星与地面站通信也恰恰使用 5GHz 频段，它们之间产生干扰是不可避免的。此外，欧盟也已将 5GHz 频率用于其自己制定的 HiperLAN 无线通信标准。

4）IEEE 802.11g。IEEE 802.11g 是对 IEEE 802.11b 的一种高速物理层扩展，它也工作于 2.4GHz 频带，物理层采用直接序列扩频（DSSS）技术，而且它采用了正交频分复用（OFDM）技术，使无线网络传输速率最高可达 54Mb/s，并且与 IEEE 802.11b 完全兼容。IEEE 802.11g 和 IEEE 802.11a 的设计方式几乎是一样的。

IEEE 802.11g 的出现使无线传感器网络市场多了一种通信技术选择，但也带来了争议，争议的焦点围绕在 IEEE 802.11g 与 IEEE 802.11a 之间。与 IEEE 802.11a 相同的是，IEEE 802.11g 也采用了 OFDM 技术，这是其数据传输能达到 54Mb/s 的原因。然而两者不同的是，IEEE 802.11g 的工作频段并不是 IEEE 802.11a 的工作频段 5GHz，而是和 IEEE 802.11b 一致的 2.4GHz 频段，使基于 IEEE 802.11b 技术产品的用户所担心的兼容性问题得到了很好的解决。

从某种角度来看，IEEE 802.11b 可以由 IEEE 802.11a 来替代，那么，IEEE 802.11g 的推出是否就是多余的呢？答案当然是否定的。这是因为 IEEE 802.11g 除了具备高数据传输速率及兼容性等优势外，其所工作的 2.4GHz 频段的信号衰减程度也不像 IEEE 802.11a 所在的 5GHz 那样严重，并且 IEEE 802.11g 还具备更优秀的"穿透"能力，能在复杂的使用环境中具有很好的通信效果。但是，由于 IEEE 802.11g 的工作频段为 2.4GHz，所以它与 IEEE

802.11b 一样极易受到来自微波、无线电话等设备的干扰。此外，IEEE 802.11g 的信号比 IEEE 802.11b 的信号能够覆盖的范围要小得多，用户需要添置更多的无线接入点才能满足原有使用面积的信号覆盖效果，这就是 IEEE 802.11g 能够具有高宽带所付出的代价。

（4）无线个域网（WPAN） 从网络构成来看，无线个域网（Wireless Personal Area Networks，WPAN）位于整个网络架构的底层，用于很小范围内的终端与终端之间的连接，即点到点的短距离连接。WPAN 是基于计算机通信的专用网，工作在个人操作环境，使需要相互通信的装置构成一个网络，且无须任何中央管理装置及软件。用于无线个域网的通信技术有很多，如蓝牙、红外、UWB 和 HomeRF 等。

2. 基于 ZigBee 模块的通信方法

IEEE 802.15.4 是为满足低功耗、低成本的无线传感器网络要求而专门开发的低速率 WPAN 标准。IEEE 802.15.4 工作在 ISM 频段，它定义了 2.45GHz 频段和 868MHz/915MHz 频段两个物理层，这两个物理层都采用直接序列扩频（DSSS）技术。在 2.45GHz 频段有 16 个速率为 250kb/s 的信道，在 868MHz 频段有 1 个 20kb/s 的信道，在 915MHz 频段有 10 个 40kb/s 的信道。IEEE 802.15.4 有以下优点：

1）网络能力强。IEEE 802.15.4 具有卓越的网络能力，在基于 IEEE 802.15.4 的网络中，可对多达 254 个网络设备进行动态寻址。

2）适应性好。IEEE 802.15.4 可与现有控制网络标准无缝集成。通过网络协调器可自动建立网络，采用载波监听多路访问 / 冲突避免（CSMA/CA）方式进行信道存取。

3）可靠性高。IEEE 802.15.4 提供全握手协议，能可靠地传递数据。

ZigBee 建立在 IEEE 802.15.4 标准之上，并确定了可以在不同制造商之间共用的应用协议，是一种新兴的近距离、低复杂度、低功耗、低数据传输速率、低成本的无线传感器网络技术。它依据 IEEE 802.15.4 标准，可在众多的传感器节点之间相互协调实现通信。

由于 ZigBee 建立在 IEEE 802.15.4 标准之上，因此 ZigBee 并不是完全独有、全新的标准。它的物理层、MAC 层和数据链路层采用了 IEEE 802.15.4 标准，但在此基础上进行了完善和扩展。其网络层、应用支持子层和高层应用规范由 ZigBee 联盟进行制定。基于 ZigBee 的网络可以是一个由多达 65000 个网络节点组成的无线传感器网络，类似于现有的移动通信 CDMA 网络或 GSM 网络，每一个基于 ZigBee 的网络节点类似移动网络中的一个基站，在整个网络范围内，它们之间可以进行相互通信。每个网络节点间的距离可以从典型的 75m 到扩展后的几百米，甚至几千米。另外，整个基于 ZigBee 的网络还可以与现有的其他各种网络连接。但基于 ZigBee 的网络主要是为自动化控制数据传输建立的，而移动通信网络主要是为语音通信建立的。基于 ZigBee 的网络的每个节点不仅本身可以是监控对象，还可以自动中转别的网络节点传过来的数据资料，例如，传感器连接直接进行数据采集和监控。除此之外，在自己信号覆盖的范围内，基于 ZigBee 的网络的主设备节点还可以和其网络中多个不进行信息转发的孤立从设备节点进行无线连接。基于 ZigBee 的无线传感器网络的每个节点可支持多达 31 个传感器节点和受控设备，每一个传感器节点和受控设备中可以有八种不同的接口方式，用来采集、传输数字量和模拟量。

ZigBee 技术具有以下特点：

1）数据传输速率低。它只有 10 ～ 250Kb/s 的带宽，因而专注于小容量数据传输方面的应用。

2）功耗低、成本低。由于工作周期很短，并且在应用中采用了休眠模式，因此，收发信息功耗较低。ZigBee 数据传输速率低、协议简单，这大大降低了其成本。

3）网络容量大。ZigBee 支持星状、片状和网状网络结构，一个基于 ZigBee 的网络可以容纳最多 254 个从设备和 1 个主设备，一个区域内可以同时存在最多 100 个 ZigBee 网络。

4）时延短。通常时延都在 15～30ms 之间，因此，在对实时性要求较高的自动控制领域，ZigBee 有着很好的应用和推广前景。

5）高安全性。ZigBee 提供了数据完整性检查和鉴定功能，采用 AES-128 加密算法。

6）有效范围小。ZigBee 的通信有效覆盖范围在 10～75m 之间，基本上能够覆盖普通家庭或办公室环境，其具体通信范围受实际发射功率大小和各种不同应用模式的影响。

ZigBee 主要应用在距离短、功耗低，且传输速率要求不高的各种电子设备之间，典型的传输数据类型有周期性数据、间歇性数据和低反应时间数据。因而，它的应用目标主要是工业控制（如自动控制设备、无线传感器网络）、医疗（如监视和传感）、家庭智能控制（如照明、水电气计量及报警）、消费类电子设备的遥控装置以及 PC 外设的无线连接等领域。

2.5.3　WiFi 技术

WiFi 是一种无线联网技术，目的是改善基于 IEEE 802.11 标准的无线网络产品之间的互通性。以前通过网线连接计算机，而现在则是通过无线电波来联网。常见的 WiFi 设备是无线路由器，在无线路由器电波覆盖的有效范围内都可以采用 WiFi 连接方式进行联网。如果无线路由器连接了一条 ADSL 线路或者其他上网线路，则又可称其为"热点"。

1. WiFi 通信的优点

（1）无须布线　WiFi 最主要的优势在于不需要布线，可以不受布线条件的限制，因此非常适合移动办公用户的需要，具有广阔的市场前景。目前，它已经从传统的医疗保健、库存控制和管理服务等特殊行业向更多行业拓展开去，并已进入家庭和教育机构等领域。

（2）健康安全　IEEE 802.11 规定的发射功率不超过 100mW，实际发射功率为 60~70mW，而手机的发射功率为 200mW~W，手持式对讲机的发射功率高达 5W，而且无线网络的使用方式并非像手机那样直接接触人体，因此是绝对安全的。

（3）组建方法简单　一般架设无线网络的基本设备就是无线网卡及访问接入点（AP），如此便能以无线模式，配合既有的有线架构来分享网络资源，架设费用和复杂程序远远低于传统的有线网络。如果只是几台计算机的对等网，也可不要 AP，只需要为每台计算机配备无线网卡。AP 主要在媒体存取控制（MAC）层中扮演无线工作站及有线局域网络的桥梁，有了 AP，无线工作站就可以快速且轻易地与网络相连。特别是对于宽带的使用，WiFi 更具优势，有线宽带网络（ADSL、小区 LAN 等）入户后连接至一个 AP，然后在计算机中安装一块无线网卡即可。普通家庭有一个 AP 已经足够，甚至用户的邻里在得到授权后，无需增加端口也能以共享的方式上网。

（4）长距离工作　虽然无线 WiFi 的工作距离不大，但在网络建设完备的情况下，IEEE 802.11b 的真实工作距离可以达到 100m 以上，而且解决了高速移动时数据的纠错问题和误码问题，WiFi 设备与设备、设备与基站之间的切换和安全认证问题都得到了很好的解决。

2. WiFi 网络的建立

对于家庭网络来说，需建立 WiFi 网络，最重要的是要准备一台无线路由器。它是 WiFi

无线网络的发射中枢，一切应用都围绕着这个中枢展开。无线路由器的作用是将具有无线上网功能的计算机、游戏机、手机和 PDA 等设备连接在一起。

此外，无线路由器还可以与有线互联网宽带设备连接，如 ADSLModem、有线电视宽带或者小区宽带等，组成无线局域网，为更多的 WiFi 设备提供无线网络接入。

其次，要确认无线上网设备符合 IEEE 802.11a/b/g/n 等标准中的一种或者几种，并且要与无线路由器支持的标准相匹配。例如，某无线路由器支持的标准包括 IEEE 802.11g/n，那么，无线上网设备只需要支持 IEEE 802.11g/n 中的一种或两种即可。如果无线路由器支持的标准只有 IEEE 802.11a，而无线上网设备却支持 IEEE 802.11b/g，则两者将无法匹配。

3. WiFi 加密技术

无线网络中有多种加密技术，由于安全性能的不同、无线设备技术支持的不同，所支持的加密技术也不同。常见的加密技术有 WEP、WPA、WPA2 和 WPA-PSK+WPA2-PSK。

（1）WEP 安全加密方式　有线等效保密（WEP）是一种数据加密算法，用于提供等同于有线局域网的保护能力。它的安全技术源自于名为 RC4 的 RSA 数据加密技术，是无线局域网的必要安全防护层。目前常见的是 64 位 WEP 加密和 128 位 WEP 加密。

WEP 的特点是使用一个静态的密钥来加密所有的通信，如果网管人员想要更新密钥，则必须亲自访问每台主机，并且其采用的 RC4 的 RSA 数据加密技术具有可预测性，对于入侵者来说，截取和破解加密密钥并非难事，使用户的安全防护形同虚设。

（2）WPA 安全加密方式　WEP 之后，人们将期望转向了其升级后的 WiFi 网络安全接入（WPA），与之前 WEP 的静态密钥不同，WPA 需要不断地转换密钥。WPA 采用有效的密钥分发机制，可以跨越不同厂商的无线网卡实现应用，其作为 WEP 的升级版，在安全防护上比 WEP 更为周密，主要体现在身份认证、加密机制和数据包检查等方面，而且它还提升了无线网络的管理能力。

（3）WPA2 安全加密方式　WPA2 是 IEEE 802.11i 标准的认证形式，它实现了 IEEE 802.11i 的强制性元素，特别是 Michael 算法被公认彻底安全的计数器模式密码块链消息完整码协议（CCMP）信息认证码所取代，而 RC4 加密算法也被高级加密标准（AES）所取代。

目前，WPA2 加密方式的安全防护能力相对出色，只要用户的无线网络设备均能够支持 WPA2 加密方式，则其无线网络就处于一个非常安全的境地。

（4）WPA-PSK（TKIP）+WPA2-PSK（AES）安全加密方式　WPA-PSK（TKIP）+WPA2-PSK（AES）加密方式比 WPA2 的安全性能更好。但需要注意的是，它有 AES 和 TKIP 两种加密算法：临时密钥完整性协议（Temporal Key Integrity Protocol，TKIP）是一种旧的加密标准；高级加密标准（Advanced Encryption Standard，AES）的安全性比 TKIP 好，推荐使用。

使用 AES 加密算法不仅安全性能更高，而且由于其采用的是最新技术，因此，其无线网络传输速率也比 TKIP 更快。

2.5.4　5G 通信

第五代移动通信技术（5th-Gneration，5G）是最新一代蜂窝移动通信技术，也是继 4G（LTE-A、WiMax）、3G（UMTS、LTE）和 2G（GSM）技术之后的延伸。5G 通信不仅实现了频谱利用率和峰值速率的大幅度提升，而且在传输时延、系统安全、用户体验等方面有了显著改善。5G 通信的理论下行速度为 10Gb/s，是 4G 通信的 100 倍以上，是从连接人到连接物的万物互联关键技术。

5G 的性能目标是高数据传输速率、减少延迟、节省能源、降低成本、提高系统容量和实现大规模设备连接。Release-15 中 5G 规范的第一阶段是为了适应早期的商业部署。Release-16 的第二阶段作为 IMT-2020 技术的候选提交给国际电信联盟（ITU）。ITUIMT-2020 规范要求速度高达 20Gbit/s，可以实现宽信道带宽和大容量多进多出（MIMO）。

1. 5G 通信的特点

（1）频谱利用率较高　就当前科学技术水平而言，高频无线电波的穿透力将会极大地影响高频段的频谱资源利用率，但不会阻碍光载无线组网和有线与无线宽带技术的相互融合。因此，5G 移动通信将会运用光载无线组网和有线与无线相融合等技术来普遍利用高频段的频谱资源。

（2）提升通信系统性能　5G 移动通信颠覆了传统的通信系统理念，摒弃了传统的点对点的物理层传输技术和信道编译码技术，重点研究多点、多天线、多小区和多用户等的共同合作和组网，通过转变体系构架来实现系统性能的提升。

（3）设计理念先进　不同于传统的主张大范围覆盖而兼顾室内的通信系统设计理念，5G 移动通信致力于室内通信业务的优化，旨在提升室内无线网络覆盖率和室内业务的支撑力。

（4）用户体验提升，能耗和运营成本有所降低　5G 移动通信将进行软配置设计，依据流量的使用度实时调整网络资源，一定程度上实现了低能耗和低运营成本。5G 移动通信可提升系统对于交互式游戏、虚拟现实等的支撑能力，提高网络的平均吞吐速率和传输速率，用户可以得到更好的体验。

2. 5G 通信的关键技术

（1）无线传输技术

1）大规模 MIMO 技术。多天线技术能够有效提升系统频谱和传输的可靠性。MIMO 的信道容量也将随发射和接收天线数量的大幅度增加而增加。由此可见，增加天线数量是提升系统容量的一大有效途径，据此大规模 MIMO 技术应运而生。在大规模 MIMO 中，基站配置有大量的天线，并依据配置方式的不同，分为集中式大规模 MIMO 和分布式大规模 MIMO。

大规模 MIMO 技术能够显著提升 MIMO 的空间分辨率，能够同时在同一个时频资源上服务大量用户，还能够将波束在窄范围内集中起来，降低发射功率和提升功率效率，大幅度提升 5G 通信网络的网络容量和抗干扰能力，从而提高移动设备的信号质量。

2）全双工技术。全双工技术能够实现同时同频的双向通信，能够同时接收一条信道上两个不同方向的信号，能够实现频谱的灵活使用，进而减少无线资源的浪费。随着器件技术和信号处理技术的不断发展，同时同频的全双工技术也逐渐成为当前研究的热点。由于接收和发送信号之间存在功率差异，全双工技术首先要解决自干扰的抵消问题。

（2）无线网络技术

1）超密集异构网络技术。5G 移动通信需要多样化的无线接入方式，而运用超密集异构网络技术能够缩短各节点和终端的距离，提升系统的容量和灵活性，以及功率和频谱效率。需要进一步解决的问题包括多种无线接入技术和多覆盖层次之间的共存、网络动态部署、切换算法、干扰协调算法以及无线回传等。

2）自组织网络技术。传统的移动通信网络部署和运维都需要大量的人力，不仅成本较高，而且网络的优化也很难实现。而自组织网络技术可实现网络的智能化，并最大限度地减少人工的干预，使网络能够实现自配置、自愈合和自优化等。而网络的深度智能化正是保证 5G 移动通信网络性能的一大前提。

新一代无线通信技术对于机器人而言，不仅意味着更快的传输速度，还意味着更好的安全性能和更高的服务水平。5G 通信技术所具备的强大数据传输能力极大地优化了接入互联网的机器人的工作能力。例如，对于通过屏幕显示媒体内容的机器人，基于 4G 网络的媒体播放速率或时延的无保障导致花屏（UDP）或卡顿（TCP）现象频频发生，影响了用户体验。5G 技术将极大地优化用户的观感体验。

D2D 是 5G 网络的关键技术之一，它是基于蜂窝系统的近距离数据直接传输技术。D2D 会话的数据直接在终端之间进行传输，不需要通过基站转发，减轻了基站负担，降低了端到端的传输时延，提升了频谱效率，降低了终端发射功率。当无线通信基础设施损坏，或者处于无线网络的覆盖盲区时，终端可借助 D2D 技术实现端到端通信甚至接入蜂窝网络。

5G 通信技术还可以提升机器人的安全性。网络安全、传输安全、接入安全、终端安全和芯片安全等安全管理会变得更容易，安全检测、网络入侵检测、防窃密和隐私保护等都会变得更高效。

2.5.5 基于 Internet 的机器人遥操作

在机器人还不能实现完全自主控制的情况下，遥操作技术仍然是机器人控制的一种重要手段。随着遥操作技术的不断发展，其适用范围变得越来越广，在人难以到达或者对人有危险的许多作业环境（如太空、海底、军事、核废料和有毒物质处理等）中，都可以利用遥操作技术遥控机器人代替人来完成任务。遥操作技术不仅扩展了人类自身的能力，也维护了人身安全。

1. 遥操作原理

基于 Internet 的机器人遥操作面临许多挑战和困难，包括如何克服遥操作中的随机时延、人和计算机交互界面、人和机器人交互界面以及任务的同步性等问题，而多操作者、多机器人合作和协调完成一项任务时，问题将变得更为复杂。

基于 Internet 的多机器人遥操作系统由四个子系统构成：机器人工作子系统、通信子系统、用户交互子系统和安全保护子系统。

（1）机器人工作子系统　机器人工作子系统主要由以下部分组成：

1）多个机器人及其控制器：包括两个关节型 6 自由度通用机器人和一个关节型 6 自由度通用机器人与一个移动机器人组成的机器人，作为任务操作的执行部件。

2）多传感器集成手爪系统：包括两个多传感器集成手爪系统。该手爪集成了由七个测距传感器组成的测距传感器组（包括四个指尖短距离测距传感器、两个长距离测距传感器和一个长距离扫描/测距传感器）；两个阵列式触觉传感器，位于两个手指内指面；一个 6 自由度力/力矩传感器；一个柔性 6 自由度力/力矩传感器；一个微型 CCD 摄像机。这两个多传感器集成手爪系统分别安装在两个关节型 6 自由度通用机器人上，赋予机器人局部自主能力。另外，一个夹持器及 6 自由度力/力矩传感器安装在另一个机器人上。

3）机器人服务器。机器人服务器将操作者与现场的机器人等设备隔离开，使用者只需要提出对操作的命令级规划，而不必关心具体的机器人操作和执行过程。同时，机器人服务器还具有根据自身的传感器信息和其他机器人传感器信息进行信息融合、任务规划、机器人误差检测和安全防护等功能。

（2）通信子系统　基于 TCP/IP 协议，以客户/服务器模式建立操作者交互端和机器人服务器之间的通信；利用 Internet 服务器负责与用户进行交互的浏览器界面的维护、虚拟环境的更新、虚拟环境模型的校准，将用户的操作申请翻译成机器人服务器能够识别的命令格式，并且将现场的图像通过浏览器反馈给操作者；以 MPEG4（Fast Motion）压缩、解压缩算法为核心，用 VisualC++6.0 编制网络视频传输软件，以纯软件方式实现视频流的实时传输。在软件设计中，考虑到视频信息传输的特点，将 TCP 方式作为主从端的通信控制协议，用于完成如建立终端联系、传输控制命令等要求传输信息准确性的任务；以 UDP 方式为传输协议，负责双端视频流的传递，进一步提高传输的实时性。在分布式虚拟环境中，采用点到点的方式更新分布式虚拟环境，实现各个操作者之间控制命令的同步，降低了 Internet 服务器的传输量。而底层传感器信息则采用 Internet 服务器定时广播的方式进行传输，用于修正分布式虚拟环境。

（3）用户交互子系统　用户交互子系统的主要组成部分及其功能如下：

1）监控与干预终端。用于监控遥操作过程，一旦发生意外情况，可以直接进行干预，避免产生不必要的损坏。

2）用户交互终端。它是操作者的人机交互界面，用于调度和协调各操作者的操作要求。操作者可以借助交互界面操作机器人，获取机器人的信息。

3）分布式虚拟环境终端。模拟远端机器人的运动和工作场景，建立工作机器人的位姿、运动状态与仿真机器人模型的对应关系。借助仿真环境，本地的操作不存在时延的影响，操作者可以精确地操作仿真图像完成任务。

4）主操作手。它是控制机器人运动的设备。与采用键盘或鼠标等方式相比更加直观，同时与虚拟环境配合，可以实现力觉临场感。

（4）安全保护子系统　安全保护子系统采用分布式多层次安全机制。在底层（机器人操作现场）借助三个摄像机实时监测多机器人的运动，并通过图像处理和算法实时监测机器人是否发生碰撞。由于网络传输中断等因素的影响，为防止机器人出现异常状态，底层还设有误差检测异常处理系统，当机器人出现奇异、死锁和冲突等现象时，立刻停止机器人的动作。同时，在虚拟环境中也有碰撞预测的功能，操作者也可以通过虚拟环境防止机器人发生碰撞或相互之间出现运动冲突。

2. 遥操作平台的建立

基于 Internet 的多机器人遥操作系统采用分层次体系结构，操作时的逻辑结构如图 2-152 所示。

1）操作者首先确定操作机器人的方式。操作机器人的方式主要有两种：主操作手方式和 Web 浏览器方式，可通过登录 MOMR 遥操作系统的主页，下载对应操作方式的脚本插件。

2）执行下载插件，利用该插件的登录功能登录到多机器人遥操作系统中。登录成功后，可以看到其他已登录的操作者，通过对话模块与其他登录者进行协商确定完成的任务，并在用户交互界面上通过菜单形式选择操作任务，同时确定登录者所控制的机器人。

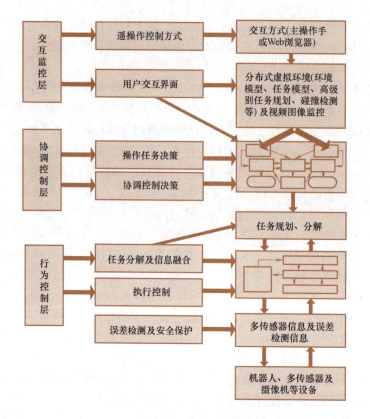

图 2-152 系统逻辑图

3）操作数据库中包含已知任务和机器人功能的列表信息。通过查询操作数据库，操作模块决定完成任务所需的设备和操作，并在工作空间中分配机器人，这些信息与通信模块进行交互。

4）操作模块根据操作者所选的任务和所控制机器人的功能，确定登录者的操作地位。操作地位有两种：主、次操作地位。主操作地位的操作者通过对话模块负责协调其他操作者的操作。

5）使用 Web 浏览器的操作者通过选择菜单上的条目，单击按钮或 HTML 上的对象来输入命令；使用主操作手的操作者通过操纵主手输入命令。

6）每个操作者的输入命令一方面传输给 Web 服务器，另一方面以点到点的方式输出给其他操作者，以修改用户交互界面的虚拟环境。同时，操作者在分布式虚拟环境中操作机器人，可以通过模型预测仿真机器人之间出现的运动冲突或碰撞等现象。

7）Web 服务器接受操作命令并调用操作模块，然后脚本程序把任务的内容和物体的信息发送给操作模块。

8）通信模块通过机器人局域网向机器人发送命令。

9）机器人对任务做出反应，通过通信模块，操作模块指定机器人完成任务。

10）机器人在执行任务时，将自身的位置和相关的传感器信息通过通信模块实时传输给监视模块，监视模块通过通信模块将这些信息以广播的方式定时输出给每个操作者，用于修正虚拟环境模型。

11）机器人完成任务后，将自身的位置、图像和相关传感器信息通过通信模块传输给监视模块，并且操作者也通过现场实时传输回来的视频图像监控机器人，防止机器人运动出现死锁、奇异等现象，并给出相应的控制命令。

12）监视模块将上述任务执行信息存储在用户数据库中，并将这些信息写成 HTML 格式的文件，以便使用 Web 服务器浏览。

13）HTML 格式的数据被 Web 服务器调用，通过用户交互模块显示在用户交互界面上。

14）在操作过程中，如果机器人出现奇异、冲突和死锁等现象，机器人作业的误差检测及安全保护装置会检测到，此时将强制机器人立即停止一切动作，并向操作者发出警告信号。

2.6 机器人电源技术

移动机器人一般采用电池作为能源，既为移动机构提供动力，也为控制电路提供稳定的电压，为传感观测模块提供能源。设计人员应该根据具体工作环境和要求选择性价比高、容量大、能增加机器人不间断工作时间的高效电池。

2.6.1 移动电源技术

移动电源为移动机构提供动力，为控制电路提供稳定的电压，为执行模块提供能源等。移动机器人一般采用化学电池作为移动电源。理想电源的特点包括：能量密度高，能够在放电过程中保持恒定的电压；内阻小，以便快速充放电；耐高温，可充电，成本低等。充电、高功率密度能源动力、自主电源再充电是移动电源技术的三个重要研究方向。

服务机器人要求能够在无人环境下长期、连续地工作。当电源不足时，机器人必须自动寻找充电站进行对接充电，并监控电源电压，当达到额定电压后，机器人应继续执行任务。

对机器人充电问题的研究可以追溯到 1948 年，GreyWalter 用两个机器人 Elsie 和 Elmer 进行了研究。这两个机器人可以跟踪光源。Grey Walter 建了一个充电站，在充电站里放置了一个光源和充电器，当机器人进入充电站时可以进行对接充电。ActivMedia 公司为其机器人设计了一种充电站，该充电站是一个强化纤维塑胶垫上带有镀锡铜的充电板，机器人底盘上装有接触板。机器人利用预先建立的环境地图进行导航寻找充电站，当机器人进入充电站时，通过传感器感知这一信息并探出接触板进行充电。

筑波大学也研究了一种自主充电移动机器人 Yamabico-Liv。它利用已知的环境地图和导航系统引导机器人到达充电站，机器人配备了特别的设备与充电站进行对接。卡内基梅隆大学机器人研究所开发了一种自主机器人 Sage，它利用 CCD 和三维路标引导充电。加利福尼亚大学也进行了机器人自主充电研究，通过在充电站的上方设置色块和 IR 二极管来引导机器人对接并监控充电状况。

移动机器人要实现长期自主工作，除了利用充电站之外，还有其他方法。例如，火星探测器利用太阳能充电电池吸收阳光并转换为能量；通过模拟空中的生物获得能量的方式——捕获未蒸发的燃料液滴并进行分解以获得能源。

助老/助残机器人的行走控制系统应是对外界环境高度开放的智能系统，行走时可对各种道路状况做出实时感知和决策，根据局部规划结果以及当前机器人的位置姿态和速度向机械装置发出驾驶命令,实现避障、前进等功能,并在保证用户舒适度的前提下提高移动速度。控制系统硬软件均在机器人内部,一般使用的都是机载电源,要求电源系统体积小、重量轻、连续工作时间长。

2.6.2 常用的移动电源

工作环境对机器人的能源提出了特殊要求,目前,大多数移动机器人采用电池作为能源,电池有一次电池、二次电池和燃料电池等类型。

一次电池要求能量密度高、自放电少、可靠性高。一次电池有锰干电池、碱性锰电池、锂电池、汞电池和氧化银电池等。锂电池的电动势高、能量密度高、工作温度范围大、自放电少,正逐步走向实用化,是一种非常好的机器人能源。

二次电池又叫蓄电池,有铅酸电池、银锌电池、镍镉电池和镍锌电池等。铅酸电池是一种比较好的机器人能源,其电压高、寿命长、可高比率放电、价格低、结构简单可靠、工艺成熟,但能量密度低。银锌电池是现有电池中输出功率最大、能量最高的电池,其自放电速度慢、机械强度高,可短期超负荷放电,放电压平稳,但价格贵、充电时间长、寿命短、充电次数少。镍镉电池和镍锌电池的电压低、价格贵。

燃料电池有碱性燃料电池、磷酸燃料电池、熔融碳酸盐燃料电池和固体电解质燃料电池等,燃料电池的体积小、重量轻、寿命长、效率高、无污染,是一种非常好的机器人用清洁电源,但目前还处于研究开发阶段。

本章小结

本章介绍了机器人的一些系统指标,主要包括关节、连杆、刚度、自由度等影响机器人性能的系统指标;简要介绍了有关机器人的硬件系统,主要是舵机技术基础以及电动机技术基础,涉及两者的基本结构和控制原理,它们都是控制机器人移动必不可少的硬件系统;主要介绍了机器人上的各类传感器,通过对机器人外部和内部传感器的描述,读者可对机器人传感器有一个初步的了解;最后还介绍了相关的控制器及能源供应系统。

思考练习

1. 简述智能机器人的组成部分。
2. 简述机器人传感器的作用和特点。
3. 概述各种常用驱动方式的优缺点。
4. 简述机器人位置控制和轨迹控制方法。
5. 什么是人工智能?为什么要采用智能控制?
6. 讨论智能机器人通信的工作原理。

第 3 章
服务机器人

服务机器人是在非结构环境下为人类提供必要服务的多种高技术集成的先进机器人，主要包括医疗服务机器人、家用服务机器人和公共服务机器人，其中，公共服务机器人是指在农业、金融、物流和教育等除医学领域外的公共场合为人类提供一般服务的机器人。

本章从医疗服务机器人、家用服务机器人和公共服务机器人中选取了手术机器人、护理机器人、导览机器人、农业机器人、儿童陪伴机器人和扫地机器人六种常见的服务机器人进行介绍。

一、全球服务机器人产业发展趋势及特征

《中国机器人产业发展报告（2019 年）》中指出，2019 年，全球机器人市场规模预计达到 294.1 亿美元（实际为 294.0 亿美元），2014—2019 年的平均增长率约为 12.3%，市场结构如图 3-1 所示。其中，工业机器人 159.2 亿美元，服务机器人 94.6 亿美元，特种机器人 40.3 亿美元。

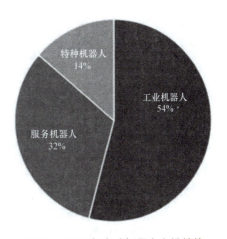

图 3-1　2019 年全球机器人市场结构

1. 新一代人工智能兴起，行业迎来快速发展新机遇

随着信息技术的快速发展和互联网的快速普及，以 2006 年深度学习模型的提出为标志，人工智能迎来了第三次高速发展。与此同时，依托人工智能技术，智能公共服务机器人的应用场景和服务模式正在不断拓展，带动服务机器人市场规模高速增长。2014 年以来，全球服务机器人市场规模年均增速达 21.9%，2019 年全球服务机器人市场规模达到 94.6 亿美元，2021 年将快速增长并突破 130 亿美元。2019 年，全球家用服务机器人、医疗服务机器人和公共服务机器人市场规模分别为 42 亿美元、25.8 亿美元和 26.8 亿美元，其中家用服务机器人市场规模占比最高，达 44%，分别高于医疗服务机器人、公共服务机器人 17 个和 16 个百分点。

2. 认知智能取得一定进展，产业化进程持续加速

（1）认知智能支撑服务机器人实现创新突破　人工智能技术是服务机器人在下一阶段获得实质性发展的重要引擎，目前正在从感知智能向认知智能加速迈进，并已经在深度学习、抗干扰感知识别、听觉视觉语义理解与认知推理、自然语言理解、情感识别与聊天等方面取得了明显的进步。例如，英特尔开展自适应机器人的交互研究，实现了低成本、多种服务、良好易用的机器人交互；由德国宇航中心、法国空中客车公司和美国 IBM 合作开发的球形智能机器人 CIMON 于 2018 年 7 月抵达国际空间站，该机器人可与宇航员友好交谈，具备向宇航员和相关人员提供技术帮助、警示系统故障等功能。

（2）智能服务机器人进一步向各应用场景渗透　随着人工智能技术的进步，智能服务机器人产品类型愈加丰富，自主性不断提升，由市场率先落地的扫地机器人、送餐机器人向情感机器人、陪护机器人、教育机器人、康复机器人和超市机器人等方向延伸，服务领域和服务对象不断拓展。特别是在医疗服务机器人领域，其临床应用日益活跃，产品体系逐渐丰富。例如，新加坡 AiTreat 公司的按摩机器人艾玛的内置传感器可测量肌腱和肌肉的硬度，然后通过人工智能和基于云计算的方法计算出最佳按摩方式，模仿人类的手掌和拇指进行按摩和理疗。三星推出了健康管理服务机器人 Samsung Bot Care，它能快速获取血压、心率等健康数据，为用户提供睡眠质量监控、紧急呼叫、减压音乐治疗、药物摄入量跟踪以及体育锻炼指导等智能服务，帮助用户管理日常身体健康。

3. 无人驾驶汽车获科技龙头企业高度关注，仿人机器人研发再度迎来突破

（1）科技龙头企业重点布局无人驾驶汽车　随着深度学习算法的兴起，人工智能技术取得了显著进步，目前已在无人驾驶汽车等领域得到了广泛的应用，以谷歌、英特尔为代表的全球科技龙头企业纷纷展开布局。例如，美国谷歌旗下自动驾驶公司 Waymo 计划在美国密歇根州建立世界上第一家专门生产自动驾驶汽车的工厂，将致力于大规模生产可在特定地理区域内和特定条件下进行完全自我控制的 L4 级自动驾驶汽车。英特尔自 2017 年收购以色列科技公司 Mobileye 以来，加快布局无人驾驶汽车，2017 年开展全天无人驾驶试验，2018 年宣布联合大众汽车、冠军汽车集团致力于自动出租车服务商业化，2019 年着手部署无人驾驶出租车，并计划 2020 年在耶路撒冷地区试运行。

（2）企业加快仿人机器人设计研发步伐　当前，机器人正快速向人类的日常生活渗透，家庭、教育、陪护和医疗等行业应用的服务机器人越来越多。与此同时，随着技术不断创新，机器人模仿人类行为的能力逐步提高，人形机器人的设计也得到了进一步推广。例如，在经历了液压驱动后空翻、倒地自行爬起、基于视觉和激光感知的物体识别以及规避障碍能力的大幅提升后，2019 年，波士顿动力公司的人形机器人 Atlas 又掌握了跑步上台阶、行走独木桥等能力，其驱动系统和动态运动控制系统不断增强，行动能力越来越接近人类。

二、我国服务机器人产业的发展趋势及特征

我国机器人市场需求潜力巨大，工业与服务领域颇具成长空间。2019 年，我国机器人市场规模达到 588.7 亿元，2014—2019 年的平均增长率达到 20.9%，市场结构如图 3-2 所示。其中工业机器人 57.3 亿美元，服务机器人 22 亿美元，特种机器人 7.5 亿美元。

1. 需求潜力巨大，家用市场引领行业快速发展

我国服务机器人的市场规模正在快速扩大，成为机器人市场应用中颇具亮点的领域。随着人口老龄化趋势加快，以及医疗、教育需求的持续旺盛，我国服务机器人存在巨大的市场潜力和发展空间。2019 年，我国服务机器人市场规模达到 206.5 亿元，同比增长约 33.1%，高于全球服务机器人市场增速。其中，我国家用服务机器人、医疗服务机器人和公共服务机器人市场规模分别为 10.5 亿美元、6.2 亿美元和 5.3 亿美元，家用服务机器人和公共服务机器人市场增速相对领先。到 2021 年，随着停

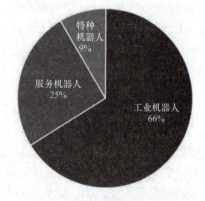

图 3-2　2019 年我国机器人市场结构

车机器人、超市机器人等新兴应用场景机器人的快速发展，我国服务机器人市场规模有望接近 40 亿美元。2014—2021 年我国服务机器人销售额及增长率如图 3-3 所示。

图 3-3　2014—2021 年我国服务机器人销售额及增长率

2. 智能相关技术可比肩欧美，创新产品大量涌现

（1）智能相关技术与国际领先水平基本并跑　我国在人工智能领域的技术创新速度不断加快，中国专利申请数量与美国处于同等数量级，特别是机器视觉和智能语音等应用层专利数量快速增长，催生出一批创新型企业。例如，优必选发布的悟空机器人可实现拍照、打电话、视频监控、儿童编程、讲绘本、人脸识别、语音操控、定位导航以及设备互联等功能，同时悟空融合了人工智能技术，具备年龄估算、物体识别功能，对人体姿态进行监测后，还能对姿态进行三维重建，实现对人类动作的模仿。与此同时，我国在多模态人机交互技术、仿生材料与结构、模块化自重构技术等方面也取得了一定进展，进一步提升了我国在智能机器人领域的技术水平。

（2）新兴应用场景和应用模式拉动产业快速发展　我国已在医疗、烹饪及物流等机器人的应用领域开展了广泛的研究，随着机器人技术水平的进一步提升，市场对服务机器人的需求快速扩大，应用场景不断拓展，应用模式不断丰富。例如，大艾机器人的下肢外骨骼康复机器人艾康、艾动通过了国家食品药品监督管理总局（CFDA）的认证，可用于因脊髓损伤导致的下肢运动功能障碍患者的步行康复训练，标志着国内下肢外骨骼机器人已经从研发阶段转化为产业化量产阶段。盒马鲜生推出机器人餐厅 2.0 版，可实现机器人送餐、收餐、完成智能化的避障、菜品检测等任务，通过数字化系统实现对每一道菜的每一个加工环节的监控。京东启用机器人智能配送站，站内采用京东 3.5 代配送机器人，具有自主导航行驶、智能避障避堵、红绿灯识别、人脸识别取货能力。

3. 生态系统构建加速，企业瞄准智能生活领域

（1）机器人平台成为生态构建重要抓手　机器人学科涉及大量的机械、控制和电子等知识，学习曲线陡峭，以优必选、云知声为代表的科技企业正以机器人平台为抓手，构建集硬件、软件、网络服务和社区于一体的生态系统，降低开发者二次开发的难度和开发成本。例如，优必选开发了 ROSA 操作系统，通过其开发的平台向开发者、硬件厂商提供包括语音控制、视觉识别、定位导航、运动控制及设备互联等在内的多项功能。人工智能企业云知声推出新一代机器人操作系统 KEROS2.0，支持语音、视觉、触控等多模态交互方式，并提供口语评测、语音合成、情感识别、视觉识别等功能。

（2）企业加速拓展智能生活领域　近年来，人工智能技术的发展和突破使服务机器人的使用体验进一步提升，语音交互、人脸识别和自动定位导航等人工智能技术与机器人的融合不断深化，智能产品不断推出。例如，优必选联合腾讯云小微发布智能教育娱乐人形机器人 ArobotAlpha，通过整合腾讯云小微的智能语音交互能力，以及 QQ 音乐、企鹅 FM、翻译、百科、个人助手和智能家居等内容和服务，加速向生活领域延伸。苏州科沃斯推出新一代空气净化机器人沁宝 AA3、扫地机器人地宝 DG3 和擦窗机器人无线窗宝等智能设备等，进一步拓展了机器人在家庭生活中的应用。

三、国内外技术现状及发展趋势

1. 基础研究与前沿技术

（1）国外现状及发展趋势　在新型材料、结构、建模和控制技术方面，美国在仿生材料领域已经取得很大的突破，并应用于如人工皮肤和人工肌肉等领域。此外，智能型压电纤维复合材料、形状记忆合金也得到了较大的发展，可作为力敏、热敏驱动元件和阻尼元件等。日本是智能材料研发大国，其拥有的专利数量最多，全球专利拥有最多的 10 家企业中有 9 家为日本企业，主要集中于压电、电致伸缩和磁致伸缩材料等领域。欧洲在基础材料和新结构领域的发展也较快，欧盟专利组织、德国、英国和法国在智能材料领域的专利数量都排在世界前 10 位；美国、日本、法国和瑞士等国在仿生结构、建模以及控制领域发展迅速，如在多足步态结构方面，已精确建立了两足、四足以及轮足步态结构的运动学模型，并打造了人形机器人、四足机器人以及轮足式机器人。德国已研制出共具有 21 个自由度的结构，使其前沿技术运动特性与人手更加接近。

在感知技术领域，美国处于领先地位，如超声波测距传感器、雷达传感器、三维激光扫描技术和深度相机等技术领域，并开发了传感器网络和多传感器数据融合技术，实现了无人驾驶、机器人环境感知等功能。在视觉感知方面，提出了一套完整的视觉计算理论和方法，开发了三维场景重构技术，实现了类人视觉，影响了整个机器人视觉技术领域。欧洲具有一批知名国际企业，如博世、施克等。德国的加速度传感器、惯性测量技术、毫米波探测技术及 MEMS 技术都处于国际领先水平，部分传感技术已在无人驾驶汽车上得到应用。日本的感知技术主要向智能化和微型化发展，研发了多种感知与数据处理、存储及双向通信等的集成和软传感技术，即将智能感知与人工智能相结合，同时大规模发展微型传感器、生物化学传感器（与生物技术、电化学结合）以及纳米传感器（与纳米技术结合）等。

在机器人认知领域，美国利用其在人工智能领域的优势，大力发展模糊语义识别、非结构环境机器视觉以及多模态认知等技术。英国的 DeepMind 已经具备很强的自我学习和认知能力，在此基础上形成的 AlphaGo 已经击败了人类围棋冠军；软银的 Pepper 具有多模态认知和交互能力。

在人机协作方面，美国的研究起步较早，世界上第一台商业化人机协作机器人便诞生于美国。欧洲的人机协同机器人已经开始替代传统的工业机器人，广泛地应用在了工业领域。

（2）国内情况及已取得的成果　近年来，我国在服务机器人的基础技术和前沿技术领域取得了长足的进步，在一些方面达到了国际先进水平。

在新型材料、结构、建模和控制技术方面，我国在智能材料领域的专利数量排名世界第三。上海交通大学在形状记忆合金材料、压电陶瓷及生物仿生人工骨等方面取得了不错的成果；清华大学在仿生水凝胶快速成形工艺、仿生骨复合材料及纳米材料等方面实现了突破；北京航空航天大学在机器人软体结构材料及控制技术上已达到了国际先进水平；山东大学建立了步态机器人动态模型和控制算法，实现了多足行走机器人结构。

在感知技术方面，中国科学院上海硅酸盐研究所的压电陶瓷感知技术打破了国外技术垄断；多家企业在激光传感和三维深度相机传感技术方面有所突破，为实现机器人环境感知提供了技术支撑。

在认知算法领域，我国起步虽晚，但发展较快，国内一批企业在机器人学习和人工智能领域开展了大量的研发工作，在应用方面，认知技术已被广泛应用于语义识别、视觉识别等领域。

2. 智能服务机器人的共性与关键技术

（1）国外现状及发展趋势　在核心零部件方面，美国、德国和日本拥有高精度电动机、驱动器、减速器和一体化关节等部件的生产厂商，并占有绝对的市场份额。

在深度相机、三维激光传感器及惯性传感器等新一代服务机器人和无人系统中所需的重要传感器技术都由欧美的企业掌握。

在服务机器人软件领域，美国掌握着核心技术，拥有机器人操作系统 ROS 的知识产权，配备了仿真平台，成为服务机器人界开发的事实标准，并演化生成军事版、农业版和移动机器人版等衍生版本。美国在机器人基础软件领域领先全球。德国深度参与了机器人操作系统的开发和应用，可提供完善的技术咨询和技术支持。除此以外，欧洲还有 ORCS 和 YARP 两个完善的开源机器人软件系统。日本也发布了通用化的机器人开发中间件和仿真软件，用于各类机器人的开发，以解决机器人部件间的兼容性问题。

在机器人认知能力建设方面，需要大数据量、规范化的数据集支撑。美国目前是全世界收集智能认知所需数据最全的国家，覆盖生活中的常见物体和场景。IBM Watson 提供了数据平台，可实现自动建立结构化和非结构化数据模型。美国还具有各种语音、语义和人脸等数据集用于认知训练。英国具有大量的医疗健康数据集，可为个人、家庭和医疗康复服务机器人提供认知训练与学习服务。

在定位和导航方面，美国在全局定位和局部定位方面都具有很雄厚的技术积累，如超宽带（UWB）技术、视觉导航（vSLAM）和三维激光定位等技术。英法两国在机器人定位导航、运动控制和行为规划等共性关键技术上具有较大的优势，为国际市场提供了特定的解决方案和软件。英国建立新一代窄通道消息队列遥测传输（MQTT），可实现异构数据传输，用于机器人状态监控和远程控制。

（2）国内情况及已取得的成果　近年来，我国的核心零部件取得了长足的进步。在"十二五"期间，针对核心部件，如伺服电动机、驱动器和减速器等开展了战略布局，进行了技术攻关，并形成了一批生产企业，如方正电气、拓邦、华中数控、绿的和秦川等。

在机器人软件领域，北京航空航天大学开展了实时机器人系统等方面的研究；汤尼机器人发布了服务机器人通用集成开发平台 RoboWare，并对系统间的数据传输提出了安全策略。

在定位和导航方面，我国最近几年发展得较快，从激光传感器、深度相机到定位导航算法都已基本赶上了欧美国家的水平，并且实现了行业应用，取得了较好的效果。

在认知数据集方面，国内一些创新企业（如科大讯飞、Face++等）建立了语音、人脸和人机交互数据集，为服务机器人实现初步认知提供了基础。此外，国内还涌现出一批专门提供服务机器人定位导航解决方案的企业。

3.1 手术机器人

近年来，我国提出发展"生物医药及高性能医疗器械"，提高医疗器械的创新能力和产业化水平，重点发展影像设备、医用机器人等高性能诊疗设备。

医疗机器人是指用于医院、诊所的医疗或辅助医疗的机器人，在实际应用中发挥着辅助医生、扩展医生能力以及提高医疗质量等作用。与应用于工业领域的机器人相比，医疗服务机器人具有以下特点：

1）医疗服务机器人的作业环境一般在医院、街道、家庭及非特定的多种场合，具有移动性、导航、识别及规避能力，还具有智能化的人机交互界面。在需要人工控制的情况下，还要具备远程控制能力。

2）医疗服务机器人的作业对象是人、人体信息及相关医疗器械，需要综合工程、医学、生物、药物及社会学等各个学科领域的知识开展研究课题。

3）医疗服务机器人的材料选择和结构设计必须以易消毒和灭菌为前提，安全可靠且无辐射。

4）以人作为作业对象的医疗服务机器人，其性能必须满足对状况变化的适应性、对作业的柔软性，对危险的安全性以及对人体和精神的适应性等。

5）医疗服务机器人之间及医疗服务机器人与医疗器械之间具有或预留通用的对接接口，包括信息通信接口、人机交互接口、临床辅助器材接口以及伤病员转运接口等。

根据国际机器人联盟的分类，医疗机器人归属于专业服务机器人，医疗机器人可以分为手术机器人、康复机器人、辅助机器人和服务机器人四大类。目前，国际上产业较为完善的是手术机器人及康复机器人中的外骨骼机器人。

3.1.1 手术机器人概述

1. 手术机器人的发展历程

手术机器人是随着医疗科技的发展、临床对微创外科手术难度的加大以及精准度的要求提高应运而生的。手术机器人是集临床医学、生物医学、机械学、材料学、计算机科学、微电子学和机电一体化等诸多学科为一体的新型医疗器械，是当前医疗器械信息化、程控化和智能化的一个重要发展方向，具有稳定性好、操作灵活、运动精准及手眼协调等特点。手术机器人系统以伊索（AESOP）、宙斯（ZEUS）和达芬奇（da Vinic）系统为代表，其突破性发展过程如下所述。

（1）历史上第一次机器人手术 1985年，在美国加州放射医学中心诞生了世界上第一台医疗机器人Puma560（Programmable Universal Machine for Assembly Industrial Robot），该机器人能够在CT影像引导下放置探针用于脑部活体组织检查。Puma560并不是一台专用的手术机器人，其实它是一台关节式的臂式工业机器人。这是首次将机器人技术运用于医疗外科手术中，是一个具有划时代意义的开端。

（2）第一台真正的医疗机器人 Robodoc　专门用于外科手术的医疗机器人诞生于 20 世纪 90 年代初。1986 年，美国 IBM 公司的托马斯·约翰·沃森研究中心和加利福利亚大学开始合作，并于 1992 年成立了 Integrated Surgical Systems 公司，推出第一个被美国食品和药物管理局（FDA）通过的手术机器人——Robodoc。1992 年，骨科手术机器人系统 Robodoc 被用于人体全髋关节成形术。

1987 年，美国 ISS 公司推出 NeumMate 机器人系统，采用机械臂和立体定位架来完成神经外科立体定向手术中的导向定位。

1989 年，英国皇家学院机器人技术中心利用改进的 6 自由度 Puma 机器人完成了前列腺切除手术。

（3）最早商业化的手术机器人 AESOP　1994 年，美国 ComputerMotion 公司推出第一种能够用于微创手术的医用机器人产品伊索（Automated Endoscopic Systemfor Optimal Positioning，AESOP）机器人。1997 年，伊索在比利时布鲁塞尔完成了第一例腹腔镜手术。伊索成为 FDA 批准的第一个清创手术机器人。

AESOP 具有 7 个自由度，能够模仿人类手臂的姿态和功能，有效辅助医生抓持和操作内窥镜设备，在心脏、胸外和脊柱等多种外科领域有广泛应用。

（4）拥有内窥镜的医疗机器人 ZEUS　1998 年，伊索机器人配备了腹腔镜，逐渐进化成了宙斯。它可以遥控操作，是一个完整的手术器械机器人系统。宙斯分为医生端（Surgeon-side）系统和患者端（Patient-side）系统。

Surgeon-side 系统由一对主手和监视器构成，医生可以坐着操控主手手柄，并通过控制台上的显示器观看由内窥镜拍摄的患者体内情况。

Patient-side 系统由用于定位的两个机器人手臂和一个控制内窥镜位置的机器人手臂组成。医生可以声控操作腹腔镜的手臂，同时用手操作其他两个机械手臂进行手术。宙斯在一台输卵管重建手术中就已初现微创优势，通过患者腹部只有几根筷子粗细的小切口供内窥镜和机械臂出入。

（5）第一次远程机器人手术　1996 年，宙斯系统实现了医生远距离控制从端机器人进行精细的手术操作和稳定的器械抓持等动作。宙斯系统采用纯信号方式实现医生操纵台对机械臂的控制，在传输距离上不受视频延迟的影响。

2001 年 9 月 7 日，身在纽约的著名外科学家雅克·马雷斯科和美国纽约的著名外科医生米歇尔博士在两地协同合作，利用宙斯系统完成了对身在法国斯特拉斯堡的 68 岁女患者的胆囊摘除手术。整台手术耗时仅 48min，患者术后 48h 内恢复排液，无并发症出现。

（6）最成功的医疗机器人达芬奇　达芬奇医疗机器人是目前全球最成功、应用最广泛的手术机器人。达芬奇机器人手术系统以麻省理工学院研发的机器人外科手术技术为基础，Intuitive Surgical 公司随后与 IBM、麻省理工学院和 Heartport 公司联手对该系统进行了进一步开发，于 1999 年成功推出第一代达芬奇系统（da Vinci Surgical System），并在 2000 年通过 FDA 批准应用于临床。目前，达芬奇机器人已推出了如下五代产品：

1）第一代达芬奇系统机器人，1996 年推出。

2）第二代达芬奇系统机器人，2006 年推出。在第一代的基础上增加了一个机械臂。

3）第三代达芬奇系统机器人，2009 年推出。在第二代的基础上增加了双控制台、模拟控制器和术中荧光显影技术等功能，图像放大倍数高达 10~15 倍。

4)第四代达芬奇系统机器人,2014年推出。在灵活度、精准度和成像清晰度等方面有质的提高。2014年下半年还开发了远程观察和指导系统。

5)第五代达芬奇X系统机器人,2017年推出。新一代的达芬奇机器人是第三代和第四代的杂交版,它添加了声音系统、镭射引导系统以及轻量级内窥镜等新功能,机械臂的体积更小,功能更多。

手术机器人带来的不仅是手术效率和效果的提升、术后并发症的减少、术后再诊治和再手术费用的避免,它为临床和产业带来的更是一场医疗运作模式的变革。医生80%以上的精力和智慧被从传统手术工具(需要医生人工去摆放、校准,然后徒手完成切、削、钻、磨等动作)中解放出来,用在手术前的计划、思考上,手术中的许多机械重复动作由机械臂去执行,避免了人手的生理局限所带来的各种误差,术中出血量也更少。

我国的手术机器人产业刚刚起步,尚处于雏形阶段,市场的装机量远少于欧美等发达国家。我国手术机器人以其极高的技术门槛形成了非常明显的产学研结合特征,领域内龙头企业产品多为高校科研成果转化而来。国内有清华大学、中国人民解放军海军总医院、北京航空航天大学联合开发的机器人系统CRAS,哈尔滨工业大学机器人研究所研制的微创腹腔外科手术机器人系统,以及天津大学研发的微创外科手术机器人系统"妙手S"等一批先行者。

(7)国有自主知识产权脑外科机器人辅助系统 1997年,北京航空航天大学、清华大学和中国人民解放军海军总医院共同研制开发的脑外科机器人辅助系统CRAS首次为患者实施了机器人微创手术。

2000年,华志医疗成立,它是集研发、生产和销售为一体的高新技术企业,也是"国家高技术研究发展计划"(863计划)智能机器人主题产业化基地。公司产品CAS-R-2型机器人"无框架脑立体定向手术系统"是华志医疗负责转化的国家863项目产品,产品外形如图3-4所示。该产品是国内最早实现具有完全自主知识产权的医疗机器人,获得了国家科技进步二等奖,于2002年取得产品注册证书,并成功上市销售。

一般而言,脑部手术主要有开颅手术和立体定向手术。立体定向手术又分为框架立体定向术和无框架立体定向术两种。开颅手术的术后并发症、后遗症多,致残率、致死率居高不下。框架立体定向术起源于20世纪80年代,手术前需要在患者头部钻四个孔,以固定金属框架,框架的安装完全依靠医生纯手工操作,费时费力,通常一个框架一天最多只能做2~3台此类手术。而无框架立体定向术只需在患者头部钻2~3mm的小孔即可完成手术,患者创伤小、术后恢复快,解决了传统框架类手术无法适用于儿童、老人、昏迷者及颅骨结构特殊者(如已开颅过的患者)的问题,拥有更广的适应症及手术适用人群。借助机器人的辅助,大幅提升了医生的手术效率以及医院的病床周转率。

图3-4 CAS-R-2

CRS-R-2型无框架立体定向手术系统主要用于脑外科手术中的手术规划、导航和立体定向,神经外科立体定向手术辅助设备将手术规划系统、导航系统与手术平台完美结合,拓宽了应用范围,提高了手术安全性,减轻了病人痛苦。该产品的特点如下:

1)手术导航软件系统:三维实时手术规划,简洁清晰的交互界面可协助医生准确定位病灶。

2）五自由度机械臂：打破了国外机器人垄断，国内唯一具有完全自主知识产权的产品，真正做到手术全过程360°无死角。

3）开放的手术工具平台：根据不同术种，由导向器选择不同的外科手术工具来完成手术。

（8）国有自主知识产权的微创腹腔外科手术机器人系统　2013年，国家863计划资助项目——微创腹腔外科手术机器人系统由哈尔滨工业大学的研发团队研制成功，并通过国家863计划专家组的验收。国产微创腹腔外科手术机器人系统具有我国自主知识产权，打破了达芬奇手术机器人的技术垄断。思哲睿医疗就是该研发成果落地时成立的企业。

（9）国有自主知识产权的骨科机器人　北京天智航医疗科技股份有限公司（TINAVI）成立于2005年，它专注于在北京航空航天大学和北京积水潭医院合作完成的863项目成果的基础上完成骨科机器人的产业化开发。2010年，该公司获得了产品注册许可证。2019年1月，国产第三代骨科手术机器人"天玑"在武汉市第四医院完成首秀，辅助主刀医生完成了股骨颈骨折中空钉内固定手术。"天玑"是世界上首个能够开展全节段手术的骨科机器人，手术精度高，临床指标国际领先，是唯一获得CFDA认证的国产手术机器人。

2. 手术机器人的分类

随着机器人的应用越来越广泛，需要面对与处理的情况越来越复杂，即便科技已高度发达，但是，令其完全独立地处理这些复杂任务仍是一项非常有挑战性的工作。按照机器人的控制方式，可以将其分为被动式、半自动式、主从式和主动式四种类型。

被动式机器人系统的动力能源完全来自于外科医生，系统能提供有关手术器械与操作定位的信息。在手术操作困难的部位，被动式机器人可以帮助医生导入器械，如腔镜固定器等设备。

半自动式机器人是部分功能自动化，而其余功能仍由医生操控的装置，如腔镜辅助机器人系统（LARS）。它具有四级可调活动度的机械臂，可安装摄像头或回收装置，并装有控制力量大小和转矩的传感器。该装置依靠手术者来操作，但是当力量超过一定上限（如身体组织的承受力）时，机器就会停止操作，直到操作者恢复正确的操作。

主从式机器人是一种有自身动力、由计算机控制的装置，但它不能自动完成任务，而要完全依靠医生的操控。这种方式也被称为遥控操作，即主、从两者分隔一定距离，但可以通过数据线缆相互沟通。在主从控制方式中，医生通过操控主手机械臂，使从手机械臂复现医生的动作。该方式可以使医生坐在主控台旁进行远程手术，减少了医生的体力消耗。主从式控制方式能够通过机械臂关节运动量传递医生的手部动作，直接映射到从手机械臂完成手术动作。通过设置主从运动的行程映射比例，可实现医生对复杂手术的精确操作。这种控制方式要求从手机械臂具有较高的灵活性和可控性，这对从手机械臂的构型具有一定的要求。达芬奇机器人系统和宙斯机器人系统是最为著名的主从式机器人系统。主从式遥控系统越来越高的精细度和保真度使其逐渐被腹部微创外科所接受。

主动式机器人是一种带有动力的装置，可不依赖医生指令来完成相关功能。这类机器人一般是为一些特定区域而研制的，使用较为安全。

3.1.2　手术机器人技术分析

这里以达芬奇手术机器人为例进行介绍。达芬奇手术机器人是一种主从式控制的腔镜微创手术系统，专为外科医生执行腹腔镜、胸腔镜等微创手术而研制，产品名称为内窥镜手术控制系统。我国于 2008 年 7 月批准注册第一个达芬奇手术机器人，型号为 IS2000；2011 年 8 月，IS3000 型达芬奇手术机器人获准注册；2018 年 12 月，IS4000 型达芬奇手术机器人获准注册。

1. 达芬奇手术系统的组成

国家药品监督管理局医疗器械技术审评中心（CMDE）资料显示，IS4000 型达芬奇手术机器人标准配置包括医生控制台、患者手术平台和影像处理平台，与内窥镜、手术器械等配套使用，产品外形如图 3-5 所示。

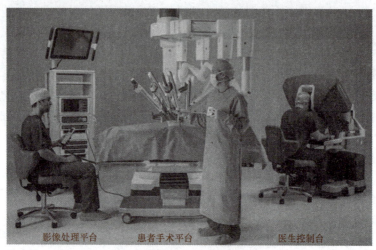

图 3-5　达芬奇外科手术系统

（1）医生控制台　外科医生坐在医生控制台上，通过使用手动控制器（主控制器）和一组脚踏板来控制手术器械和内窥镜的所有运动。外科医生在三维观察器上通过内窥镜观察患者解剖和手术的视图及其他用户界面特征。一个医生控制台可以同时控制两个手术机械臂，还可以通过脚踏开关切换来控制镜头臂以及第三个手术机械臂。配置了两个医生控制台的系统可实现由两个医生同时操作四个机械臂。医生控制台的组成如图 3-6 所示。

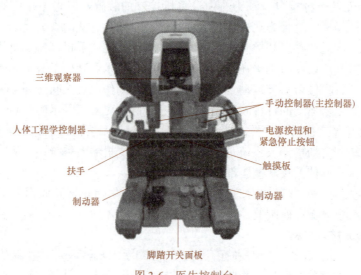

图 3-6　医生控制台

其中最主要的控制部件为手动控制器，如图 3-7 所示。手动控制器用于捕捉外科医生的手部或者手臂动作。例如，手动控制器平移 6cm 时，终端器械移动的距离为 2cm，该比例可根据实际手术情况进行调节。

（2）患者手术平台　患者手术平台位于手术床旁，包含四个机械臂，如图 3-8 所示。内窥镜可连接到任一机械臂上，用于提供患者解剖结构的三维视图。手术中的精细操作则由医生通过医生控制台进行控制。

图 3-7　手动控制器

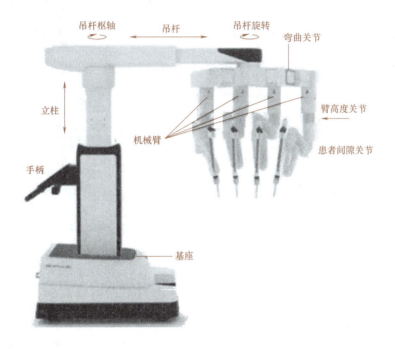

图 3-8　患者手术平台

1）激光定位。患者手术平台具有激光指示灯，为用户提供定位信息。手术前，先进行水平定位和手术定位，使手术平台和机械臂处于一个合适的手术位置。

2）吊杆。吊杆是可调节的旋转支承结构，可以将机械臂移动到适合于执行手术的位置。

3）立柱。可向上或向下移动吊杆以调整系统的高度。

4）机械臂。四个机械臂的作用是实现握持并移动或操控内窥镜和手术器械。机械臂通过器械中五个对应的转轮对器械进行控制，如图 3-9 所示。每个转轮负责控制不同的器械动作，如绕轴线自转、开合等。

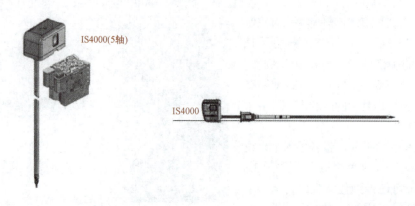

图 3-9　器械控制图

(3) 影像处理平台　影像处理平台包括系统电子设备（核心设备）、内窥镜控制器和视频处理器等，如图 3-10 所示。影像处理平台还配有触摸屏，以观看内窥镜图像并调整系统设置。内窥镜控制器用于为内窥镜提供控制和照明。视频处理器用于从内窥镜控制器获取左右视频输入信号，并将处理后的图像输出提供给系统核心设备。系统核心设备的功能如下：

1）与医生控制台及患者手术平台进行通信。将来自各种源（如视频处理器、外部输入）的视频信号分发到各种终端（如触摸屏、外部输出）。

2）与第三方高频发生器通信，从医生控制台脚踏板启用电能量来实现电凝、电灼和电切等切割、分离、止血相关操作。

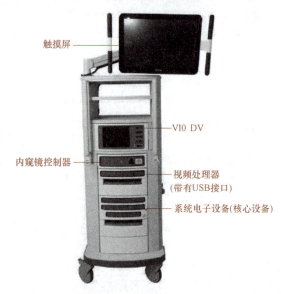

图 3-10　影像处理平台

2. IS4000 型达芬奇手术系统运动信号流程

1）通过医生控制台中的手动控制器捕捉医生的手部和手臂动作并转换为控制信号。

2）通过视频处理平台将控制信号传递到患者手术平台中的机械臂，机械臂将接收到的控制信号转换成手术器械的运动。

视觉信号流程为，通过内窥镜采集，经视频处理平台传入医生控制台。

3. 达芬奇手术机器人的技术优势

1）达芬奇手术机器人可提供清晰放大的三维视野，有效手术视野范围大，并具有荧光显影技术，画质的改善有助于提高手术质量和保障患者安全。

2）机器人操作臂较人手小，配备有 7 个自由度且可转腕的手术器械，可过滤直接操作时的手部颤动，在狭窄腔体内的操作更加灵活、精准，操控范围大，改进了腔镜下的缝合技术。

3）操作者可以坐着完成手术，不易疲劳，完成时间长、难度高的复杂手术更加轻松；可节省传统腹腔镜手术或开腹手术因暴露视野而需要的 2～3 名助手。

4. 达芬奇手术机器人的不足之处

1) 虽然手术机器人会在开机时自检程序，可排除绝大多数故障，但手术中出现机械故障的概率仍大于传统腔镜手术，导致机器人手术无法继续，需要转换为其他手术方式，这可能会增加手术风险并延长手术时间。

2) 目前的手术机器人没有装配触觉反馈系统，即没有外科医生操作的"手感"，医生要靠视觉来弥补触觉缺失，并需要一定的学习曲线以掌握操作技巧。

3) 手术机器人虽然精确，但手术前的准备（包括麻醉时间）及手术中更换器械等操作耗时较长，总体手术时间长。

4) 目前，手术机器人的购置费用和维修费用高、手术成本高。

5) 手术室需要一定的面积摆放机器人系统，并提供一定空间供手术时系统摆位，因此，面积太小的手术室不方便配置手术机器人。

6) 机器人替代医生会增加患者的紧张感。

7) 医护人员需要更多的专业培训。

3.1.3 手术机器人的应用

目前，手术机器人在骨外科、神经外科、腹腔镜外科以及血管介入治疗等科室应用广泛。国外手术机器人的研究起步相对较早，技术也相对成熟，其中达芬奇手术机器人系统、FlexRobotic 系统、Verb Surgical、脊柱手术机器人、超微型机器人 ViRob 和 TipCAT 为典型代表。市场上的几家代表性公司主要有 Intuitive Surgical 公司、Medrobotics 公司和 Verb Surgical 公司等。

1. Intuitive Surgical 公司

Intuitive Surgical 公司成立于 1995 年，总部位于美国加利福尼亚州阳光谷。该公司自行设计、生产及销售达芬奇手术机器人系统。该公司的主要产品，也是现在市面上最常见的手术机器人是达芬奇手术系统，截至 2017 年 9 月 30 日，全球共配置达芬奇手术机器人系统 4271 台，其中美国 2770 台、欧洲 719 台、亚洲 561 台，世界其他地区 221 台。Intuitive Surgical 公司于 2000 年完成了 4600 万美元的首次公开募股（IPO），同年成为美国 FDA 批准的用于一般腹腔镜手术的手术机器人系统。之后，达芬奇手术机器人系统也被应用于前列腺、胸腔镜辅助小切口心脏和妇科等微创手术。

2. Medrobotics 公司

Medrobotics 公司成立于 2005 年，总部位于美国马萨诸塞州。公司旗下的 Flex 机器人系统于 2014 年获得欧洲统一（CE）标志，2015 年 7 月经美国 FDA 批准上市。Flex 机器人如图 3-11 所示。

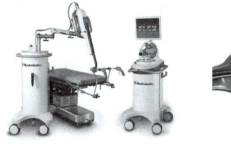
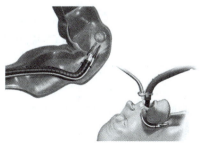

图 3-11　Flex 机器人

该系统的内窥镜系统通过其独特的蛇形设计和180°访问路径能够让外科医生看到并到达非常难到达的解剖区域，并且使微创手术疗法让更多的患者受益（使患者在医院逗留和康复的时间都大大缩短）。Flex 机器人最初定位于从口腔进入头部和颈部的微创手术。

3. Verb Surgical 公司

2015年，谷歌母公司 Alphabet 的生命科学部门 Verily 与强生公司的外科医疗器械部门 Ethicon，宣布成立合资公司 Verb Surgical。Verb Surgical 定位于一家数字手术平台公司（Digital Surgery Platform），该平台包括医用机器人、影像、智能器械、云互联和数据分析/人工智能（Artificial Intelligence，AI），旨在通过向全球更多的患者提供技术和信息，降低整体护理成本，开创外科手术的未来。公司的终极目标是"手术平民化"。Verb Surgical 产品创新及应用场景见表3-1。

表 3-1　Verb Surgical 产品创新及应用场景

项目		术前	术中				术后	
		手术规划	实时导航	实时诊断	手术操作	数据搜集	复盘培训	数据训练
软硬件应用	增强影像	1）在不同垂直治疗领域实现手术规划、实时导航、实时诊断功能 2）相应硬件设备及应用可由第三方生产制作，接入 Verb 手术4.0平台					1）根据医生实际操作收集反馈数据 2）通过 VR/AR 等影像技术支持术后复盘及医生培训	
	智能器械		1）在不同垂直治疗领域、不同术式（开放、腹腔镜）实现实时导航、实时诊断、手术操作、数据收集、复盘训练等功能 2）相应器械、耗材主要在目前开放、腔镜微创产品基础上迭代，并匹配相应应用 3）上述软硬件可由 Ethicon 生产，也可由第三方厂家生产，接入 Verb 手术4.0平台					
	医用机器人		1）以不同垂直治疗领域的手术机器人，实现实时导航、实时诊断、手术操作、数据收集、复盘训练等功能 2）相应机器人既可以为 J&J 产品，也可为第三方厂家生产，接入 Verb 手术4.0平台					
底层基础设施	数据分析及机器学习	1）提供底层操作系统，在不同应用场景中为应用系统的硬件提供 AI 预测及决策支持 2）Verb 提供手术 AI 开发平台，为第三方开发者提供算法、框架、AI 底层技术、接入组件、开发套件及参考设计等基础设施，以供其开发不同垂直治疗领域和不同应用场景的 AI 解决方案					1）通过 AI 预测提高医生术后复盘及培训的效率 2）通过反馈数据进行机器训练，提升 AI 解决方案的准确度	
	云互联	1）Verb 提供"应用商城"，作为第三方所开发的 AI 解决方案的分发渠道 2）Verb 为上述各种设备、机械提供互联互通和数据云存储服务 3）Verb 将不同应用场景的数据结构化，作为第三方 AI 研发的训练数据，同时可以作为医生科研、产品研发的真实世界数据						

4. Mazor Robotics

MazorRobotics 公司总部位于以色列凯撒利亚，是一家致力于脊柱外科手术辅助产品研发的医疗技术公司。其主要产品有 MazorX 制导系统和 Renaissance 机器人辅助脊柱手术设备。2018年12月，医疗器械巨头美敦力公司收购了 Mazor Robotics 及其机器人辅助手术平台，并宣布两家公司联合生产的第一款产品获得FDA批准。Mazor X Stealth 的外形如图3-12所示。

5. Medtech SA 公司

Medtech SA 公司成立于 2002 年,总部设在法国南部蒙彼利埃,是一家全球领先的手术辅助机器人系统研发商。该公司致力于开发高精度的辅助机器人系统,帮助医生更安全、更高效、侵入性更小地对患者进行手术治疗。

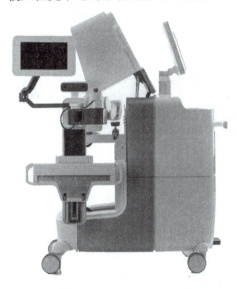

图 3-12 Mazor X Stealth 的外形

图 3-13 ROSA Brain 机器人

该公司的旗舰产品包括脑部手术机器人 ROSA Brain(图 3-13)和脊柱微创手术机器人 ROSA Spine。这两个产品均获得了 CE 认证与美国 FDA 的批准,且在全球范围内上市。2015 年,该公司被美国骨科巨头 Zimmer Biomet Holdings 公司收购。

6. Stryker 公司

史赛克(Stryker)公司是全球最大的骨科及医疗科技公司之一,总部设在美国密歇根州的卡拉马祖市。其产品涉及关节置换、创伤、颅面、脊柱、手术设备、神经外科、耳鼻喉、介入性疼痛管理、微创手术、导航手术、智能化手术室与网络通信、生物科技、医用床及急救推床等。Stryker 机器人如图 3-14 所示。

7. THINK Surgical 公司

THINK Surgical 公司总部位于加利福尼亚州的弗里蒙特,其 TSolution One 系统如图 3-15 所示,专为膝关节和髋关节置换手术所设计,在美国和欧洲被批准用于全髋关节手术。

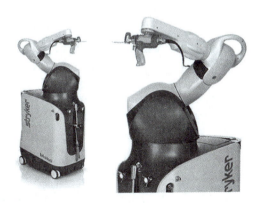

图 3-14 Stryker 机器人

TSolution One 系统包括两个部分:用于术前计划的 TPLAN 三维术前计划工作站,用于髋关节、膝关节置换手术的精确腔体与表面准备的 TCAT 计算机辅助工具。该系统的工作过程如下:

1）TPLAN 对患者关节进行详细的 CT 扫描。TPLAN 三维术前计划工作站将 CT 数据转换为三维虚拟骨骼图像。

2）外科医生使用 TPLAN 三维术前计划工作站查看和操作患者骨骼和关节解剖的三维模型，选择理想的植入物，并定义最佳的放置和对齐方式。

3）TCAT 计算机辅助工具根据患者的个性化手术计划，以亚毫米精度研磨和制备骨骼。

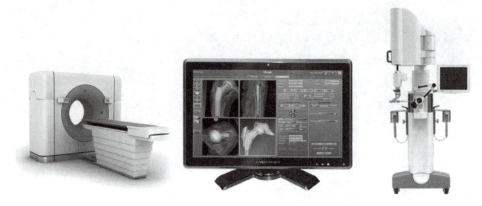

图 3-15　TSolution One 系统

8. Microbot Medical 公司

微机器人医疗公司 MicrobotMedical 创立于 2010 年，主要从事微型医疗机器人的研究开发及商业化工作。该公司目前拥有 ViRob、TipCAT 和 CardioSert 三项核心技术，并基于这些技术开发设计了微型医用机器人产品，可用于临床治疗、诊断等多个领域。

（1）ViRob　ViRob 是一种可自主运动的微型机器人，如图 3-16 所示，可通过遥控控制其在人体血管、消化道系统等狭小腔道中进行移动、旋转等动作，并能长期停留于人体内部。ViRob 有望广泛应用于神经外科、放射治疗和靶向给药等介入式微创治疗，根据不同临床需求携带摄像头、药物等不同附件运动到指定位置，实现更为精确的诊断及辅助治疗功能。

图 3-16　ViRob

ViRob 的第一个落地场景便是脑积水患者的自清洁引流器（Self-CleaningShunt，SCSTM）。目前，治疗脑积水最经典的方法为脑室腹腔分流术，即将引流管通过颅骨钻孔插入脑室内，利用引流管将脑脊液引致腹腔等其他部位。据统计，美国有超过 100 万脑积水患者，每年平均进行 70 万例脑室腹腔分流术，而由于脑组织及细胞的生长，第一年就有 30%～40% 的分流手术失效，85% 的患者在十年内需要进行两次引流管置换术。SCSTM 则具有自清洁功能，患者只须每天短时间佩戴一次耳机激活体内的清洁系统即可有效阻止组织向引流管内部生长，从而可有效减小引流管失效概率，大大降低手术风险及手术费用，提高了患者的生活质量。

（2）TipCAT　TipCAT是一个自我推进式内窥镜，可在人体血管、泌尿道和结肠等管状腔道中运动，从而辅助医生诊断。TipCAT采用连续式气囊结构，通过控制气囊内部压力改变气囊的收缩膨胀状态来提供动力，使其能在狭窄管道中利用摩擦力向前推进。TipCAT通过携带不同工具进行辅助治疗。目前，TipCAT最为成熟的使用场景为结肠镜检查。

（3）CardioSert　CardioSert最初应用于血管动脉疏通。据统计，每五个进行心脏导管植入术的患者中便有一个冠状动脉会完全阻塞，而完全阻塞后再疏通的成功概率仅有30%~35%。CardioSert是一种导丝输送系统，医生可控制其尖端弯曲和前端刚性，保证其安全快速地穿过阻塞的动脉。此外，CardioSert还可在术前评估动脉阻塞级别，为医生提供临床决策辅助。Micro Medical还计划将其用于神经外科、泌尿外科等的导丝输送系统。

我国已将机器人和智能制造纳入了国家科技创新的优先重点领域。我国手术机器人市场上涌现出一批优秀企业，以天智航、Remebot、妙手机器人及金山科技等较为领先。其中，天玑骨科手术机器人、思哲睿手术机器人、神经外科导航定位机器人、妙手机器人和消化道胶囊机器人为典型代表。

9. 天智航公司

天玑骨科手术机器人由北京天智航医疗科技股份有限公司生产，是我国第一台有医疗器械注册证的手术机器人。天玑骨科手术机器人系统的定位精度达毫米级，可广泛用于脊柱全节段（颈、胸、腰、骶）和骨盆和四肢等部分的螺钉内固定术。

天玑骨科手术机器人系统由主控台车、光学跟踪系统及机械臂主机等构成，如图3-17所示。

天玑骨科手术机器人系统具有以下优势：

1）智能辅助、精准定位。天玑骨科手术机器人可辅助医生精确定位植入物或手术器械，精度达毫米级，尤其是对微创手术式、高风险区域具有明显优势，可有效降低手术风险、减少手术并发症。

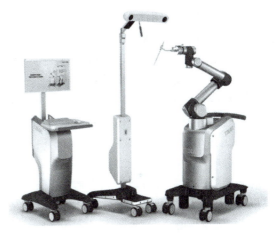

图3-17　天玑骨科手术机器人系统

2）化繁为简、化难为易。简化手术操作步骤，使手术过程更为流畅；一次规划多枚螺钉路径，机器人逐一自主运行到位。

3）适应症状广泛。天玑骨科手术机器人兼容二维和三维两种手术规划模式，其运动灵活、工作范围大，被广泛应用于全节段脊柱手术、创伤骨科手术的精确定位，实现了一机专用、一机多用。

4）人机协同、相得益彰。医生主导、智能设备辅助，协同保障手术成功。医生主导手术规划和手术操作环节，掌控植入位置，体现手术意图。机器人采用被动运动和主动运动结合模式，保障精度和效率；采用运动仿真技术预判运行轨迹，避免与患者或操作者发生碰撞；采用关节力控制技术，在碰到障碍物时自动停止，防止对医患造成损伤。

10. Remebot机器人

睿米（Remebot）是一款神经外科导航定位机器人，由北京柏惠维康科技有限公司研发。借助机械臂末端的操作平台,医生可以实施活检、抽吸、毁损、植入和放疗等 12 类术式,用于脑出血、脑囊肿、帕金森及癫痫等近百种疾病的手术治疗。

该款机器人由三部分组成:计算机软件系统、实时摄像头和自动机械臂,也可分别比作脑、眼、手,如图 3-18 所示。

其中,计算机软件系统提供三维可视化和多模态影像融合技术,辅助医生观察病灶及其周边组织和血管分布,规划最佳穿刺路径。实时(双目)摄像头可准确识别患者和标志物,并对三维模型与现场场景建立一一映射关系,实现手术导航。机械臂可自动定位到规划的靶点和路径,定位精度达到 1mm。

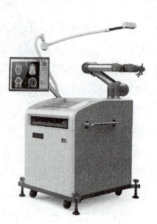

图 3-18 Remebot 机器人

该机器人有如下优势:
1)微创。手术创口仅 2mm 左右,术后观察 1~2 天即可出院。
2)精准。系统定位误差小于 1mm,可充分满足手术临床需要。
3)高效。手术平均用时仅 30min,且可在局部麻醉的情况下完成。

该机器人的使用流程主要包括手术规划、手术注册和手术实施三部分。中国医科大学附属盛京医院完成了首例机器人辅助 DBS 手术,术前为患者制定了双侧手述规划。

注册完成后,手术正式开始。机器人分别定位至患者双侧靶点,医生在患者头皮上标记钻孔位置,并根据标记点位置在患者头部左右双侧分别钻孔。随后实施二次注册,以减少钻孔过程中带来的患者头部位置偏移。确认定位精度无误后,在机械臂末端安装适配的微推装置,为患者植入记录电极,并观察核团内电信号是否符合核团的典型特征。

如果该电信号符合核团典型特征,医生将根据信号强度选取合适的植入位置,为患者植入刺激电极。机器人依次实施定位后,完成双侧记录电极的检测和刺激电极的植入,在全身麻醉后将电池和导线植入患者体内。术后,可借助患者术后 CT 与术前规划的融合来观察电极植入的位置是否符合术前规划的位置。

11. 妙手机器人公司

妙手机器人科技集团公司生产的机器人是第一台国产并得到临床使用的医用机器人。

"妙手 S"机器人是类似于达芬奇机器人的主从式腔镜手术机器人,隶属国家 863 计划资助项目,主要研发团队来自天津大学。该系统包含主操作手(左手和右手)、从操作手(左手和右手)、图像系统、控制系统、各种手术机械和其他辅助器械,可以在医生的控制下完成切割、分离、剥离、缝合和打结等手术操作,科研阶段已成功地对兔子颈部和腿部动脉进行了血管吻合手术。妙手机器人如图 3-19 所示。

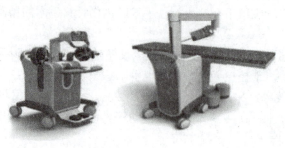

图 3-19 妙手机器人

该国产机器人系统运用三维视野放大的运动控制，通过动作映射完成对主、从操作手的控制，保证了眼-手协调；精巧的手术器械可以模仿人手腕的灵活操作，同时滤除不必要的颤动，可将人手的动作按比例缩小，达到甚至超越了人手的灵活度和精确度。为了确保手术安全，"妙手 S" 机器人有周密的安全设计和实时监控系统。

目前，国产"妙手 S"机器人于 2014 年 4 月开展首例手术，2019 年的手术总量已突破 100 例，为实现手术机器人国产化迈出了坚实的步伐。在这些手术中，约 90% 为三级以上手术，其中包括远端胃癌根治、先天性胆总管囊肿切除、结直肠癌根治、全子宫与双侧附件切除、保留肾单位肾部分切除 + 左侧附件切除以及肝外叶切除以及多发性内分泌腺瘤综合征的肾上腺嗜铬细胞瘤切除等手术。

3.2 护理机器人

智能机器人在家庭服务领域的应用已成为全球热点。目前，全球已有几十个国家投入了家庭服务类机器人的开发，美国、德国、法国、日本和韩国在其中具有领先地位。智能机器人在家庭服务领域的广泛应用来自于如下四大重要因素的驱动：

1）劳动力成本不断攀升形成劳动力缺口，发达国家从事清洁、看护和陪伴等家庭服务的人口呈逐年减少的态势，智能机器人的出现无疑将改善家庭服务行业劳动力短缺的现状。

2）经济水平的提高大大提升了个人可支配收入，人们更加愿意通过购买家庭服务机器人将自身从简单重复的劳动中解放出来，以获得更多的空闲时间。

3）人工智能等信息技术的进步使家庭服务机器人的智能化水平飞速提升，智能机器人不仅成本持续走低、功能更加丰富多样，而且拟人程度越来越高。

4）全球人口的老龄化问题使市场对社会保障服务、家庭看护陪伴的需求愈发紧迫，智能机器人作为良好的解决方案在家庭服务领域拥有巨大的发展空间。

目前，我国已经成为世界上老年人口最多的国家。根据国家统计局的数据，近几年，我国 60 岁以上老年人口数量不断增长，2013 年突破 2 亿，占比 14.9%；2017 年达到 2.4 亿，占比突破 17%；2018 年达到 2.5 亿，占比为 17.9%；2019 年达到 2.54 亿，比上年增加 439 万人。随着人口老龄化程度加深，未来我国老龄人口数量将进一步增加。据预测，到 2050 年，我国老年人群体将达到近 5 亿；2040—2050 年，老年人消费占 GDP 比例将从 8% 提高到 33%，如此庞大的人口基数与消费市场，目前却仍是依靠人力来提供服务。

同时，随着全球化和城市化的不断发展，"空巢"现象也越来越不可避免，亲戚、朋友、儿女往往无法面面俱到，无法帮助老年人完成所有的照顾和护理工作。一般来说，家中一旦有失能老人，要么专门请护工护理，要么子女就必须辞职来照顾失能老人，但是，这种传统的人工护理模式已经暴露出许多问题。除了糖尿病、高血压、阿尔茨海默病和帕金森病等老年常见病外，抑郁、孤独等心理问题也在侵袭着老年人的身心健康。

3.2.1 护理机器人概述

护理机器人是旨在促进或监测人体健康的机器人，能协助患者完成因健康问题而难以执行的任务，实时监测患者的生理参数并做出预警，防止其健康状况进一步恶化；履行护理任务，以减轻护理人员的工作。它的出现在一定程度上缓解了护理资源的不足和子女照顾的缺位，将会是未来主导护理行业的助老助残产品。护理机器人可以辅助残障人士正常生活，提供专业陪护、看护服务,具备提醒用药、监测血压等功能,从而实现无障碍出行、无障碍家居,不仅适用于养老机构,更适用于子女不在身边的独居老人。

1. 护理机器人的发展历程

欧美国家较早地关注到了老年人健康护理机器人这一领域。1984年开始研发的轮椅机械手Manus可以完成喂饭、翻书等简单的任务。此外,同类型的机器人还有法国的Master、德国的Regencies等。

(1)服务机器人HelpMate 恩格尔伯格创造出世界上第一个工业级机器人,被称为"机器人之父"。他在1958年创立了全球第一家工业机器人制造公司Unimation;1983年创建了TRC公司,开始研制服务机器人。护士助手(HelpMate)机器人是该公司于1988年研制的第一个产品。

HelpMate是一种全自动移动机器人的商业化产品,它主要工作在医院、私人疗养所或其他社会慈善事业单位里,担任送饭、送药,传递病例、化验单等医疗记录,血样、尿样等诊断样品以及邮件等其他物品的工作。该机器人可以将餐盘及医疗用品等送到医院的各个护士站,其目的是通过机器人的服务使护士或其他医务人员能够有更多的时间照看病人。

HelpMate上安装了多种传感器,通过操作面板指定目的地后,它会自动停下来或绕开障碍物。HelpMate导航系统基于建筑物AutoCAD地图模型识别法和测距法相结合的传感器融合系统,与仅由观察天花板的氖灯和机器人旁边的墙来定位的系统相比,它具有更高的准确性。该机器人能在无线调制解调器的帮助下开门和乘电梯,可实现24h不间断运行。

(2)移动护理机器人 RoNA(Robotic Nursing Assistant)采用仿人设计,整个上肢躯干系统共有20个关节,包含两个手臂、两只手、一个躯干和一个头部,其外形如图3-20所示。灵巧的机械手采用串联弹性驱动(Series Elastic Actuation,SEA)系统。这些电动执行器提升了机械手的顺从性、安全性和灵活性,使可提升病人体重达到了226kg。

RoNA具有创新的仿人上身、独特的移动平台(具有完整的驱动力和姿态稳定增强)、有三维传感和感知能力的智能导航控制、直观和创新的人机交互控制界面以及高度集成的医疗系统。它的胸部还有一个大屏幕,具有远程呈现功能,如显示医生的实时视频。

图3-20 RoNA

虽然我国对健康护理机器人的研究起步较晚,但也取得了一些成果。国内部分高校对老年人健康护理机器人进行了许多探索。1995年,清华大学研制的机器人可在老人和工作站之间移动,替老人完成取药、送水、翻书等工作。2011年,上海交通大学自主研发了"交龙"机器人(图3-21)供老人使用,它具备显示屏,可为老人提供取送物品、提醒服药等服务。

(3)情感机器人 日本是最早开展情感机器人研究的国家之一,机器人产业已成为其支柱产业之一。早稻田大学、东京理科大学等很早就开始了情感机器人技术的研究工作,并取得了不错的成果,如 Kobian 机器人、SAYA 机器人等。而随着日本情感机器人技术的发展,近几年情感机器人市场在日本也逐步走向成熟,并涉及家庭服务、医疗护理等多个应用领域。

Pepper 作为一款情感机器人已经在日本得到普遍推广,它是由日本软银集团于 2015 年研发的,主要应用于家庭服务方面。Pepper 机器人采用了语音识别技术、呈现优美姿态的关节技术以及分析表情、声调的情绪识别技术,可与人类进行交流。索尼公司的 AIBO 机器狗和 QRIO 型、SDR-4X 型情感机器人的市场化已经趋于成熟。这些机器人可以通过与人交流来"学习"某些动作,表露某种情感,如高兴、生气等。

美国对情感机器人的研究也开展得较早。麻省理工学院媒体实验室于 2000 年研制出美国的第一款情感机器人 Kismet,随后的十多年,又陆续推出了 Leonardo、Huggable、AlbertHUBO、Nexi 和 JIBO 等情感机器人。这

图 3-21 "交龙"机器人

些情感机器人都能够进行语音和面部的识别,而且具有简单的面部情感表达和学习功能。

欧洲的情感机器人发展相对于日本和美国而言起步较晚。应用较为广泛的是 2005 年法国 Aldebaran 机器人公司研发的 NAO 机器人。该机器人可以实现语音、面部和动作的识别,且有简单的情绪表达和学习能力。随后,西班牙、德国、比利时和意大利等国的高校也逐步开展了情感机器人的研究。目前上市的主要有荷兰飞利浦公司研发的 iCat 情感机器人和 BlueFrogRobotics 公司研发的 Buddy 情感机器人,这两款机器人都能实现语音和面部的识别,具有情感表达能力,主要应用于家庭服务方面。

我国在情感机器人方面的研究起步较晚,随着科技的高速发展,对于情感机器人的研究了在我国受到了极大关注,并已取得显著成果。在高校研究方面,哈尔滨工业大学于 2004 年首次研制出具有八种面部表情的仿人头部机器人"H&F ROBOT-1",该机器人能够实现对人体头部器官运动的基本面部表情(自然表情、严肃、高兴、微笑、悲伤、吃惊、恐惧和生气)的模仿;随后在 2005 年和 2007 年相继研发出"百智星"机器人和"H&FROBOT-3"机器人,这两种机器人主要用于人机交互的研究和儿童教育方面。

2013 年以后,我国的情感机器人已经逐步实现商业化,如哈工大机器人集团的"威尔"机器人、康力优蓝机器人公司的"爱乐优"机器人和深圳狗尾草智能科技有限公司的"公子小白"机器人等。这些机器人涉及广泛的应用领域,包括迎宾、儿童教育和社交等。

(4)饮食护理机器人 20 世纪 80 年代开始,英国、美国等发达国家陆续研发出多种饮食护理机器人。这类护理机器人的出现极大地减轻了护理人员的作业负担,为残疾人和老年人的日常生活带来了许多便利。

1982 年,荷兰开发了一个装在餐桌上,名为 RSI 的服务机械手,它具有喂食和翻书等

功能，开创了助餐机器人研究的先河。

1985年，法国展开了关于MANUS服务机械手的研究，如图3-22所示。早期的MANUS将操纵手臂安装在电动轮椅上，具有8个自由度，用来帮助残疾人完成上肢或下肢的日常活动。后期改进简化为6个自由度，在机械臂末端安装一个具有控件旋转功能的抓取结构，能够抓取陈列于配套桌面任意位置处的物体。患者可以通过键盘、高灵敏度摇杆、鼠标或触摸屏来完成对机器人的控制。

1987年，英国Mike Topping公司成功研

图3-22 MANUS服务机械手

制出一款用于日常生活护理的康复机器人Handy1。1989年，该公司进一步研发了Handy1二型服务机器人。患者可以使用助餐托盘进行自主进餐和饮水，还增加了化妆、刷牙、刮胡须及绘画等功能的自我护理托盘（Self_CareTray），如图3-23所示。

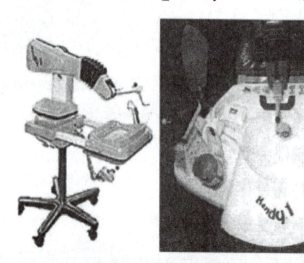

图3-23 Handy1机器人及其自我护理托盘

2005年，德国不莱梅大学在FriendⅠ的基础上，开发出了功能更全面、智能化水平更高的FriendⅡ多功能康复服务机器人，如图3-24所示。FRIENDⅡ机器人包含一个7自由度的仿人机械臂和一个智能托盘。它是一款易于上肢残疾人操作的多功能康复服务机器人，使用者坐在轮椅上即可完成视觉系统引导下的目标识别功能。它配备的智能托盘分为物体重量的实时测量和基于"人造皮肤"测量位置参数两个子系统，可测量托盘上物体的重量，并确定物体相对托盘坐标系的位置。

2009年美国开发的护理机器人Meal Buddy是世界上首个四轴饮食护理机器人，它包括一个3自由度的机械臂以及配套的餐盘和餐桌，如图3-25所示。机械臂由三个电动机驱动，其餐盘和餐桌设计采用的是磁力吸附性。在餐盘的设计上，充分考虑到喂有汤汁的食物时可能造成的汤汁滴落问题，因此，设计时在碗的上方加了一个横杆，每次装完食物后，就会在横杆上刮一下勺子底部，以避免汤汁的滴落。

2001 年，日本西科姆（SECOM）公司研发出帮助残疾人或者失能老年人吃饭的机器人 My Spoon，如图 3-26 所示。该机器人通过安装于固定盘底的 6 自由度机械臂来帮助残疾人或者失能老年人进食，食物盘固定在底座上，被分成了四个独立的矩形空间。它采用的是机械触摸式的人机交互方式，有标准颌动、加强脚动和手动开关三种操控方式。My Spoon 是通过一个勺子和一个叉子共同配合来抓取食物的，取食时叉子先缩回一段距离，勺子接触到食物后，叉子再伸出来与勺子一起共同夹住食物送至用户嘴边，叉子再缩回，此时用户就可以吃到食物了。

在我国，饮食护理机器人是目前国内各大学及科研院积极研究的方向。2006 年第二届全国大学生机械设计创新大赛内容为：助残机械、康复机械、健身机械和运动训练机械四类机械产品的创新设计，期间涌现出了一批助餐机器人科技创新作品。

图 3-24　Friend Ⅱ

图 3-25　Meal Buddy

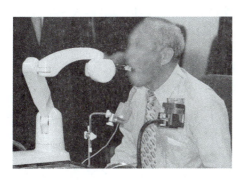
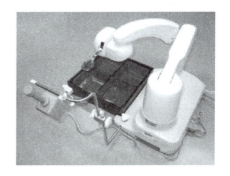

图 3-26　My Spoon

2006 年，中国人民解放军海军工程大学研制出可控式用餐机，如图 3-27 所示。它采用一个驱动电动机，利用连杆机构的原理来驱动整个机械臂。机械臂只有一个自由度，无空间旋转自由度，利用餐盘和餐桌的同时旋转来弥补手臂结构设计的缺陷。餐勺在餐盘中的取餐位置固定，通过脚踏按钮来操作。该机器人的缺点是：自由度少、智能化程度较低，只能完成特定环境下的简单助餐，还需进一步完善才能使用。

2006年，哈尔滨工程大学研制出一种新型助餐机器人MY TABLE，如图3-28所示。它由单片机控制，用于帮助手部残疾的人进餐。该机器人由一个旋转餐桌、一个2自由度机械臂组成，机械臂可以实现旋转和上升，利用餐桌的旋转来弥补机械臂自由度不足的缺陷。它有三种人机交互操作模式，分别为头戴鼠标、脚踏开关和语音识别。进餐时，患者只需坐在餐桌前选择一种操控方式，就可以进餐了。由于该机器人还处于功能样机阶段，体积比较大，且不易拆卸，故还需要改进以实现商业化。

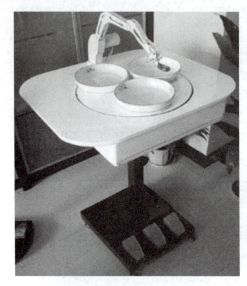

图3-27　可控式用餐机　　　　　　　图3-28　MY TABLE

2. 护理机器人的分类

按照使用场景的不同，可将护理机器人分为医用型和家用型。按照护理机器人的结构，可将其分为仿人式、宠物式、轮椅式和护理床式等类型。按照护理机器人在护理中的应用，可将其分为以下几类。

（1）家庭陪伴机器人　家庭陪伴机器人针对的是"空巢"老年人的护理，不仅有拟人型机器人，还有拟物形态的机器。家庭陪伴机器人有如下显著优势：

1）外形多样，可满足不同使用者的需求。

2）操作者仅需通过触碰机器人或与其进行对话即可进行交流及操作，使用方法简单。

3）可智能判断老年人的心理状态，并根据老年人的心理变化产生不同反应，调节使用者的情绪。

4）与喂养宠物相比，家庭陪伴机器人可降低寄生虫感染危险，因此适合老年人居家使用。

（2）饮食护理机器人　老年人的日常生活护理包括饮食、排泄、个人卫生、衣着、居室环境以及活动与休息等方面的护理。随着老龄化的不断加剧，护理资源的短缺造成护理人员无法花费时间与照护对象进行交流，更无法为其提供日常的细化护理。饮食护理机器人的研发对于体质虚弱的高龄老年人及失能老年人的生活护理显得更为重要。

饮食护理是日常生活护理的重要组成部分。针对失能老年人、残疾人、患有脑血管栓塞或因肌肉萎缩而导致手部活动不灵活的患者，饮食护理机器人可辅助其进食。饮食护理机器人可以通过不同的机械臂组合将食物送至患者的嘴边，同时还可以提供多种操控方式，便于不同程度的残疾人或失能老年人使用。

（3）搬运机器人　一方面，老年人在年龄达到65岁以上后，其身体及心理均已逐渐步入衰老期，常出现行动不便、无法搬运沉重物品的情况；另一方面，卧床患者、术后患者和行动不便患者等需要搬运重物时也面临着困难，需要耗费照护人员较多的体力，甚至可能导致肌肉骨骼损伤。搬运机器人可以解决这些问题。

（4）康复机器人　智能康复机器人在康复医学中的应用主要有两种：一种是配合常规治疗的康复机器人；另一种是辅助患者生活的辅具型康复机器人，这类机器人能帮助老年人和下肢残障者完成正常的行走和爬楼梯等活动。例如，针对因脑卒中等疾病造成的肢体运动功能障碍患者，除了传统的由物理治疗师进行的肢体训练外，还可以在康复治疗中使用康复机器人。

（5）慢性病管理机器人　慢性病因其复杂的病因、漫长的病程和较高的再住院率，导致患者自身体力下降和行动不便，经常需要照护人员的帮助。口服药是治疗慢性病的重要手段，因老年人病情严重程度、对医嘱理解程度、记忆及理解能力参差不齐，使家庭用药安全成为难题。慢性病已经成为影响老年人健康的主要问题。因此，对老年慢性病患者的家庭监测非常重要。

相对于传统的监测高血压、糖尿病病情的手段，智能化血压计及血糖仪可利用无线通信技术及传感技术智能化地采集数据和记录流程，数据经过云处理及分析后再将结果反馈，使慢性病监测更方便、高效。

慢性病管理机器人不仅能够帮助患者管理病情，还可以提供患病过程中容易被忽略的疾病资料，一方面，使患者对医疗机构的依赖程度降低；另一方面，在就医过程中，便于医生及护士获取患者生活中连续性监测的客观指标，可有效将医疗服务时间段前移。

（6）物品传送机器人　物品传送机器人可借助传感器、无线网络与医院中央系统连接，由传感器探测物体，按照事先输入的地图信息确定行走路线和修正运送路线，实现送餐送药、收集废弃物、传递X线片、样本和药品等活动。物品传送机器人还可以在隔离病区内执行病区消毒、为患者送药、送饭及送生活用品等任务，协助护士运送医疗器械、设备、实验样品及实验结果等。这类传送机器人可以完成医院不同部门之间的物品传递，减少护士在物品传递上花费的时间，提高护理工作效率。

3.2.2　护理机器人技术分析

护理机器人一般由机械结构、感知系统和控制系统组成。机械结构是机器人的框架基础，是执行机构，保障整个系统的性能及稳定；感知系统是机器人的五官，为机器人提供外部环境信息；控制系统则相当于大脑，用来存储数据和发布命令。护理机器人种类繁多，横跨多个学科领域，其应用到的关键技术有人体生理参数无感检测、数据采集与分析、语音识别和路径规划等。

1. 人体生理参数无感检测

患者的生理参数是反映其身体状况的重要数据，生理参数检测功能通过光电传感器、红外传感器等采集心率、血压和血氧饱和度等生理参数，并将所采集的数据和正常数值进行比对，从而判断患者的身体状况并做出预警。

生理参数检测技术是一个护理设备的必备功能。目前，大多数机构仍然使用传统的外接设备，直接将电极粘贴在患者皮肤上工作，整个检测过程繁琐，并且在一定程度上限制了患者的活动，长时间使用会对患者心理上产生影响。因此，研发无感低负荷的生理参数检测技术，突破线材制约，无中断地监测患者身体状况，对护理工作有很大的帮助。

2. 数据采集和分析

数据采集是获取数据的方式之一，是指通过传感器等设备对外部资源进行接收和处理；而数据分析是运用统计学方法，通过计算机工具，从数据中获取有价值信息的过程。数据采集和分析通过软硬件结合，能高效、准确地处理大量数据。数据种类不同，所用到的采集和分析技术也有差异，如何从中提取如生理状态、病理发展趋势等有用信息，并应用到护理设备上，是该技术所要解决的问题，也是目前医疗大数据领域研究的热点之一。

3. 语音识别

目前，机器人设备都倡导人机交互，人与机器进行交流的主流手段就是借助语音识别技术，机器人通过采集、获取人的语音输入，经过数字化处理对其进行特征提取，再与预先训练好的声学模型库进行比对配准，匹配识别后得出结果并输出。

从最开始只能识别孤立词，到对多个词汇、连续语音的识别，语音识别技术得到了长足的发展，已经达到了相当高的准确率。但考虑到区域化的语言差异，尤其是国内各个地域语言差异显著、方言现象严重，护理对象又多是老人，因此在语音信号的采集上，对声学库模板的训练还需要多做研究。

4. 路径规划

路径规划技术在护理机器人的自主移动、自动导航和检测避障等方面都有重要应用。任意两点之间有多条路径，对于护理机器人来说，如何选择最优的路径以达到最高效率，这就需要路径规划技术。路径规划技术有局部路径规划和全局路径规划之分，广泛应用于移动式护理机器人上。路径规划技术能极大地提高机器人的移动效率，尤其是在医院、养老院等大型护理场所，要求机器人具有快速处理突发障碍物的能力。在多机器人场景中，如何处理路线冲突问题、合理分配路径资源以保证路径安全，需要规划策略和优化算法等共同发挥作用。

3.2.3 护理机器人的应用

目前，机器人在护理行业的应用逐渐增多，主要包括物品传送、患者转运、康复护理、饮食护理及老年人照护等方面。

1. 人形护理机器人 P-Care

中瑞福宁控股集团始建于 2013 年，围绕医学机器人、养老助残机器人等进行研发、生产和销售，是制定机器人行业标准的成员单位。中瑞福宁自主研发的 PinTrace 骨科机器人、Ophthorobotics 眼科机器人、CAS-OneIR 肿瘤消融手术机器人和 P-Care 综合服务机器人等"智慧家族"产品已走向世界舞台。

P-Care 机器人如图 3-29 所示，是中瑞福宁结合欧洲最先进的机器人研发技术与我国优良的生产能力，自主研发的一款综合服务型机器人。P-Care 综合运用了定位与地图构建（SLAM）、图像处理、深度学习、人脸识别、物体识别、环境感知、语义识别、心智学习和语音识别等人工智能技术，可在非接触状态下定时采集传感器信息，诊断人体状况，也可与人进行语义交互。

图 3-29　P-Care

这款主要应用于养老服务的智能产品具有以下特点：

1）可根据任务智能更换手爪。P-Care 拥有多种不同类型的可自主更换手爪，可对碟、碗、托盘、刀叉勺筷、杯及手机等日常生活用品进行抓取和握持。

2）具有仿人形双臂和高自由度运动。P-Care 的双臂设计以人类手臂为范本，是目前全球市场上唯一具有可工作双臂的服务型机器人；具有高负载、柔性、12 自由度的仿人形双臂，可进行安全协作；每个手臂可负载 2.5kg 重量，达到了目前世界最高水平，能够高度自由地完成多种抓取动作。

3）采用可扩展操作系统。具有自主知识产权的可扩展机器人操作系统确保了机器人的易用性和稳定性，整机平均无故障时间可达 2000h；搭载人工智能（AI）模块，可通过深度学习和决策系统来实现更多复杂的智能操作，更加真人化。

4）集成多种高新技术。通过采用语音识别、人脸识别、图像处理、产品应用、环境探测、无线通信和远程定位等多种高新技术，提供了更好的人机交互体验和环境感知能力。

2. 移动护理机器人 Giraff

Giraff 如图 3-30 所示，它相当于是一个移动通信工具，使老年人可以与外界通信。Giraff 由轮子、摄像头和显示器等组成，可以通过遥控器来控制，它还拥有双向视频通话功能。该机器人在用户和陪护中心之间建立了沟通的桥梁，其顶部装有一个 LED 显示屏，内置扬声器，使用内置的传感器来收集和检测用户的各项生理信号，如血压、体温等，发现信号不正常的时候就会自动连接陪护中心进行呼救。

3. 宠物型护理机器人 PARO

日本产业技术综合研究所研发的海豹型机器人 PARO（图 3-31）可用于治疗痴呆症患者。

PARO 身长 55cm，体重 2.5kg，乍看上去就像常见的毛绒玩具，其配备的五种传感器（光、触觉、听觉、温度和姿态传感器）用于感知人及其周边环境。利用光传感器可以识别明和暗；利用触觉传感器可以感受被抚摸；利用听觉传感器识别声音来源、语音，如姓名、问候、表扬；利用姿

图 3-30　Giraff

态传感器感受被拥抱。通过不断学习，PARO 机器人可以对外界的刺激做出反应。通过与患者的肢体接触，可以唤起痴呆症病人昔日养育儿女、养殖宠物的记忆，进而减轻患者的焦虑行为。

4. 情感机器人 LOVOT

2018 年 12 月，日本机器人公司 Groove X 推出了家庭陪伴机器人 LOVOT，如图 3-32 所示。

图 3-31　PARO

图 3-32　LOVOT

LOVOT 是一种适合家庭使用，具有情感疗愈功能的机器人。Groove X 公司旨在通过伴侣型机器人建立人类与机器人之间的情感纽带，为人类提供情感更丰沛、牢固的生活，激发人类爱的潜力，而非强调科技用于人类制造生产的实用性。

"LOVOT"一词由爱（Love）和机器人（Robot）两个单词组成，表明 LOVOT 具有爱人的能力。LOVOT 的爱主要表现在它的外形设计与互动机制上。"毛茸茸的身体，浑圆的脑袋，闪烁的大眼睛"是它令人惊喜的外形特征，LOVOT 的设计元素带有婴儿般的天然"萌"感。

该机器人重 4.2kg，包含 10 余个 CPU 内核、20 余个 MCUs、超过 50 个传感器，其行为和人的行为非常相似。LOVOT 能够精确地扫描整间房间，找到它的主人。它的眼睛和声音具有生物特征，眼睛内置六层光源，创造自然的眼部效果；眼睛的运动、眨眼的速度和瞳孔的宽度都经过精密计算。LOVOT 的声音模拟口腔内的回声，可以产生一种有生命和活力的感觉。LOVOT 全身都有触觉传感器，以识别哪里被抚摸。其高性能的移动性使它能够在房间内自动加速，当障碍物传感器检测到路径中的物体时，距离传感器将测量其到物体的距离。LOVOT 使用深度相机捕捉高度差异，并选择最佳动作，如旋转、后退或在曲线上移动，从而可以继续平稳移动。它的轮子是可伸缩的，在主人举起轮子时就可以收回，从而防止衣服被弄脏。

LOVOT 的行为不是被预先编程的，其大脑可以即时对环境做出反应。通过深度学习和其他机器学习技术，对超过 50 个传感器检测到的数据进行处理，使 LOVOT 能够实时采取行动。LOVOT 的快速反应没有太大的时延，其性格可以随着主人的参与而改变。

5. 外骨骼机器人 HAL

混合辅助假肢（HybridAssistiveLimb，HAL）是世界上首个可以改善、辅助和扩展身体功能的穿戴式医疗辅助设备，其外形如图 3-33 所示。

  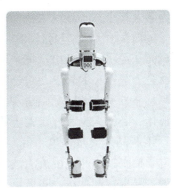

图 3-33 外骨骼机器人 HAL

外骨骼机器人 HAL 旨在辅助体弱或运动不便的人进行正常运动,并能增强劳动者体力,提高劳动者的工作效率。HAL 可以使"人""设备"与"信息"相互融合,不仅可以获得极大的助力,为残障人士提供支撑,甚至可以刺激脑部,以激发神经来重新学习和养成运动感觉。

HAL 重达 23kg,由充电电池驱动,续航时间接近 2h40min。它可以通过运动神经元获取大脑的神经信号,最神奇之处在于可探测到皮肤表面非常微弱的信号,之后通过动力装置控制肌肉和骨骼的移动。在 HAL 的帮助下,佩戴者不仅可以进行正常的日常活动,还可以完成站立、步行、攀爬、抓握和举重物等高难度动作。

HAL 的运行原理是,人在运动时,首先由脑部发出指令,再通过神经系统向产生动作的肌肉群发出运动信号。HAL 通过独自研发的贴附于皮肤的感应器拾取此信号,并通过处理器进行分析判断,以感知穿戴者希望做出的动作行为,分析确认后,通过动力装置带动设备,帮助穿戴者完成动作。通过使用 HAL,将"行走"这一动作的反射感觉持续不断地反馈回大脑,一点一滴地重建脑部对行走所需要的指令及相关肌肉运动关联,从而使腿部行动不便的人士通过 HAL 恢复自力行走。

普通康复机器人都是非智能型的,是以所设定的同一频率运动,患者被固定在机器上做被动式运动,这对训练和抑制患者下肢肌肉萎缩有很大作用,但作用只是在表面,对神经系统的刺激作用则很有限。而 HAL 采用的是主动式训练,患者步行虽然还是靠机器人外骨骼的助力,但进行控制的不是机器本身,而是患者大脑发出的信号,通过对神经系统的刺激,逐步重建脑部与肌肉运动的关联,实现自力行走。

6. 用餐辅助机器人 Bestic

Bestic 机器人是由瑞典的高科技创新公司 CamanioCare 开发的用餐辅助机器人,如图 3-34 所示。

该款机器人由机器人本体和外部遥控器组合而成,重 2kg,使用电池运行时间约 5h,可以根据用户需要设置勺子的高度和深度。在有饮食障碍的人难以进食时,可以使用它按照自己的意愿吃饭。此过程只需要简单地用遥控器控制,对于老人或残疾人来说都将改善其进食情况。

7. 培护宁智能护理机

在我国,家属或护工对于老人排泄,大多采用传统护理方式,

图 3-34 Bestic

即为老人换上尿不湿或尿裤,由于老人夜间排泄次数不定,传统护理方式需要耗费陪护人员大量的时间和精力,而且陪护人员还需要及时为老人进行清洗,以避免可能出现的感染问题。而从经济层面考虑,每个老人每天至少需要使用 4 片尿不湿,单单每月使用尿不湿的费用就是一笔不小的开支。对于行动方便但夜尿频繁的老人,则面临着容易摔倒的风险。

培护宁系列产品涵盖解决各类排泄问题的多类别产品,可全方位、多层次地满足老年人群体、卧床人士和残疾人士等的不同使用需求,如图 3-35 所示。

该产品是集水、电、气、信号探测和控制为一体的全自动智能护理设备,其核心采用微电子控制技术和涡旋流清洁系统,智能检测患者的排泄情况,自动或手动实现排泄物抽吸清理、温水臀部冲洗、暖风烘干以及过滤除臭等功能,最终对排泄物进行集中处理,整个过程安全、清洁、舒适、无异味、低噪声,可帮助卧床患者轻松解决排泄护理难题。该护理机轻巧便捷,可推移到各病房使用,超薄集便器更适用于各种床垫,减轻了陪护人员的照护劳动强度,改善了患者的生活环境品质。

8. 糖尿病管理机器人

2018 年,国内首个糖尿病医疗服务机器人在珠江医院内分泌代谢科正式"上岗",首批六台已投入使用。"糖小护"的研发是由中国工程院院士、南方医科大学钟世镇领衔,珠江医院内分泌代谢科承担的 2018 年广州市重大协同医疗项目。"糖小护"主要面向医院及患者家庭使用,是国内第一台糖尿病管理机器人,如图 3-36 所示。

图 3-35 培护宁智能护理机

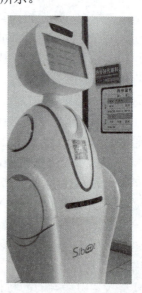

图 3-36 "糖小护"机器人

"糖小护"能实时采集患者的血糖、血压及体脂等数据,进行糖尿病风险评估。"糖小护"的体内储存有 2 万多条糖尿病知识,可以通过人机互动,回答患者的相关问题;它还可以进行糖尿病多维健康教育,在用药、膳食等方面为患者提供科学指导。

9. 高血压管理机器人

济南软件企业众阳软件利用大数据技术,与清华大学、北京大学和山东省千佛山医院等联合研制了高血压管理机器人、糖尿病管理机器人体系,已经在平阴地区得到了成熟应用。

高血压管理机器人一年能管理 2.2 万名高血压病患者，为患者监控检查数据、对症开方。高血压病管理机器人除了系统地整合了《中国高血压防治指南》外，还整合了全国 400 多家医院的 3000 多万名患者的临床数据以及临床专家的行医经验，可提供诊疗依据。除此以外，机器人在数据处理的同时，还在不断深入医疗大数据的挖掘与学习。系统软件配合可穿戴智能设备推广，一方面，提升了基层医疗设施水平；另一方面，数据可自动上传系统，避免了误差，使数据更加精确，而这些数据将会进一步提升机器人的诊断水平。

3.3 导览机器人

3.3.1 导览机器人概述

导览机器人又称智能导览设备，是一种旨在代替人工讲解的服务型机器人，可用于景区讲解、博物馆解说、工厂参观讲解及园区观摩解说等场所。智能导览机器人提供的服务多种多样，主要有引导、娱乐、查询、展示和提醒五大功能。

1）引导：机器人可以进行地图线路引导、语音播报引导、行到规划引导和活动流程引导等。

2）娱乐：可以进行语音交流、讲故事以及人机交互游戏等。

3）查询：通过机器人查询信息。

4）展示：主要是宣传推广、提供广告服务等。

5）提醒：时事热点、新闻动态和重要活动提醒等。

导览机器人不仅可以提供更优质、更细致的导览服务，还能大大降低人力成本。传统的讲解导览服务基本都是靠人力支撑，一旦遇到游客众多的情况，讲解员就会分身乏术。尤其是遇到外国旅游团的时候，更是捉襟见肘。显然，使用具备多种语言和方言识别沟通能力的智能机器人可以很好地解决这个问题，不但解放了人力，还会给更多的游客提供更好的服务。

3.3.2 导览机器人技术分析

1. 导航技术

自主导航是导览机器人采用的关键技术之一。根据机器人自动行驶过程中的导航方式，将其分为以下几种类型。

（1）电磁感应导航　电磁感应导航也称为地下埋线式导航。其原理是沿预先设定的行驶路径连续埋设多条引导电缆，分别流过不同频率的电流，通过感应线圈对电流进行检测来感知路径信息。当高频电流流过电缆时，在电缆周围产生的电磁场离导线越近，磁场强度越大；离导线越远，则磁场强度越小。机器人上左右对称地安装有两个电磁感应器，它们所接收的电磁信号的强度差异可以反映偏离路径的程度。机器人的自动控制系统根据这种偏差来控制车辆的转向，连续的动态闭环控制能够保证对设定路径的稳定自动跟踪。

电磁感应导航是传统的导航方式，技术较成熟，工作可靠。其主要优点是引线隐蔽，不易污染和破损，导引原理简单可靠，便于控制和通信，对声光无干扰，制造成本较低；其缺点是需要在运行线路的地表下埋设电缆，施工时间长、费用高，不易变更路线，对复杂路径的局限性大。

（2）惯性导航　惯性导航的工作原理是在机器人上安装陀螺仪，在行驶地面上安装定位块，机器人可通过对陀螺仪偏差信号的计算及地面定位块信号的采集来确定自身的位置和航向，从而实现导引。

惯性导航的主要优点是：技术先进，定位准确性高、灵活性强，便于组合和兼容，适用领域广；其缺点是：制造成本较高，导航精度和可靠性与陀螺仪的制造精度和使用寿命密切相关。

（3）激光导航　激光导航的工作原理是：利用安装在机器人上的可旋转的激光扫描器，在运行路径沿途的墙壁或支柱上安装有高反光性反射板的激光定位标志，机器人依靠激光扫描器发射激光束，然后接收由四周定位标志反射回的激光束，车载计算机计算出机器人当前的位置以及运动方向，通过与内置的数字地图进行对比来校正方位，从而实现自动导航。

激光导航具有定位精度高，自主性、适应性、灵活性强，路径的扩充和修改方便等优点；其缺点是：成本高，且在有些使用环境中易受干扰。

依据同样的导航原理，若将激光扫描器更换为红外发射器或超声波发射器，则激光导航可以变为红外导航或超声波导航。

（4）视觉导航　视觉导航的工作原理是：在机器人上安装使用电荷耦合器件（CCD）的摄像机和传感器，在机器人行驶过程中，摄像机动态获取车辆周围环境的图像信息，然后通过图像处理技术进行机器人定位并规划下一步的动作。

这种机器人由于不要求人为设置任何物理路径，因此在理论上具有最佳的引导柔性，随着计算机图像采集、储存和处理技术的飞速发展，这种机器人导航技术的实用性将越来越强。

2. 定位技术

（1）基于路标的定位　事先将环境中的一些特殊景物作为路标，机器人在知道这些路标在环境中的坐标、形状等特征的前提下，通过对路标的探测来确定自身的位置。根据路标的不同，分为人工路标定位和自然路标定位。人工路标定位是在机器人的工作环境里，人为地设置一些坐标已知的路标，如超声波发射器、激光反射板等，机器人通过对路标的探测来确定自身的位置。自然路标定位不改变工作环境，是机器人通过对工作环境中自然特征的识别来完成其定位。自然路标定位主要通过视觉导航技术实现。

（2）航位推算定位法　通过测量机器人相对于初始位置的距离和方向来确定机器人的当前位置，常用的传感器包括里程计及惯导系统（速度陀螺、加速度计等）。航位推算定位法的优点是：机器人的位置是自我推算出来的，不需要对外界环境的感知信息；它的缺点是：漂移误差会随时间累积，不适用于长距离和长时间的准确定位。

（3）基于构造地图的定位　机器人通过自身的传感器探测周围环境，并利用感知到的局部信息进行局部地图构造，然后将这个局部地图与预先存储的完整地图进行比较，寻找两者之间的关系（匹配过程），从而计算出机器人在工作环境中的位置与方向。

3. 路径规划

路径规划是指机器人按照某一性能指标搜索一条从起始状态到目标状态的最优或次最优的无碰撞路径。

（1）可视图法　可视图法将机器人视为一点，对机器人、目标点和多边形障碍物的各顶点进行组合连接，要求机器人和障碍物各顶点之间、目标点和障碍物各顶点之间以及各障碍物顶点与顶点之间的连线均不能穿越障碍物，即直线是可视的，从而将最优路径搜索问题转化为从起始点到目标点经过这些可视直线的最短距离问题。

（2）自由空间法 采用预先定义的广义锥形和凸多边形等基本形状构造自由空间，并将自由空间表示为连通图，通过搜索连通图来进行路径规划。

（3）栅格法 将机器人工作环境分解成一系列具有二值信息的网格单元，多采用四叉树或八叉树表示工作环境，并通过优化算法来完成路径搜索。

（4）人工势场法 将机器人在环境中的运动视为一种虚拟的在人工受力场中的运动，障碍物对机器人产生斥力，对目标点产生引力，引力和斥力的合力作为机器人的加速力来控制机器人的运动方向和计算机器人的位置。

（5）基于智能方法的路径规划算法 目前，基于智能方法的路径规划算法主要有遗传算法、模糊逻辑算法和神经网络算法等。遗传算法是一种基于自然选择和基因遗传学原理的搜索算法。模糊逻辑算法是基于实时的传感器信息，参考人的驾驶经验，通过查表得到规划信息，从而实现局部路径规划的算法。神经网络算法采用神经元阵列表示地图，机器人通过自带传感器收集周围局部环境信息以及与目标点的距离信息，经过对局部神经网络的实时训练，可以快速地产生一条光滑无碰撞且简捷有效的运动轨迹。

3.3.3 导览机器人的应用

1. 软银机器人

软银机器人提供了开放的机器人应用平台。在商业场景中，软银机器人产品与服务被广泛应用于汽车、公共服务、零售、金融、电信、健康护理、展览、物业及旅游等各行业。在教育方向，软银机器人被应用于STEM（科学、技术、工程和数学）教育领域、科研领域、比赛领域及特殊教育领域。

2015年6月，由日本软银集团和法国Aldebaran Robotics公司联合研发的人形机器人派博（Pepper）问世。这是一款在日本开售一分钟就销售了1000台的人形机器人。该款机器人的CPU型号采用BayTrail，它具有20个自由度，身高120cm，体重29kg，续航能力为12h，胸前自带一块触摸屏。Pepper采用了语音识别技术，拥有同人类一样的五指及灵活的关节。

Pepper机器人主打智能陪伴，它采用了可以呈现优美姿态的关节技术，以及可以分析表情和声调的情绪识别技术，可与人类进行交流。作为一个完全可编程序平台，它能够在商业与教育领域提供各种不同的可能性。该机器人的外形如图3-37所示。

Pepper的头部嵌入了大量传感器元件、传声器阵列和扬声器等。相当于人的眼睛、耳朵和嘴巴，以便让它能够更接近人的感知。

相当于耳朵的传声器阵列位于头顶，而人耳所在的位置则安装着扬声器。采用仿生学眼部设计，安装了距离图像传感器，通过左眼发射和右眼接收的方式来检测距离。图像传感器上面有一圈LED，环绕在发光部和受光部周围，根据Pepper的设置状态，"眼睛"周围可呈现粉色或绿色，使其更有"神采"。相当于人类眼睛的视觉感知摄像头安装在头部额头上和嘴巴两个开口中，用于记录和观察外界情况。Pepper底部的运动装置为全方位滚球，采用等边三角顶点设计，使其行驶更为稳定。

Pepper可实现以下功能

1）听。通过机器人头部的传声器阵列，可以准确地对场景内的声源进行定位和识别，可听懂中文和英文。

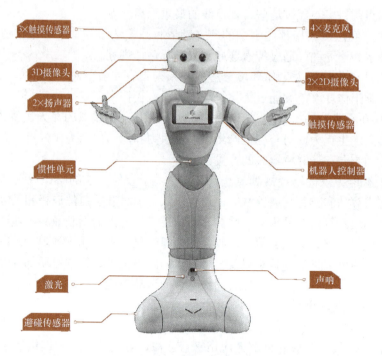

图 3-37 Pepper

2)说。智能 AI 数据库可实现除人机交互外的订票查询、天气查询及交通指引等功能。通过 HARI 平台的增强服务,机器人可以更精准地提供服务。

3)看。可同时识别多张人脸和几百类物体,更可对文字进行精准识别。

4)动。机器人可通过路面标记、路径规划和导航避障进行运动,按照用户的需求准确地移动到目标位置。

Pepper 作为一个可编程序平台,能够在零售、公共服务和健康养老等领域提供各种不同的可能性。

(1) Pepper 在商业上的应用

1)客户交流:Pepper 可爱的造型互动可轻松实现客户倍速增长,瞬间聚拢人气。

2)主动接洽:强大的人脸识别与情感感知功能可让交流更加主动与高效。

3)精准营销:通过人脸识别、对话及大数据分析等功能,可实现个性化销售。

4)数据赋能:通过人机交互,可利用大数据赋能业务拓展。

5)互动娱乐:跳舞、唱歌和玩游戏等互动娱乐可提升客户满意度。

6)客户复购:良好的购物体验可提高客户黏性和忠诚度,传递品牌价值。

(2) Pepper 在教育领域的应用

1)编程教学:提供编程教科书、教师用指导教材、使用手册及教案。

2)辅助教学:活泼可爱的机器人教具,提高教学质量,活跃课堂气氛。

3)编程学习:使用更易上手的直观编程软件 Choregraphe 以及面向儿童编程教育的 Robo Block 软件等。

4)科研竞赛:作为开源软件编程平台,可用于深度 AI 开发。同时,它也是 Robo Cup 比赛的指定标准平台。

下面以 Pepper 在上海图书馆的应用为例介绍其功能。上海图书馆馆藏齐全，5500 余万册图书不仅种类齐全且类目众多，依靠人力服务方式无法准确查找指引；馆员每天接受的咨询问题大多属于低效重复问题，长此以往工作效率比较低。为突破人力资源的局限，上海图书馆引入 Pepper 机器人作为"图书馆管理员"，帮助读者通过流畅的语音及图像交互完成引导任务。同时，Pepper 机器人能够辅助业务咨询与办理，上海图书馆通过统计线上咨询读者最常见基础业务问题的数据结果，使用 Pepper 机器人强大的语音识别系统识别成文字后，交由同时支持专业问题和寒暄问答的在线 QA 语音库处理问题答案，最终由 Pepper 机器人播报答案，完成问题反馈。

在现阶段，机器人馆员同人类馆员互为补充。一方面，机器人馆员不知疲倦地为读者解决大部分重复问题；另一方面，人类馆员既可以利用更多的时间在更深、更具有灵活性及专业性的参考咨询领域投入更多精力，从而更好地为读者服务。机器人馆员与人类馆员相辅相成，可为读者提供更加便捷、细致的服务。

2．新松机器人

新松机器人自动化股份有限公司（以下简称"新松"）成立于 2000 年，隶属中国科学院，是一家以机器人技术为核心的高科技上市公司。作为我国机器人领军企业及国家机器人产业化基地，新松拥有完整的机器人产品线及工业 4.0 整体解决方案。

新松成功研制了具有自主知识产权的工业机器人、协作机器人、移动机器人、特种机器人和服务机器人，共五大系列百余种产品，面向智能工厂、智能装备、智能物流、半导体装备和智能交通，形成十大产业方向，致力于打造数字化物联新模式。新松服务机器人中，用于智能导览的机器人有以下几款。

（1）松果Ⅰ号促销导购机器人　松果Ⅰ号机器人如图 3-38 所示，具有自主导航、自主避障和自主充电等功能，集成了移动机器人、多传感器融合与导航以及多模态机器人交互等技术。目前，松果Ⅰ号机器人已被广泛应用于快速消费品行业，可代替或部分代替商场员工进行商品售卖服务，能够适当地减少服务人员数量，提升品牌形象，具有较高的经济价值。

松果Ⅰ号机器人具有 8kg 载重托盘，可作为商品展示的移动载体，也可以在会议中为与会嘉宾提供服务。松果Ⅰ号机器人具有等待功能，在执行此功能时，机器人会在既定位置等待用户取走托盘上的物品。用户在取走物品后按下"等待完成"按钮，机器人会继续前往下一个目标点。

（2）松果Ⅱ号政务服务机器人　松果Ⅱ号政务服务机器人是一款基于"互联网+"思想设计的产品，是"互联网+"政策的最佳载体，如图 3-39 所示。该政务服务机器人具有人脸识别、语音识别等人机交互功能，并可通过装载摄像头、触摸屏、身份证阅读器、IC 插卡器和热敏打印机等外部设备来实现迎宾取号、咨询接待、业务引导、信息查询及自助缴费等功能。该产品可广泛应用于税务、电力、公检法、海关和银行等政务行业。

松果Ⅱ号机器人的具体功能如下：

1）语音交互。具有声源定位、回声消除等功能，能够与客户进行语音交流，通过语音提示形式进行咨询接待、业务引导、信息查询和自助缴费等业务操作。

2）人机交互。具有高性能触摸屏，使用者可以根据屏幕显示的内容与机器人进行互动，实现业务引导、信息查询和自助服务等业务功能。无人使用时可播放企业宣传、业务办理流程等内容。

图3-38 松果Ⅰ号机器人　　　　　　图3-39 松果Ⅱ号机器人

3）人脸识别。可通过前置摄像头对使用者信息进行采集识别，具有人脸检测、人脸识别、人脸追踪和人体检测等多种功能。

4）自主避障。在自主运动遇到障碍物时，能够提前检测障碍物，自主规划避让路径，提前改变运行轨迹，实现自主避让、柔性运动。

5）自主导航。采用先进的 SLAM 技术对环境进行建模，感知外界环境，可以按照指定路径进行自主运动，也可以在地图环境内随意自主漫游运动。

6）自主充电。在电量较低时，机器人可以自主寻找充电站进行充电；充电完成后，可以继续投入使用。机器人充电电量可以调节，可根据实际需要灵活安排机器人的充电时间。

7）安全保护。通过激光、声呐和避碰传感器等多种传感器的融合，全方位地对周边环境进行检测，以保证机器人和用户的安全。

(3) 松果Ⅲ号迎宾展示机器人　松果Ⅲ号迎宾展示机器人外观前沿时尚，在平台功能基础上增加了人脸识别、才艺表演等功能，如图 3-40 所示。

迎宾展示机器人可以胜任迎宾导览、信息查询、引领、讲解及拍摄合影等各种任务。目前，松果Ⅲ号迎宾展示机器人已被广泛应用于政府办事大厅、科技展馆、博物馆及餐厅酒店等公共场所，同时也适用于主题展会、企业展厅等展览环境。其具体功能如下：

图3-40 松果Ⅲ号机器人

1）人脸识别。松果Ⅲ号具备人脸识别功能，可以"记住" VIP 会员，当客人来到机器人面前时，松果Ⅲ号的前置摄像头能"认出"客人并执行已预置的动作和问候语；如果客人不是 VIP 会员，松果Ⅲ号将执行默认的预置动作及语音。

2）才艺表演。松果Ⅲ号迎宾展示机器人具有灵活的手臂，可以展现丰富的肢体动作，并可以结合优美的音乐进行舞蹈表演。

（4）智能平台型服务机器人　智能平台型服务机器人如图 3-41 所示，它集合了行业全部顶尖技术，具有语音识别、人脸识别、语音指令、远程更新、远程视讯、多媒体播放、自主行走、自主充电、一键呼叫、远程咨询、档案管理、课程点播以及云端服务等功能，被广泛应用在健康养老、教育陪伴、政务金融和促销导购等领域。

3. 哈工大机器人

哈工大机器人集团（HRG）成立于 2014 年，是由黑龙江省政府、哈尔滨市政府、哈尔滨工业大学共同投资组建的高新技术企业，在智慧工场、工业机器人、服务机器人、特种机器人、文旅机器人和医养康助机器人等方向形成了产业集聚和协同发展。

图 3-41　智能平台型服务机器人

服务机器人事业部立足智能机器人的研发，面向智慧物流、智能仓储、医养康助、教育娱乐、迎宾导览和家居生活等领域，开发出智能拣货机器人、自助运输机器人、自动装卸机器人、自动导航机器人、迎宾机器人、送餐机器人和康复机器人等多款产品。业务涵盖基础配件生产、软件系统开发、硬件设备打造及集成方案制订等方面。

其设计研发的迎宾机器人威尔如图 3-42 所示，具有人机交互、面部识别、激光自主导航、智能化语音互动、客户引领、自动避障、防碰撞、阶梯防跌落、电量检测与充电提示以及视频播放等功能，可搭载客制化 APP 来分担客服人员、迎宾人员的重复性迎宾接待工作，被广泛应用于银行、机场、商场、餐厅、电信、税务、医院、展览馆、科技馆等公共场所，颁奖礼、年会、婚礼等大型活动现场，以及广告行业的引导和解说。

4. 小笨智能

北京慧闻科技（集团）有限公司成立于 2016 年，集团旗下的服务机器人品牌小笨智能如图 3-43 所示，是与清华大学计算机系智能技术与系统国家重点实验室深度合作、自主研

图 3-42　迎宾机器人威尔

图 3-43　小笨智能机器人

发的、以自然语言处理技术（NLP）为核心的人工智能（AI）引擎，AI 引擎具备智能问答、知识图谱表示、情感分析等文本大数据挖掘与分析能力，并融合了人脸识别、语音识别与语音合成等技术，具备多模态信息处理能力。

该公司以 AI 引擎为核心，面向实体服务机器人的应用需求，研发了服务机器人交互平台、服务机器人硬件平台，并具备独立的智能机器人硬件制造及生产能力；面向在线智能信息化服务需求，研发了线上智能客服（智能机器人电话、文本问答机器人）。

小笨智能机器人系列包括讲解版、大屏版和标准版三种类型。其中，讲解版服务机器人的外形如图 3-44 所示。

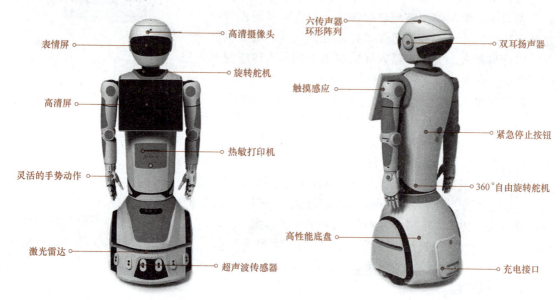

图 3-44　小笨智能服务机器人讲解版

大屏版服务机器人如图 3-45 所示，它首次采用超高清大屏，适用于各类应用场景，实现了人机零界限交互体验。

2018 年 12 月 19 日，北京公交集团庆祝改革开放 40 周年暨迎新春音乐会在北京中山公园音乐堂举行，由小笨智能为北京公交集团专属研发、制造的机器人——"路路"在音乐会上首次对外亮相。

机器人"路路"的外观设计、功能研发和生产加工均是由小笨智能完成的。未来，"路路"将主要工作在各大交通枢纽站，为出行的人们提供方便、快捷的服务，包括路线查询、站点查询、语音导引、路线打印、出行秩序维护以及出行安全知识宣传等，由点到线再到面，全景布局智慧交通新格局。

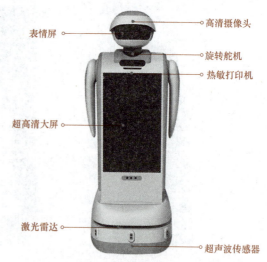

图 3-45　小笨智能服务机器人大屏版

5. 金甲机器人

广州金甲智能科技有限公司是一家专业从事智能商用服务机器人研发、生产与销售的高科技企业。其生产的金甲 J1 开发版平台型商用服务机器人的应用程序接口（API）是开放的，软件开发程序包（SDK）集成开发，可私人定制不同行业外形 IP，提供二次开发平台，已服务于各行各业。金甲机器人的外形如图 3-46 所示，可用于银行、税务、司法、商场、警察局、图书馆、学校、医院、地铁站、检察院、企业单位、科研机构、商业连锁店及机场等场所。

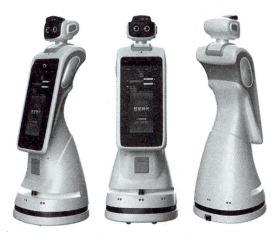

图 3-46　金甲机器人

该产品具有以下特点。

（1）语音交互，专业解答群众问题

1）采用先进的科大讯飞语音引擎，搭载阵列传声器，可实现大范围语音识别。

2）能够根据相关场景、业务内容进行对话内容自定义配置。

3）能配置并回答专业问题，能对声源进行精准定位追踪，内置多种主要方言。

（2）人脸识别，精准管理

1）采用领先的人脸识别技术。

2）能识别不同的人物特征，对比多个关键点。

3）能准确匹配人脸。

4）能对 VIP 客户提供贴心服务。

（3）智能巡航讲解，窗口指引，自动领路

1）采用先进的无线激光导航技术，能快速扫描建立实景地。

2）自动巡航讲解，位置精准。

3）语音启动，自动领路到指定地点。

4）覆盖面积超过 70%，路况尽收眼底，可安全避障。

（4）自动回桩充电，持久续航

1）采用业内领先的激光雷达自动充电技术。

2）无电时可自动回桩充电，续航持久。

3）一次充电可持续使用 10h，待机 24h。

（5）云端数据管理服务

1）云端管家平台，管理与收集客户的部分信息。

2）可远程上传资源、编辑方案、更换方案以及推送方案。

3）在网页端登录即可操作，随时随地不受场所限制。

除此之外，金甲机器人还具有身份识别、二维码识别及小票打印功能。

6. AI 导览机器人

北京侣程科技有限公司成立于 2015 年，作为 AI 机器人行业应用专家，该公司通过 AI、自然语言处理（NLP）、基于位置的服务（LBS）、大数据及人工智能导览等技术为终端赋能，主营品牌为促进各类智能机器人在各个行业落地的"AI 导览"，主要为各个行业提供软硬件一体的可视化智慧解决方案。

"AI 导游"为旅游业提供软硬件一体的可视化智慧解决方案，可为游客提供讲解、问答、拍照和引路等服务。"AI 导游"在提升游客体验、扩大二次传播的同时，替景区建立其与游客的双向沟通渠道，为景区后续智慧升级提供科技支持。人工智能导览软硬件一体化系统组成如图 3-47 所示。

硬件机器人

软件小程序

后台管理

图 3-47　人工智能导览软硬件一体化系统组成

（1）硬件机器人　硬件机器人的主要功能有个性化涂装、智能讲解、语音问答、拍照互动、人脸识别、自主避障和自动回充等，可用于导游、导购、线上导流、主持、迎宾、问路、咨询、引导和娱乐互动等。

（2）软件小程序　软件小程序的主要功能有智能讲解、语音问答、在线购物、手绘地图、投诉建议和会员注册等，可用于导游、导航、咨询、购物、订票、路线、地图及关联公众号等。

（3）后台管理　后台管理的主要功能有人脸特征分析、用户需求统计、安防检测、工作巡查及人流量统计等。

3.4　农业机器人

3.4.1　农业机器人概述

农业作为经济发展的基础性产业和保障型产业，一直以来都受到各国的高度重视。预计到 2050 年，全球人口将达到 90 亿，农业生产必须翻一番才能满足需求。但随着人口结构老龄化问题的日益严重，直接从事农业生产的劳动力，尤其是从事繁重的田间劳作的劳动力，年龄普遍偏高，人力资源严重不足，产业成本逐年提高。同时，我国还面临着土壤肥力逐渐下降、耕地资源不断缩减、水资源短缺、农村地区环境污染不断加重和农业生产成本快速提高等严重制约农业健康发展的问题。

精准农业代表了农业发展的新趋势，成为目前国际上农业科学研究的热点。精准农业又称精确农业（Precision Agriculture）或精确农作（Precision Farming），是由美国明尼苏达大学的土壤学者于20世纪90年代倡导的环境保全型农业的统称。所谓精准农业，是指按照田间每一操作单元的环境条件和作物产量的时空差异性，精细准确地调整各种农艺措施，最大限度地优化水、化肥、种子和农药等的量、质和时机，以期获得最高产量和最大经济效益，同时保护农业生态环境，保护土地等农业自然资源。

精准农业对技术的要求更高，且需要新型的农业机械与其相匹配，因此出现了高级形式的智能农业机械，即农业机器人。不断增长的粮食短缺水平、持续的气候变化、现有的人工农业瓶颈（以及不确定性和低产量），都使人们转而使用农业机器人作为可行且高效的人工替代品。

农业机器人是一种以完成农业生产任务为主要目的，兼有人类四肢行动、部分信息感知和可重复编程功能的柔性自动化或半自动化设备，集传感技术、监测技术、人工智能技术、通信技术、图像识别技术、精密及系统集成技术等多种前沿科学技术于一身，在提高农业生产力，改变农业生产模式，解决劳动力不足问题，实现农业的规模化、多样化和精准化等方面显示出极大的优越性。它可以改善农业生产环境，防止农药、化肥对人体造成危害，实现农业的工厂化生产。

与工业机器人相比，农业机器人具有以下突出特点：

1）作业对象复杂。不同于工业材料，农作物一般都具有容易受到损伤的特点，而且其种类多种多样，形状又各有不同，在三维空间里生长发育的程度不尽相同，甚至个体之间也具有很大的差异性。因此，农业机器人需要具有很强的识别能力，并以此为依据做出不同的动作，且力度要恰当。

2）作业环境复杂。随着时间和空间的不同，农作物不断地生长变化，这就要求机器人要适应其不断变化的开放性作业环境。除了受园地倾斜度等地形条件的约束外，农业机器人的作业环境还受到季节、光照和大气等自然条件的影响。因此，农业机器人在具备柔性处理作物能力的同时，还要能适应不断变化的自然条件。这种苛刻的作业环境要求农业机器人在视觉、判断力和知识推理等方面具有很高的智能。

3）操作要求特殊。农业机器人的操作者一般是没有机械电子相关知识的普通农民，因此，要求农业机器人的设计必须具有较高的可靠性、易用性和易于维护的特性，以提高农业机器人的普遍适应性，真正将农业机器人广泛用于实际生产。

1. 农业机器人的发展历史

农业机器人的发展历史分为两个阶段：2000年以前，农业机器人是机械电气自动化设备；2000年以后，农业机器人是加入人工智能、机器视觉等新技术的自动化设备。

2012年，能够在植物育苗室内移动盆栽树苗的机器人——收获运输车HV-100被研发出来；同年，能够除去生菜土地里多余种子的生菜机器人Lettuce Bot诞生，如图3-48所示。

Lettuce Bot会操纵拖拉机，并为沿途经过的植株拍摄照片。然后通过设计的多种计算机视觉算法，把这些照片和数据库中超过100万幅的图片进行比对，辨认出生菜幼苗或者野草，以及密度过大的植株。由于Lettuce Bot机器人对杂草和作物幼苗的定位精度能够达到0.25in（1in=2.54cm），因此，当机器人自动识别并确定当前植株是杂草或长势不好的作物时，就会自动利用农药喷雾杀死该植株；而如果机器人判断出两棵幼苗的种植间距过小，就会拔掉其中的一棵。

图 3-48 Lettuce Bot

2012 年还诞生了剪除或者栽培葡萄藤的 Wall-Ye 机器人，如图 3-49 所示。该机器人能够收集土壤健康状况和葡萄库存数据。Wall-Ye 是一款用于监测土质和葡萄生长情况的小型轮式机器人，它配有两条机械臂、六个摄像头及 GPS，可灵活地穿梭于葡萄树间。

图 3-49 Wall-Ye

2013 年，日本采摘草莓的机器人问世。该机器人每 8s 就能完成一颗草莓的采摘。草莓采摘机器人的采摘机构由三个 CCD 摄像头、五个 LED 照明灯以及采摘果实的采果手等构成。利用 CCD 摄像头测量草莓的成熟情况和位置，利用机械臂顶端安装的采果手采摘草莓。采果手具备根据果梗的倾斜度调整角度，然后握住果实并切断果梗的功能。

2015 年，松下开始测试用机器人采摘西红柿，机器人配备了摄像头和图像传感器，能够在不伤害西红柿的前提下，以每 20s 一个的速度在西红柿采摘前探测其是否成熟。

与国外相比，我国在农业机器人领域的研究与开发尚处于起步阶段。20 世纪 90 年代中期，国内刚刚开始农业机器人技术的研发。虽然我国已经研发出采摘、耕耘和除草等农业机器人，但由于起步比较晚，机器人产品的成熟度尚处于较低水平，其实际作业效率尚未达到可以普及推广的水平。

中国农业大学研发的黄瓜采摘机器人如图 3-50 所示。该采摘机器人采用多个传感器相互进行信息交流，已经能成功地进行黄瓜嫁接生产，解决了诸如蔬菜幼苗易折损、生长不一致和幼苗枯黄等难题。同时，该机器人还可以运用到西瓜、甜瓜的嫁接工作上。中国农业大学已经拥有了自动化蔬菜嫁接技术的自主知识产权。

图 3-50　黄瓜采摘机器人

2. 农业机器人分类

农业机器人可以应用到农业生产过程的方方面面，其主要分类方法如下：

1）按照机器人作业空间划分，可分为室内机器人和室外机器人。室内机器人主要应用在温室和大棚等场景中，主要包括室内收获机器人和温室自动化控制系统；室外机器人可应用到大型农田、牧场等环境中，主要包括无人机、收获和牵引车、苗圃作业机器人、喷洒和除草机器人以及水果采摘机器人等。

2）按照农业生产流程，可分为播种、种植、采摘、除草和施药机器人等。

3）按照农业管理类别，可分为收获、采集管理机器人，田间（野外）制图机器人，奶牛场管理机器人，土壤管理机器人，灌溉管理机器人，修剪管理机器人，天气追踪及预报管理平台以及库存管理平台等。

4）按照作业对象不同，可划分为可完成各种繁重体力劳动的农田机器人，如插秧、除草及施肥、施药机器人等；可实现蔬菜水果自动收获、分选、分级等工作的果蔬机器人，如采摘苹果、采蘑菇、蔬菜嫁接机器人等；可替代人养牲畜、挤牛奶、剪羊毛等工作的畜牧机器人，如牧羊、喂奶及挤奶机器人等；可代替人实现伐木、整枝、造林等工作的林木机器人，如林木球果采集、伐根清理机器人等。

此外，还包括一系列农林产品包装、农业物流等农业自动化软硬件平台。

3.4.2　农业机器人技术分析

1. 农业机器人的组成

农业机器人以农业生产为目的，具有信息感知和可重编程序功能，具有仿人类肢体动作的半自动或柔性自动化设备。农业机器人集成了人工智能技术、图像识别技术、通信技术、传感器技术和系统集成技术等尖端科学技术。

农业机器人主要由末端执行器、传感器和机器视觉系统、移动装置和控制装置等组成。

（1）末端执行器　末端执行器也被称为机械手，根据工作原理不同，可分为夹持式手爪、磁力吸盘式手爪、空气负压式吸盘、多关节多手指手爪及顺应手爪；根据机械手的位移控制方式，可分为圆柱坐标机械手、直角坐标机械手和极坐标机械手三种。

机械手的动力源有三类：电动执行器，包括步进伺服电动机、直流伺服电动机和交流伺服电动机；液压执行器，包括轴向活塞式液压缸、双杆液压缸和液压马达；气压执行机构，包括气缸、气动电动机和摆动电动机。

（2）传感器和机器视觉系统　传感器和机器视觉系统包括测量距离、力等因素的传感器，测量其自身位置、速度、加速度和角度等因素的传感器，以及获取图像及位置信息的机器视觉系统。

因为机器人工作的环境具有不确定性，还必须操作灵敏，所以农业机器人要配置多种传感器，来完成多传感器信息交互。数据来自多个传感器，所以数据更精确，农业机器人便能够综合感知数据。

（3）移动装置　移动装置的主要形式有腿式移动、履带式移动、龙门式移动、导轨运动和轮式移动。

（4）控制装置　控制装置通常采用单片机、DSP 芯片和计算机等。

2. 农业机器人的关键技术

（1）机器视觉和图形处理技术　机器视觉技术是实现动植物生长环境控制、种植、除草、剪枝、采摘植保、施肥和耕作等多种农业生产自动化必不可少的技术。任何一种农业机器人的正常工作均有赖于对作业对象的正确识别，机器视觉是主要手段。

（2）GPS 和 GIS 技术　对于大范围行走的农业机器人而言，一个重要的研究课题就是建立确定机器人本体位置和行走方向的导航系统，除了使用陀螺罗盘、雷达和激光束等导航设备之外，近些年广泛使用全球定位系统（GPS）。而为了了解机器人周围的环境，可以使用地理信息系统（GIS）。对于路面不平坦和倾斜等问题，可以结合使用人工神经网络、模糊控制和人工智能等控制方法加以解决。

（3）生物传感器技术　研究生物体的化学、电学、光学和声学等特性，开发新的生物传感器，是提高农业机器人工作可靠性和环境适应性，改善机器人作业质量的重要手段。例如，利用水果弱发光特性制成的传感器可以引导机器人将水果按新鲜度分级。

（4）智能控制技术　由于农产品特征的复杂性，进行数学建模比较困难，因此基于模糊逻辑、神经网络和智能模拟技术的自学习功能是十分必要的。农业机器人可以在人工辅助的条件下不断进行学习，并记忆学习结果，形成自身处理复杂情况的知识库。

（5）新的农艺和农业生产制度　传统方法种植的作物，果实通常被叶子遮盖，要确定果实的位置对机器人来说是比较困难的。此外，根茎和叶子又成为机械手靠近果实的障碍物，加之果实的茎杆与植物的主枝靠得特别近，在收获过程中可能一起被切断。因此，必须研究出一种新的适合果实探测与采摘的种植模式。

3.4.3 农业机器人的应用

1. 喷洒和除草机器人

EcoRobotix 除草机器人如图 3-51 所示，是一款由太阳能驱动的自动除草机器人，可以通过更精确地喷洒除草剂来削弱农用化学品的复杂性。该机器人利用 GPS 导航来跨越田间，其上装有摄像头，利用计算机视觉传感器搜索前方的土地并区分农作物和杂草。必要时，机器人下方的两个蜘蛛状手臂会喷洒微剂量的除草剂。

2. 水果采摘机器人

目前，在美国加利福尼亚州等地以机器人收割为主的农作物包括草莓、黄瓜和苹果等。仅 2016 年一年，美国就有超过 700 万 t 的苹果是人工采摘的，工资的上涨和劳动力的短缺使果园经营者面临巨大挑战。这给结合图像处理和机械臂的机器人为农户提高收入、节约成本带来了机会。

Abundant Robotics 机器人专注于解决采摘苹果的问题，如图 3-52 所示。该机器人可利用计算机视觉准确识别出果树上已成熟的苹果及其所在位置，并用其机械臂前端类似真空吸尘器的吸嘴将苹果从树枝上"吸"下来，以避免损坏苹果或果树。机器人可以在夜晚借助灯光采摘苹果，实现 7×24h 不间断工作，极大地提升了工作效率。果农可以通过图像工具实时查看水果的生长情况，远程操控机器人进行水果采摘。

图 3-51　EcoRobotix 除草机器人

图 3-52　Abundant Robotics 机器人

3. 放牧机器人

SwagBot 机器人的开发目标是提供便宜且功能强大的全地形机器人，能够在大型和地形复杂的地区工作。

由于澳大利亚农村地区的地形多变，该机器人需要有足够的动力和运动能力，能爬过常见的木堆和沟渠。SwagBot 采用电池供电和全轮驱动牵引，并能在平整的地面达到约 19km/h 的最高速度，如图 3-53 所示。研究人员表示，除了食物之外，奶牛对一切物体都保持可疑态度，因此，SwagBot 机器人非常适合驱赶奶牛等牲畜。搭配摄像头等观察设备，用户还可以远距离观察和遥控该机器人。

图 3-53　SwagBot 机器人

4. 苗圃机器人

Harvest Automation 公司（美国）的苗圃机器人 HV-100 如图 3-54 所示。在性能方面，该机器人配备了多个传感器，可以执行多种植物处理任务，如处理间距、整合和收集等，其中一个名为 LIDAR 的传感器不仅能够帮助其准确避开障碍，还可实现对用户的追踪。该机器人只需要最少的培训即可操作。

5. 种菜机器人

FarmBot 是一个开源的精准农业种植平台。FarmBot（图 3-55）能够把每个阳台、每个庭院都变成全自动小型农场，让每一个人都能自己生产粮食、蔬菜。FarmBot 的工具头可以精确地定位并进行各种操作，如整地、播种、浇水、施肥、杂草控制和数据采集等。

FramBot 通过在图形化软件中的地图上拖放植物来设计农场，游戏化的界面使操作者在几分钟内就能学会其使用方法，从而可以很快计划好整个生长季节。FarmBot 图形化界面如

图3-56所示。

FarmBot可以通过任何计算机、平板电脑或智能手机的网络浏览器来管理用户的花园。通过手动控制，可以移动FarmBot，实时操作其工具和外部设备。

图3-54 HV-100机器人

图3-55 FarmBot

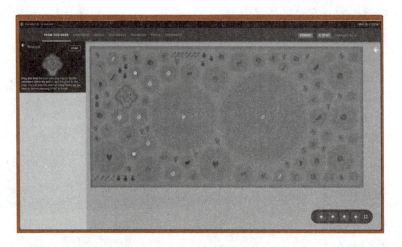

图3-56 FarmBot图形化界面

FarmBot的工作过程是：通过前方自带的摄像头对土壤区域进行平均分割，利用机器人顶端的"吸嘴"将种子准确地放入每个被平均分配的区域中心，播种就完成了；随后，它也会自动更换顶端的工具模块，进行浇水和施肥等操作。FarmBot可以同时种植多种蔬菜，根据蔬菜的不同类型给予不同的水量。如果发现杂草，它会通过图像识别精准定位杂草的位置，并将杂草及时埋入土壤。FarmBot还自带土壤检测模块，可以实时监控土质变化、水分含量，确保蔬菜拥有良好的生长环境。

6. 室内种植机器人

SproutsIO是一个先进的模块化无土植物培育系统，是一款外形类似台灯的设备，可种植生菜、西红柿和茄子等植物，如图3-57所示。SproutsIO的种植过程非常简单，首先打开开关，使用手机应用将SproutsIO连接WiFi，再将包含种子的营养芯盖在上方，一个月浇一次水就可以了。

该设备的灯是专门设计来适应各种植物的整个生命周期的。设备上的摄像头和环境传感器可全天候监测植物的生长状态。在水池的内部，有一个电子系统循环水和营养物质，同时传感器监测关键环境因素，如水位和温度。用户可以通过手机应用随时查看植物的生长状况。一旦忘记浇水，手机应用也会提醒用户，所有人都可以轻松地培育出健康的有机蔬菜。

7. 大疆无人机

无人机、航空摄影设备可以帮助农民节省大量时间和劳动力，而无须外出查看作物。这些无人机配备了多光谱相机，可监测作物的潜在威胁、植物的生长情况和预测产量，更先进的无人机能够携带和运送有效载荷，如除草剂、肥料和水等。

大疆公司在农业领域的布局涉及农作物监测、农业咨询、灌溉管理到喷洒设备等方面。其精灵系列无人机可分别完成苗圃、温室农作物的实时监测，获取重要的农作物信息等任务。其农业应用包括植保作业、农田航测和配套软件。

其中，大疆 T16 植保无人机如图 3-58 所示。T16 无人机的药液装载量提升至 16L，喷幅提升至 6.5m。喷洒系统配备 4 个液压泵及 8 个喷头，流量最高可达 4.8L/min。在实际作业中，T16 无人机的作业效率可达 150 亩 /h（1 亩 =666.67m^2）。此外，喷洒系统搭载了全新电磁流量计，具有传统流量计无可比拟的高精度及高稳定性。支持 GPS+ 全球卫星导航系统（GLONASS）+ 北斗卫星导航系统 + 伽利略卫星导航系统（Galileo），配合机身已预装的机载 D-RTK 天线，可实现厘米级高精度准确定位，同时支持双天线抗磁干扰测向技术。全新数字波束形成（DBF）成像雷达提供全天候障碍物感知、地形跟随与绕障功能，可规划避障路径进行自动绕障。它配备了广角 FPV 摄像头，可实时观察作业环境。

图 3-57　SproutsIO

图 3-58　大疆 T16 植保无人机

3.5　儿童陪伴机器人

陪伴机器人是一种新型的多功能服务机器人。陪伴机器人按陪伴对象年龄划分，可以分为儿童陪伴机器人和老人陪伴机器人。

3.5.1 儿童陪伴机器人概述

儿童陪伴机器人是人工智能领域最受父母喜爱的智能产品之一，它作为父母与子女沟通交流的载体，让许多家庭的生活方式悄然发生变化。从家长的角度来看，儿童陪伴机器人最核心的价值是促进儿童的健康成长，替代甚至是超越家长的部分教育角色。究其原因，主要在于绝大多数家长并非全职在家，没有太多时间陪孩子，教育孩子的时间就更少了。此外，还有一部分群体是留守儿童的父母，他们常年远离孩子，更加不可能陪伴与教育孩子了。在这种情况下，如果有一个儿童陪伴机器人能够作为孩子的贴心玩伴，同时还能够悄无声息地扮演着教师的角色，辅助甚至替代家长对孩子进行教育，就能够极大程度地解决家长们难以陪护而带来的教育缺失的燃眉之急。

现在，儿童机器人的功能越来越多样化，主要有娱乐型、陪伴型、学习型和看护型等。其中具有教育功能的学习型机器人越来越受父母的青睐，它借助专为儿童打造的互联网学习资源，有效地帮助父母对孩子进行启蒙教育，不仅能够激发儿童的学习兴趣，提高其自主学习能力，而且提供了多种先进的教育理念和教学方法，为儿童的成长提供了一个高质量的学习平台，并为儿童提供积极健康的生活方式。

儿童陪伴机器人与传统的功能性玩具最大的区别在于，其在形体上与儿童接近、能做出逼真的拟人型动作，可以和儿童一起"玩耍"，充当儿童的玩伴。此外，在人工智能技术的支持下，能够精准地识别语音，可以与儿童进行智能对话，特别是它还具备情感识别功能，能够及时感知儿童的高兴或伤心等情绪状态。这些交互与识别的数据还可以保存下来，经过数据分析与挖掘之后再反馈给家长，以便其了解孩子的心理情绪等变化。

目前，市场上常见的儿童机器人根据其体型分类，可以分为桌面型、小型、中型、大型四种。其中，桌面型以智能音箱为主；中、小型主要是家庭育儿和娱乐机器人；大型主要是商用机器人，只有少量的家庭机器人。

桌面型机器人主要的使用场景是桌面，通常情况下不可随意移动，使用方式较为单一；小型机器人的外观大多可分为上下两部分，既可以在桌面上使用，又可以在地面上使用，并且头部可以灵活转动，趣味性很强；中型机器人的体型稍微大一些，在地面上使用得较多，机器人底部的轮子使其多了自动跟随功能，增加了用户与产品的互动性；大型机器人是四类机器人中体型最大的，一般是仿人型设计，具有四肢，可以自由灵活地运动，互动方式更为多样化，比较适合在公共场所及室外等具体场景中使用，功能相对较多，并且智能化程度非常高。

根据不同的使用方式和不同环境下的使用场景，将儿童陪伴机器人进行功能划分，主要分为三大类：启蒙教育功能、情感陪伴功能和娱乐互动功能。每一类功能中又分为许多细分功能，极大地丰富了产品的内涵。

1. 启蒙教育功能

孩子从出生到青春期是启蒙教育的最佳阶段，越来越多的父母更加关注儿童的成长过程，不希望错过孩子成长的每一个关键时期。因此，儿童陪伴机器人可以作为学习和教育的好帮手，学习型机器人的教育性作为其最重要的功能之一，对产品应具有的基础教育功能的设计是不容忽视的，如何通过产品的功能来实现对儿童的启蒙教育，对儿童成长具有至关重要的作用。

在功能选择上，儿童陪伴机器人包含益智故事、音乐儿歌、英语启蒙教育、国学经典和生活百科等内容。这种基础的启蒙教育对儿童的认知能力和感知能力都有很大的提升作用。在互联网技术迅速发展的信息时代，以儿童学习型陪伴机器人为代表的智能产品逐渐在市场中占有一席之地，逐渐被家长和儿童所接受，对儿童的成长有积极的影响。

2. 情感陪伴功能

对于儿童的成长而言，父母的陪伴是非常重要的，但是在一些调查中发现，有些父母即使投入大量的时间也很难发现儿童的真正需求。因此，在研究过程中，应该充分了解儿童的情感需求和心理需要，真正解决情感陪伴问题。这类具有情感陪伴功能的智能机器人带给用户的体验是贴心而温暖的。

儿童陪护机器人的情感陪伴功能可以帮助父母增加一种陪伴儿童成长的方式。主动在早上问候有助于儿童养成良好的早起习惯；睡前摇篮曲和睡前故事陪伴儿童轻松入睡，且具有姿势感知和触摸反馈功能；实时与家人进行远程音视频通话，可以使父母给孩子更多的陪伴。当然，这并不意味着父母可以完全放手让产品的陪伴代替父母的关爱，而是通过产品的协助，利用新兴的科学技术手段，实现更加有效的陪伴模式。父母即使不在儿童身边，也可以通过远程监控观察到儿童的行为举止，如果发现异常情况，机器人会及时通知父母，做到防患于未然。儿童在一天中使用产品的情况会形成产品使用报告，通过统计分析表的形式反馈到父母手机的软件中，让父母更好地了解儿童的点滴变化。

3. 互动娱乐功能

教育产品设计的初衷就是让儿童在快乐的学习氛围中有一个欢愉的童年，充满趣味性的游戏情景体验可以给用户传递亲切、熟悉的感觉，不仅符合儿童的认知规律，还能让儿童更好地感知事物。对于儿童陪伴机器人而言，在知识的海洋里，儿童能通过愉快的游戏来获得学习的乐趣，互动和娱乐体验模式可以使儿童以轻松的方式享受美好而快乐的童年。儿童陪伴机器人主要的互动功能大体分为以下五类：

1）语音互动功能。儿童可以对机器人进行简单的提问，机器人可以智能地从数据库中提取信息，对儿童的问题进行解答，并且可以自主向儿童进行发问，与儿童产生互动乐趣。

2）父母微聊功能。这个功能需要在儿童端和父母端分别设计应用程序，儿童只需要按住按钮就可以和父母随时随地地进行沟通，父母即使不在家，也可以轻松掌握儿童在家的学习和生活状态，非常方便快捷，使机器人为两代人架起沟通的桥梁。

3）游戏娱乐互动功能。该功能是指通过儿童陪伴机器人进行游戏，游戏分为很多种，如看图识字游戏、颜色识别游戏、写字通关游戏和听声识动物游戏等。这些看似简单的游戏对儿童来说，可以帮助其形成正确的认知能力。

4）趣味表情交互功能。该功能主要是儿童与机器人产生交流互动时，机器人可以对儿童的表情进行识别，通过观察儿童的表情相应地做出反馈，如喜、怒、哀、惧等，这种实时反馈可以使儿童获得成就感，增加了趣味性。

5）手势识别互动功能。该功能是对儿童的肢体动作和手势（如"点赞""剪刀"和"比心"等）进行实时跟踪，并做出互动反馈。

3.5.2　儿童陪伴机器人技术分析

儿童陪伴机器人主要由机器人本体的机械结构、控制系统、传感器系统及供电系统等组成。儿童陪伴机器人在陪伴过程中应能分辨使用者，可根据使用者的情绪采取不同的陪伴策略。因此，除以上组成部分外，还需要人脸识别系统和情感识别系统等。

1. 人脸识别系统

人脸识别是基于人的脸部特征进行的。通过对输入的人脸图像或从视频中捕捉到的人脸图像进行分析,识别出使用者的身份。通过应用人脸识别技术,机器人可以分辨出每位家庭成员。人脸识别的一般过程如下:

1)建立人脸的面部图像档案。用摄像机采集相应人员的面部影像文件,或提取他们的照片形成文件,并将这些文件生成一种面纹编码存储在内部存储中。

2)获取当前使用者的面部图像。首先判断摄像机捕捉的当前使用者的影像中是否存在人脸,如果存在,则进一步给出主要面部器官的位置信息或截取照片,将当前获取的面部影像文件转换成面纹的编码。

3)将当前面纹编码和档案库存进行对比。将当前生成的面纹编码与档案库中保存的已知人脸面纹编码进行检索和对比,从而识别每个使用者的身份。因为面纹编码的方式是根据人的面部特征来工作的,所以它可以适应光线、肤色、毛发、发型和表情等的变化,可靠性很高,可以精确地辨认出某个人,而且对图像处理设备的硬件要求并不是很高。

2. 情感识别系统

计算机对从传感器采集来的信号进行分析和处理,从而得出对方(人)所处的情感状态,这种行为称为情感识别。机器人的情感识别是建立在内置计算机的情感识别系统基础上的。情感识别就是计算机通过观察使用者的表情、行为和情感产生的前提环境来推断其情感状态,从而与使用者进行情感交流,提高人机界面的友好程度。目前,对情感的识别有两种方式:一种是检测生理信号,如呼吸、心律和体温等;另一种是检测情感行为,如面部特征表情识别、语音情感识别和姿态识别等。

(1)人脸情感识别　人脸情感识别并不是由计算机能直接识别或测量情感状态,而是通过观察表情、行为和情感产生的前提环境来推断情感状态。由于各种面部表情本身体现各特征点运动的差别不是很大,因此,表情分析对人脸表情特征提取的准确性和有效性要求比较高。所使用的识别特征主要有灰度特征、运动特征和频率特征三种。灰度特征根据表情图像的灰度值进行处理,利用不同表情有不同灰度值作为识别的依据;运动特征根据不同表情下人脸的主要表情点的运动信息进行识别;频域特征主要利用了表情图像在不同频率分解下的差别,速度快是其显著特点。

(2)语音情感识别　语音情感识别是指由计算机自动识别输入语音的情感状态。一般来说,不同语言声调所产生的语言信号在其时间构造、振幅构造、基频构造和共振峰构造等特征方面有着不同的构造特点和分布规律。因此,只要测算和分析各种具体模式的语言声调表情的时间、振幅、基频和共振峰等构造特征方面的特点和分布规律,就可以识别出语言声调中所隐含的不同情感内容。

(3)生理模式识别　从生理信号中抽取出来的特征模式可以用来识别情感。计算机在人做出表情(如悲痛或愤怒)的时候,观察多种收集到的信号,然后分析哪种生理信号模式和特定情感状态关系最密切。接着,计算机系统应用先前分析的结果,根据收集到的原始数据来识别出包含在信号中的最有可能的情感。

3.5.3　儿童陪伴机器人的应用

儿童陪伴机器人需要的核心技术(如人形机器人的运动控制、语音识别、语音合成、人脸识别、情感识别、数据挖掘等)目前已日趋成熟,市面上已涌现出一批相关机器人产品。这些机器人一般都具备拟人运动、语音交互和智能识别等功能。各种产品间的主要差异体现在以下三点：

1）是否具备高精度的语音交互功能（这是整个陪伴的基础）。

2）是否具有高精度的情感分析功能（能够根据儿童的语音及面部表情来分析其情感状态）。

3）是否具备较为完善与系统性的教育功能。

其中，前两点依赖于人工智能技术，第三点依赖于产品研发团队的先进教育课程体系和强大的教育知识库。只有达到上述三点要求，才能够真正起到儿童成长教育有效载体的作用，为儿童和家长所接受。

1. NAO 机器人

Aldebaran Robotics（已被软银集团收购）是一家致力于商用机器人研发和生产的公司。作为世界上应用最广泛的新一代可编程序仿人机器人之一，NAO Next Gen（简称 NAO）就是由该公司研发的。NAO 是一个应用于全球教育市场的双足人形机器人，其外形如图 3-59 所示。

图 3-59 NAO

NAO 是一款具有 25 个自由度的智能双足机器人，其全身配备 100 多个传感器，可以模仿人类的各种动作。它的双手可以抓取 300g 的重物，配备的双目视觉系统可以实现人脸追踪和物体识别；胸前配有超声波传感器，脚部配有碰撞传感器，可以探测前方障碍物，并做出相应的路径规划；脚底配有压力传感器，可以在不平的地面上行走，并可自动调整重心。其配备的传声器和扬声器可以实现声源定位和人机语音交换。NAO 配备了语音模块，可以说多国语言，如中文、英文、法文及日文等，可在 Linux、微软或 MacOS 等多种平台上编程。

NAO 在教育上的应用如下：

1）编程教学：为编程教育提供一个技术前沿的编程平台。

2）科研研究：包含 18 个领域的科研方向，满足教学需要。

3）特殊教育：NAO 已加入儿童自闭症解决方案（ASK），为教育工作者和治疗师提供了多套解决方案。

4）竞技比赛：国内外多项机器人赛事将 NAO 作为竞赛标准平台，如机器人世界杯（RoboCup）比赛。

5）表演活动：包括跳舞、唱歌、会话等互动娱乐。NAO 是 2010 年上海世博会法国创新先锋代表。

2. 科大讯飞阿尔法蛋

安徽淘云科技有限公司是一家专注于"人工智能+儿童"，提供面向儿童的智能硬件、服务和平台的公司。公司旗下拥有阿尔法蛋机器人、智能故事机、学习手表及绘本阅读机器人等系列产品。

阿尔法蛋机器人将人工智能与儿童教育相结合，基于讯飞超脑及淘云 TY OS 系统，搭配海量云端儿童教育内容，致力于为每个孩子提供人工智能学习助手。围绕不同年龄段儿童的成长特性，设计了科学的内容体系，为孩子提供精选的成长资源。阿尔法蛋系列产品如图 3-60 所示。

阿尔法蛋 大蛋2.0　　阿尔法蛋 大蛋　　阿尔法蛋A10　　阿尔法蛋S　　阿尔法蛋 4G版　　阿尔法蛋 超能蛋　　阿尔法蛋 小蛋

图3-60　阿尔法蛋系列产品

依托淘云专为孩子定制的人工智能技术为孩子提供了合适的学习方式，提高学习兴趣和效率；同时，家长可以通过APP掌握孩子的学习情况和所听所说，推送孩子成长所需的内容。

2019年，阿尔法蛋系列推出了第一款能走会动还可以编程的产品——阿尔法蛋A10。其在外观上更接近人形，LED显示屏不仅有助于护眼，还能完整展现英文、汉字、表情及符号等信息。通过APP操控和语音交互，可以查询汉字、英语单词，进行英语绘本跟读，在业余课后完成语文、数学、英语等学科的学习。同时，在原有学习、陪伴功能的基础上，增加了小学可视化编程和行走功能。结合声源定位，A10的头部动作可以跟随着听声辨位，实现180°转动。同时，其内置了特殊动作，可以依据主人口令做出跳舞、转圈等姿势。

3. 巴巴腾

深圳市鑫益嘉科技股份有限公司是一家集研发、生产、销售和服务为一体的高科技上市企业，荣获国家高新技术企业称号。该公司致力于互联网＋智能产品的科技创新，旗下拥有巴巴腾儿童智能硬件品牌，专注于儿童智能产品的研发、生产及销售。

目前，巴巴腾品牌旗下有陪护机器人系列、教育机器人系列、早教机器人系列、编程机器人系列和娱乐机器人系列等儿童智能产品，主要功能包括人机互动、亲子教育及远程亲情交流等。

巴巴腾陪护机器人A6（图3-61）的适用年龄为2～12岁，可一键便捷进入问答模式，支持多轮对话。另外，它还有智能记忆、多语种翻译、口语评测、课堂同步、诗词接龙和历史今日等众多功能。

巴巴腾教育机器人S7C（图3-62）能辅导儿童进行全科学习，适用年龄为3～15岁。巴巴腾教育机器人具有语音唤醒、绘本解读、亲子视频及定制早教内容等功能。

巴巴腾娱乐机器人由S1、S3发展至S6（图3-63），是一款能走会唱的机器人，集指令行走、家庭KTV、智能趣聊、亲情微聊、早教启蒙、中英文翻译以及课本同步等功能于一身。

4. 优必选

深圳市优必选科技有限公司是研发和生产人工智能和人形机器人高科技创新企业。公司旗下包括大型仿人服务机器人Walker、漫威首款钢铁侠智能机器人MARK50、便携式智能机器人悟空、编程教育机器人Jimu、智能商用服务机器人Cruzr、智能巡检机器人ATRIS和AIMBOT等产品。优必选机器人家族中属于儿童智能陪伴机器人的产品系列如下。

（1）钢铁侠　钢铁侠MARK50机器人重1.2kg，尺寸为330mm×167mm×115mm，依靠两块聚合物锂电池供电。其外形如图3-64所示。

（2）Alpha　Alpha机器人包括悟空、Alpha Ebot、Qrobot Alpha、Alpha2、Alpha1 Pro五款产品，如图3-65所示。

图 3-61　巴巴腾陪护机器人 A6　　图 3-62　巴巴腾教育机器人 S7C　　图 3-63　巴巴腾娱乐机器人 S6

图 3-64　钢铁侠机器人

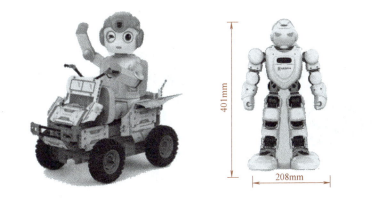

图 3-65　悟空和 Alpha Ebot

其中，Alpha Ebot 是优必选联合腾讯共同推出的一款智能教育人形机器人，内置腾讯叮当 AI 助手和定制化成长陪伴功能。Ebot 内含 16 个自主研发的专业伺服舵机，内置 MCU，包含伺服控制系统、传感反馈系统及直流驱动系统。历经五年调校，将舵机间的时间差调校到 0.01s，支持 360°旋转运动，动作精度达 1°，可实现更多拟人动作与功能场景。

5. 智伴

广州智伴人工智能科技有限公司（以下简称智伴科技）成立于 2016 年 10 月，是集智能硬件设计与研发、优质儿童亲子教育内容创作于一体的智能儿童教育平台公司。

目前，智伴科技已成功推出智伴教育机器人 1S、小 Z、1X，智伴小 K 儿童智能传声器，智伴逻辑思维训练机，智伴小 Y 便携机器人等产品，以及智伴优学 APP、智伴 AI 成长学院等亲子教育平台。

（1）智伴 1X　智伴 1X 是专门针对 4～12 岁儿童的学习成长研发的一款人工智能教育机器人产品，如图 3-66 所示。智伴 1X 使用了 AI 语音、触摸感应和重力感应等技术，双传声器 180°拾音，3m 内随时唤醒互动。在智能感知和交互方面，智伴 1X 内置有三大智能引擎模块：情感引擎、思维引擎和自学习引擎。

图 3-66　智伴机器人 1X

智伴科技采用了人体工学设计理念，以 ABS+PC 材质打造未来科技感炫酷外观；食品级硅胶触觉，不仅手感舒适，让孩子抓握方便，更有安全夜灯，全方位保证儿童的使用安全；采用高清护眼屏，可以自动过滤蓝光，全面保证儿童的用眼安全。

智伴 1X 拥有海量的幼儿教育学习内容，其中涵盖教材教辅、儿歌童谣、童话故事、文学名著、英语启蒙、国学经典、情商培养及亲子育儿等全品类儿童教育资源。更有分龄定位课程包，可以根据每个儿童的个性、年龄和兴趣爱好等打造个性化成长学习方案。

（2）智伴小 Y　智伴小 Y 是一款针对 3～9 岁儿童，以口才训练功能为主的儿童教育机器人。其体积小巧，整体机身仅重 69.4g；机身覆盖环保橡胶漆，四周圆润无棱角，使用安全舒适。

6. 360 儿童机器人

360 儿童机器人（图 3-67）是 360 公司推出的专为儿童定制的新一代陪伴型机器人。它内置有强大的 AI 引擎，同时采用了智能语音、人脸识别及增强现实等人工智能技术，能为儿童提供全方位的陪护。

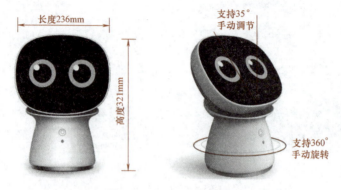

图 3-67　360 儿童机器人

该机器人拥有语音问答、视频通话、远程查看、拍照摄像、故事录制等功能，同时含有海量精选音视频资源以及丰富的早教应用，儿童不仅可以随时与家长进行互动，还可以在家中随时随地学习知识。

3.6 扫地机器人

3.6.1 扫地机器人概述

扫地机器人（Robotic Vacuum Cleaner）是智能家电的一个分支，因其能够依据房型、家具摆放和地面情况进行检测判断，规划合理的清洁路线，进而完成房间的清洁工作，所以被人们称为智能扫地机器人。扫地机器人又称自动打扫机、智能吸尘器、机器人吸尘器等。一般来说，将完成清扫、吸尘和擦地工作的机器人也统一归为扫地机器人。

扫地机器人由微计算机控制，可实现自动导航，利用吸尘器对地面进行清扫和吸尘，通过传感器实现对前方障碍物的躲避，可以使所到角落得到清洁。其底部前面有一个万向轮，左右各有一个独立驱动的行走轮，有风机，由可充电电池供电，由直流电动机驱动。

1. 扫地机器人的发展历史

（1）第一代扫地机器人　世界上第一台量产扫地机器人的原型出现于1996年，名为"三叶虫"（Trilobite），是家庭服务机器人领域的划时代产品。它由瑞典家电巨头伊莱克斯（Electrolux）制造，英国BBC电视台的科学栏目《明日世界》曾在1996年5月播出的一期节目中介绍过它。直到2001年，"三叶虫"才被推向市场，并成为史上第一款量产的扫地机器人。

在外观设计上，其高度为13cm，可以钻到桌子和床下进行清理；在导航上，"三叶虫"扫地机器人通过超声波探测躲避障碍，同时构建房间地图；在避障方面，第一代"三叶虫"扫地机器人不能很好规避障碍，第二代"三叶虫"加入了红外传感器，但是没有下视探头，因此只能在水平方向上规避障碍，需要通过在有楼梯尽头和房门处贴上磁条作为虚拟墙来防止其跌落。"三叶虫"扫地机器人每次充电后可以运行60min，分三个档位运作（正常、快速和点清理），吸尘器充满垃圾时还会发出灯光警告。

但"三叶虫"扫地机器人问世以来，并未引起消费者的青睐和关注，主要因为其存在以下几个方面的不足：首先，该机器人在反应速度、运算速度及行进速度方面都比较慢，导致其清扫效率不尽如人意；其次，过高的外形设计限制了其对家具底部的清扫效果；最后，过于昂贵的价格也使普通消费者难以承受。

（2）第二代扫地机器人　美国iRobot科技公司于2002年9月推出Roomba扫地机器人。Roomba系列扫地机器人最大的意义在于它的"边刷+滚刷+吸尘口"的三段式清扫结构的专利发明，这是扫地机器人发展史上的里程碑式设计。相对于采用两段式清扫结构的产品来说，这种三段式清扫结构中的V形滚刷可以扫起被静电吸附在地面上的灰尘，清扫能力在一定程度上优于只有真空吸尘口的扫地机。

Roomba在外形设计上将机身厚度降到12cm以下，同时增加边刷设计，提高了家具底部及墙角的清扫能力。但其采用大清洁算法和随机碰撞式清扫路线，使其具有先天性的设计不足，导致清扫范围覆盖率较低，清扫不彻底；同时，噪声大及吸力弱也是该机器人的缺点之一。

（3）第三代扫地机器人　2004年，美国iRobot公司又推出了一款与灯塔定位装置配套使用的扫地机器人，以期解决清扫遗漏问题。该款扫地机器人通过接收灯塔发出的信号，以此对自己和灯塔之间的距离进行精确判断。该定位技术使清扫覆盖率大幅提升，大大提高了清扫质量和效率。但这款扫地机器人对灯塔的摆放位置和数量提出了较高要求，摆放不当会对清扫覆盖率造成较大影响；同时，灯塔本身价格过高也使大批消费者望而却步。

（4）第四代扫地机器人　2008年，具有摄像头定位功能的规划式扫地机器人问世。这种类型的扫地机器人采用摄像头扫描周围环境，通过红外传感器和数学算法对房间进行测绘导航，判断移动路线，并进行实时更新和调整，最终完成清扫工作。其很好地解决了定位问题，并能够对清扫路线进行规划，使清扫遗漏率大大降低。但该扫地机器人对光线较为敏感，在光线不足的情况下无法正常工作；另外，它的制造成本较高，无法在普通消费者中间广泛普及。

（5）第五代扫地机器人　2009年，科沃斯公司推出地宝系列扫地机器人产品，在扫地机器人行业迅速发展，并成为行业"领头羊"。2010年2月，美国Neato公司推出NeatoXV-11扫地机器人。该扫地机器人首次使用了可以360°旋转的激光测距仪扫描周围环境并进行即时定位与环境地图构建（SLAM），在此基础上合理规划清扫路线，使清扫效率及覆盖率均得到了有力保证。此外，Neato扫地机器人还可实现断点式清扫，即回充完毕后，可以回到上次清扫地点继续工作。

随着智能化程度的提升以及在算法领域的拓展，高效清洁系统与路径规划能力多位一体的功能设计成为目前扫地机器人的特色。同时，经过不断的优化升级和革新，扫地机器人在体型、外观、功能、组成和性能上均发生了巨大变化，三角形、D字形等变形扫地机器人不断涌现，清扫覆盖率更是高达99.1%；在规划清扫、自动回充、障碍脱困和APP远程操作方面的研发也已相对成熟。除清扫系统外，扫地机器人还配有水箱、抹布等装置，可同时实现吸尘和擦地。其中，微控水箱可精准控制出水速度及水量，实现即拖即干。另外，通过在集尘盒中安装高效微尘滤网，解决了扫地机器人吸入的空气再排出会造成二次污染的问题，可阻隔99%的直径小至10μm的微尘、螨虫、过敏源和污垢，避免造成二次污染，呵护用户的呼吸健康。

扫地机器人在人工智能方面更是取得了长足进步，不仅可以提供智慧清洁服务，还可以扩展提供其他管家式家居服务。例如，通过蓝牙扬声器和摄像头可以实现语音播放、亲情通话、远程视频看护等视听陪伴功能；利用扫地机器人所带的摄像头实现实时移动安防、远程遥控全屋巡逻等移动安防功能。

2. 扫地机器人的分类

（1）按机身外形划分　不同厂商设计的扫地机器人，其外形会有所不同。常见的有圆形、D字形、勒洛三角形和方形等，如图3-68所示。

世界上第一台扫地机器人的形状是圆形，之后的一段时间的扫地机器人延续了这种圆形的风格。因为最原始的扫地机器人是没有感应器的，只能依靠碰到障碍物再转向进行清洁，而圆形的外观在机器人旋转时降低了尾部刮碰到障碍物的概率，可以最有效地避免机器本身和家中的家具受到损坏。但是，一般居家环境中，墙边和角落是最容易藏污纳垢的，而理论上圆形的扫地机器人无法有效清洁上述两种区域。因此，后期出现了D形、方形、勒洛三角形等针对角落清理的外形。但是，这些外形的扫地机器人在旋转过程中很容易磕到家具，而且在沙发等狭窄的区域里也很容易被卡住。

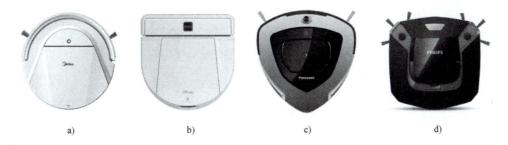

图 3-68 扫地机器人常见外形

a）圆形　b）D 字形　c）勒洛三角形　d）方形

随着技术的发展，现在扫地机器人的感应系统都得到了改善，在实际使用过程中很少会磕碰到家具，可以通过多次旋转、多次变换运行角度从死角里走出来，只是需要一定的时间。

（2）按清扫路线划分　从功能上来看，扫地机器人的核心技术是感知四周的环境，然后规划行走路径，有效地遍历各个区域，完成清洁工作。按清扫路线可将扫地机器人划分为随机式扫地机器人和规划式扫地机器人。

1）随机式扫地机器人。随机式扫地机器人的清扫路径较为混乱，其在每次与障碍物碰撞后，略微调整自身的行进方向，通过不断地碰撞来实现路线的重新定位。这种扫地机器人的清扫过程很盲目，弊端较多，清扫效果不佳，而且容易损坏家具和机器人本身。随机式清扫算法简单，可以利用陀螺仪优化出不同的行走路径及运动模式：随机行走和定点螺旋、延边清扫、田耕式行走和五边形螺旋，但无法进行全局规划，清扫效率低下，漏扫区域多。

2）规划式扫地机器人。规划式扫地机器人的算法与随机式扫地机器人相比较为复杂。路径规划的好坏决定了扫地机器人的工作效率。合理选择沿边清扫、集中清扫、随机清扫和直线清扫等多种路径规划方案，能够遍历所有清扫区域，并对较脏的区域适当进行多次清扫。

两种不同的清扫路线示意图如图 3-69 所示。

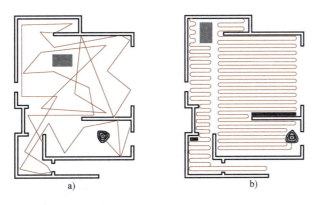

图 3-69　随机式与规划式（弓形）清扫路线示意图

a）随机式　b）规划式

随着计算机技术、人工智能技术、传感器技术以及移动机器人技术的迅速发展,扫地机器人的清扫模式告别了"横冲直撞"的随机式,迎来了利用定位导航技术使清扫变得更有规律的规划式,清扫效率大幅提高,机器损耗有效降低,使用寿命得以延长。

3.6.2 扫地机器人技术分析

扫地机器人的工作原理可以简单概括为:可移动的机身利用真空吸入方式,使用边刷、中央主刷和抹布等,按照算法控制实现沿边清扫、重点清扫、随机清扫、直线清扫及弓形清扫等路径打扫,将地面杂物吸入机器自带的垃圾收纳盒中,从而完成拟人化地面清理的功能。

1. 扫地机器人的组成

扫地机器人采用无线机身,使用充电电池供电,操作方式有遥控器、机身面板和手机APP。图3-70所示为科沃斯DN33扫地机器人结构组成图。

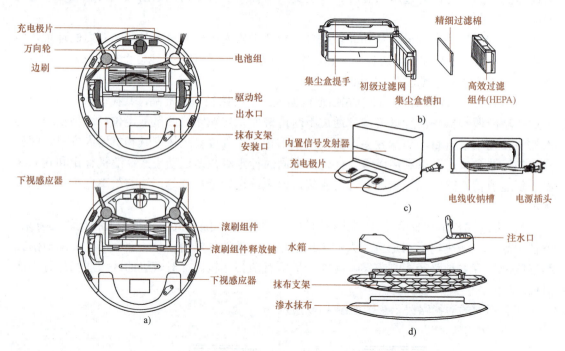

图3-70 科沃斯DN33扫地机器人结构组成图

a)主机背面 b)集尘盒 c)充电座 d)水箱及抹布组件

一般来讲,扫地机器人系统主要由以下部分组成。

(1)移动系统 移动系统相当于人的腿,是扫地机器人的主体。一般采用轮式结构,两个轮子为动力轮,一个轮子为万向轮。万向轮的设计用于实现机器人的转弯动作。两个动力轮可调节高低,以越过地板上高约2cm的压边条、门坎、地毯及推拉门槽等低矮障碍物,实现室内穿梭无阻。

(2)控制系统 控制系统相当于人的大脑,是扫地机器人的核心,主要指控制芯片,它根据算法控制扫地机器人完成清扫工作。科沃斯DN33扫地机器人采用A7芯片,主频为1.0GHz。

(3) 感知系统　感知系统相当于人的五官,是扫地机器人的重要组成部分。科沃斯 DN33 扫地机器人基于 A7 处理器和高精度 LDS2.0 系统,以及科沃斯新一代 Smart Navi2.0 电子地图导航,可全程定位,实时更新主机位置,判断哪里扫过哪里没扫,覆盖全、重复少,清扫更高效。

(4) 清洁系统　清洁系统一般包括清扫及吸尘系统。用电动机驱动单个或多个清扫刷,主刷横亘在机器人中部,其主要作用是完成地表的清扫;边刷的主要作用是清理墙角和障碍物根部的垃圾。清扫时将灰尘集中于吸风口处,通过强大的吸力将灰尘吸入集尘盒中。

科沃斯 DN33 扫地机器人背面采用双边刷设计,滚刷位于中间靠上的位置。中间部分就是驱动轮部分,可以上下按压,用来越过门槛等障碍。中间采用单滚刷设计,它是长、短刷毛与胶条的组合。配备无刷电动机,用户可以根据环境需求,自行调节清洁模式:真空度 600Pa 的标准模式用于日常除尘,真空度 1000Pa 的加强模式用于深层清洁。配备蓝鲸清洁系统 2.0,集扫拖功能于一体;蓝鲸 2.0 微控水箱可以精准控制水速、水量,实现即拖即干;恒压浮动抹布紧贴地面,持续深层清洁不虚拖;采用 240mL 大容量水箱,可一次湿拖全屋;智能湿拖,APP 水量调节,可根据用户习惯调节出水量;自主智能控水,不装抹布支架或充电/暂停时不渗水,无须担心漏水浸湿地板。

(5) 供电系统　供电系统是扫地机器人的动力系统,可由镍氢电池、锂电池等供电。由于机器人自带的充电电池容量有限,不一定能保证完成清扫工作,这就需要机器人能自动寻找充电器充电,因此,自动充电功能对扫地机机器人来说是十分重要的。当电压检测芯片检测到电源电压低于一定值时,扫地机器人将自动寻找充电座进行充电。

(6) 远程控制系统　科沃斯扫地机器人采用 ECOVACS HOME 远程操控 APP,通过可视化地图逼真还原清扫效果。用户可随时随地一键启动智能清洁,通过手机即可查看清扫时间、清洁面积等,清扫结果可视可见,并具备时间预约、耗材提醒和报警等多种功能。

2. 扫地机器人传感器技术

扫地机器人通过传感器获取外界信息。随着扫地机器人的功能越来越多、智能化水平越来越高,其配置的传感器种类和数量也在逐渐增多。目前,扫地机器人常用的传感器如下。

(1) 超声波传感器　在扫地机器人中,可利用超声波测距原理实现避障。超声波信号遇到障碍物时会产生反射波,当这一反射波被接收器接收后,依据超声测距原理,可以精确地判断障碍物的远近;同时,也可根据信号幅值的大小初步确定障碍物的大小。

(2) 红外测距传感器　红外测距传感器利用红外信号与障碍物间的距离不同反射强度也不同的原理,进行障碍物远近的检测。红外测距传感器具有一对红外信号发射与接收二极管,发射管发射特定频率的红外信号,接收管接收这种频率的红外信号,当红外检测方向遇到障碍物时,红外信号将反射回来并被接收管接收,经过处理后,即可用来识别周围环境的变化。

(3) 接触式传感器　接触式传感器通常采用电感式位移传感器、电容式位移传感器、电位器式位移传感器、霍耳式位移传感器等对空间大小以及桌椅等物体的高度进行测量,以防止扫地机器人能够钻入但不能钻出的情况发生。

(4）红外光电传感器　红外光电传感器采用一定波长的红外发光二极管作为检测光源，穿透被测溶液，通过检测其透射光强来检测溶液浑浊度。

（5）防碰撞传感器　在扫地机器人的前端设计了约180°的碰撞板，在碰撞板左右两侧各装有一个光电开关。扫地机器人在任何方向上发生碰撞，都会引起左右光电开关的响应，从而根据碰撞方向做出相应反应。

（6）防跌落传感器　防跌落传感器一般位于扫地机器人下方，多是利用超声波进行测距。当扫地机器人行进至台阶边缘时，防跌落传感器利用超声波测得扫地机器人与地面之间的距离，当超过限定值时，向控制器发送信号，控制器控制扫地机器人进行转向，改变扫地机器人的前进方向，从而达到防止跌落的目的。

（7）温度传感器　在扫地机器人电路板上安装了温度传感器，当其工作一段时间，电动机温度达到一定限度后，温度传感器发送信号给控制器，控制器控制扫地机器人停止工作，并运行散热风扇进行散热。

（8）光敏传感器　针对需要重点清扫的床下、沙发下、柜子下等位置，在扫地机器人正面安装了光敏传感器。光敏传感器可感受光的强弱，并向控制器发送信号。

（9）集尘盒防满传感器　在集尘盒两侧安装了变介质型电容传感器。当集尘盒中的灰尘高度达到电容传感器感应高度时，电容传感器中的介质发生改变，由于灰尘的介电常数与空气的介电常数不同，从而引起传感器电容的变化，传感器将信号传给控制器，控制器控制扫地机器人发出报警信号，提醒用户清理集尘盒。

（10）低电量自动返回充电功能　充电器内置两个信号发射器发出扇形声波，当扫地机器人接收到信号时，根据两个声波的角度定位扫地机器人的位置，然后回到充电座实现导航充电。当扫地机器人和充电座不在同一个房间中时，扫地机器人进入沿墙模式，按顺时针方向行进，直到接收到到达充电座的信号。

（11）边缘检测传感器　该传感器用于保证机器人始终贴着墙的边缘走，在机器人的两侧各安装一个机械开关，开关的触发端设计成一个滑轮结构。

（12）光电编码器　光电编码器通过减速器与驱动轮的驱动电动机同轴相连，并以增量式编码的方式记录驱动电动机旋转角度对应的脉冲。将检测到的脉冲数转换成驱动轮旋转的角度，即机器人相对于某一参考点的瞬时位置，这就是所谓的里程计。

（13）陀螺仪　陀螺仪是用来测量运动物体的角度、角速度和角加速度的传感器。扫地机器人通过安装高精度陀螺仪来保证在运行时不偏离轨道。同时，可不依赖灯光，夜晚也能清扫如常。

3. 室内定位技术

定位导航系统是扫地机器人的"大脑"，它是扫地机器人能够实现自动化、智能化的关键。利用定位导航系统（SLAM）扫地机器人可在未知环境中从陌生的坐标点出发，在移动过程中不断根据位置估计和传感器数据进行实时自我定位，并绘制出增量式地图。

目前，SLAM主要应用于机器人、无人机、无人驾驶、AR和VR等领域。根据使用的传感器不同，SLAM主要分为激光SLAM和视觉SLAM。

（1）激光SLAM　激光SLAM又分为二维和三维两种类型，二维激光SLAM一般用于室内机器人（如扫地机器人），而三维激光SLAM一般用于无人驾驶领域。激光雷达采集到的物体信息呈现出一系列分散的、具有准确角度和距离信息的点，被称为点云。通常，激光

SLAM 系统通过对不同时刻两片点云的匹配与比对，来计算激光雷达相对运动的距离和姿态的改变，也就完成了对机器人自身的定位。借助激光导航技术及内置计算芯片，扫地机器人能够绘制精确的空间内部图景，应对家庭中的各种地形环境，应用范围较为广泛。

激光 SLAM 的优点是定位坐标精度高，缺点是无法探测到落地窗、落地镜和花瓶等高反射率物体，因为激光接触到这类物体后无法接收散射光；另外，激光探头价格昂贵，但为了保证获得全新数据，探头必须不停地旋转，产品寿命有限。

（2）视觉 SLAM　视觉 SLAM 主要通过摄像头采集来的数据进行同步定位与地图构建。视觉传感器采集的图像信息要比激光雷达得到的信息丰富，因此更加利于后期的处理。扫地机器人顶部配备高清摄像头，通过复杂的算法使机器人通过两帧或多帧图像来估计自身的位姿变化，再通过累积位姿变化计算当前位置。

4. 路径规划技术

扫地机器人的路径规划原理是：根据感知到的环境信息，按照某种优化指标，规划一条从起始点到目标点、与环境障碍无碰撞的路径，并实现对工作区域的最大覆盖率和最小重复率。

以 iPNAS 四段式智能清扫系统为例，它包括定位→构图→规划→清扫四个步骤。首先通过侦测获取扫地机器人的位置信息和清扫环境的构图信息；然后综合分析、处理这些信息，再由芯片分析规划出清扫路线；最后，扫地机器人收到清扫路线后，在高精度陀螺仪的帮助下实现规划清扫。

5. 吸尘技术

常用的吸尘方式是真空吸尘，即高速旋转的扇叶在机器人内部形成真空而产生强大的气流，经过细小网口的滤网将杂物和尘埃挡在集尘盒内，把过滤后的空气排出。这种吸尘方式结构简单、价格便宜，但有一个严重缺陷，即当杂物和粉尘较多时会挡住过滤网口，如果没有及时清理，就会造成吸力下降而影响清洁效果。为保障强劲的吸力，需要频繁清理集尘盒和过滤网。

戴森公司开发出多圆锥气旋技术，采用龙卷风的原理将杂物和灰尘吸入，由离心力将质量大的杂物甩出掉进集尘盒内，小的粉尘在制造的漩涡内被升起，进入更小的气旋内，经过层层过滤，最终排出扫地机器人，在不影响清洁效果的前提下，很好地解决了频繁清洁过滤网和集尘盒的问题。

3.6.3　扫地机器人的应用

回顾扫地机器人的发展历程，从一开始被消费者诟病"伪智能""清洁能力差""价格虚高"，到如今的"智能规划""智能连接"，其技术正逐步成熟，产品也越来越受消费者的青睐。扫地机器人在国内起步虽晚，发展速度却很惊人。在消费升级化、产品智能化的双重浪潮下，消费者对用机器人完成家务的刚性需求越发显著。

目前，市场上扫地机器人的厂商及品牌众多，根据价格、清洁能力、导航技术和噪声等维度的不同可以分为多个档次。从国内市场占有率来看，科沃斯、iRobot、小米及其生态链企业石头科技生产的扫地机器人深受消费者青睐。

1. iRobot

（1）Roomba 扫地机器人　Roomba 扫地机器人包括 i 系列、900 系列、e 系列、800 系列、600 系列和 500 系列等。Roomba i7+ 是 iRobot 于 2019 年 2 月推出的一款扫地机器人，如

图 3-71 所示。

Roomba i7+ 扫地机器人具有智能学习、自我调整及全屋自由规划等功能，可实现定时定区清扫。无论身在何处，都可以通过 iRobot HOME 应用程序控制扫地机器人的清洁时间、清洁区域和清洁方式，真正实现了自定义清洁。其特别之处是：它配有 Clean Base 自动集尘充电座，是一款可自动将污垢吸入密封袋内的扫地机器人。Clean Base 自动集尘充电座可容纳 30 个集尘盒的污垢、灰尘和毛发。

凭借突破性的 Imprint 技术，机器人能够相互连接，并与其他互联家居产品相连接。使用禁区设置功能创建虚拟边界，可使机器人仅在用户希望清洁的区域工作，例如，可引导扫地机器人避开宠物餐具和物品等。禁区一经设置，就会应用到以后所有清洁工作中。

图 3-71　Roomba i7+ 扫地机器人

采用双效组合胶刷，经过独特设计的橡胶胎面适用于各种地面，细至灰尘大至碎屑，可以全部一扫而光。

视觉 SLAM 技术使用光学传感器，每秒可捕获超过 230400 个数据点，使扫地机器人能够准确绘制全屋地图，从而了解自身所在位置、已扫区域以及需要清洁的区域。

（2）Braava 擦地机器人　该款机器人包括：m 系列，用于清洁多个房间和大片区域；200 系列，用于清洁厨房和浴室；300 系列，用于清洁大片区域。可搭配其他款扫地机器人一同使用。

2. 石头科技

石头科技成立于 2014 年 7 月，是一家专注于家用智能清洁机器人及其他智能电器研发和生产的公司。公司旗下产品有石头扫地机器人、米家扫地机器人、米家手持吸尘器和小瓦扫地机器人等。在全球激光导航类扫地机器人领域，石头科技出品的产品占据了大部分市场份额。

2016 年 9 月，石头科技推出其第一款产品——米家扫地机器人，该机器人采用激光雷达导航技术，算法上采用全局规划方式。2019 年 3 月，石头扫地机器人 T6 系列上市，全新升级激光导航算法，可迅速构建并记忆家居地图，并以房间为单位进行智能分区，通过全新的智能动态路径规划，合理制订清扫路线，支持选取清扫、划区清扫、软件虚拟墙和设置禁区等功能。该扫地机器人升级至配备 14 类传感器，如图 3-72 所示。

2019 年 5 月，石头扫地机器人 T4 上市。与 T6 相比，除外观颜色不同外，T4 的容量小、噪声稍大、没有水箱价格低。2019 年 10 月，石头扫地机器人 P5 上市。

3. 科沃斯

科沃斯公司作为全球最早的服务机器人研发与生产商之一，专注于机器人的独立研发、设计、制造和销售领域。

2001 年，科沃斯研制出第一台自动行走吸尘机器人，它是扫地机器人地宝的前身。2008 年 10 月，地宝 7 系研发成功；2009 年发布全球第一台会说话、会跳舞的机器人地宝 730，以及全球第一台空气净化机器人沁宝 A330；2013 年发布全球首款具有全局规划、远程操控等功能的地宝 9 系，正式宣告地面清洁 4.0 时代的到来；2015 年发布地宝 DR95，搭载其最新研发的 Smart Navi 技术，引领"先建图、后清扫"的全局规划新风潮；2018 年推出年度高端扫地机器人产品 DN55，搭载新一代全局规划系统 Smart Navi 2.0，LDS 激光雷达测距传感器配合 SLAM 算法，同年，视觉导航扫地机器人 DJ35 耀目上市；2019 年推出搭载 AIVI 视觉识别技术的 DG70 扫地机器人，DEEBOT T5 系列上市，6 月推出为母婴人群定订的扫地机器人 DEEBOT N5 系列，8 月新一代超薄扫地机机器人 DEEBOT U3 系列上市。

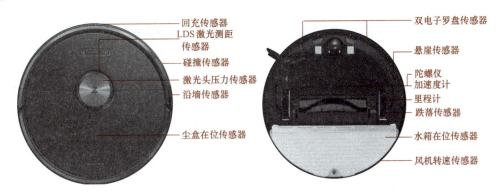

图 3-72　石头扫地机器人

其中，DG70 扫地机器人采用 AIVI 视觉识别结合 LDS 激光导航技术，可以通过 AI 算法躲避障碍物，是业界首款搭载此功能的机器人。得益于全新 AIVI 视觉识别技术，地宝 DG70 工作时能给出最优化的导航路线，被赋予深度学习能力的地宝，在面对不同的家庭环境时，能识别并避开经常阻碍其工作的电线、拖鞋、袜子和充电座等物体。

DG70 可智能识别地毯，在实际测试中，DG70 在遇到地毯时会自动增加风压，将地毯中的顽固污物一并吸入。安装抹布支架后，DG70 将通过语音提示用户目前已经进入"拖地"模式，工作时它将绕开地毯，避免将地毯打湿。

与此同时，扫地机器人 DG70 搭载了科沃斯独有的 Smart Navi 2.0 全局规划技术和蓝鲸清洁系统 2.0，从而可以更有逻辑、更智能地配合消费者的需求去工作，且实现扫拖二合一，让清洁更深层；搭载了无线 WiFi 模块，用户可通过 Android 和 iOS 智能终端对主机进行控制，下载 ECOVACS HOME 应用程序后，用户不仅可以预约、启动、暂停或取消清洁任务，还可以按照自身的需求定制机器人的清扫方式（自动、沿边、定点），实现定时随心扫拖、自动返回充电等功能。另外，DG70 除了具有扫拖功能外，还具有安防功能，借助于摄像头，DG70 可以实时视频，清扫时可以借助手机应用看到家中情况。

本章小结

服务机器人是指在非结构环境下，为人类提供必要服务的、集成多种新技术的先进机器人，包括家用服务机器人、医疗服务机器人和公共服务机器人。服务机器人种类繁多，因篇幅限制，本章选取了手术机器人、护理机器人、导览机器人、农业机器人、儿童陪伴机器人和扫地机器人六种服务机器人进行了较为详细的介绍。

思考练习

1. 服务机器人可分为哪几类？对每一类进行举例说明。
2. 简述服务机器人的组成。
3. 简述服务机器人涉及的传感器及其实现的功能。
4. 简述手术机器人涉及的主要技术。
5. 简述扫地机器人涉及的主要技术。
6. 简述农业机器人涉及的主要技术。
7. 通过网络调研，编写一份"如何选择扫地机器人"的调研报告。

第 4 章
特种机器人

特种机器人是指应用于专业领域,辅助或代替人类从事高危环境和特殊工况工作的机器人。根据特种机器人应用的主要行业和功能不同,可将其分为巡检机器人、消防机器人、救援机器人、排爆机器人、安防机器人、水下机器人、仿生机器人、军用机器人和空间机器人等。

一、全球特种机器人产业的发展趋势及特征

1. 新兴应用持续涌现,各国政府相继展开战略布局

近年来,全球特种机器人整机性能持续提升,不断催生新兴市场,引起了各国政府的高度关注。2014 年以来,全球特种机器人产业规模年均增速达 12.3%;2019 年,全球特种机器人市场规模达到 40.3 亿美元(图 3-1 和图 3-2);至 2021 年,预计全球特种机器人市场规模将超过 50 亿美元。其中,美国、日本和欧盟在特种机器人创新和市场推广方面居全球领先地位。美国于 2013 年提出"机器人发展路线图",计划将特种机器人列为未来 15 年的重点发展方向;2018 年提出"无人系统综合路线图",明确了特种无人系统未来发展的关键技术主题、阶段重点和目标。日本提出"机器人革命"战略,涵盖特种机器人、新世纪工业机器人和服务机器人三个主要方向,计划至 2020 年实现市场规模翻一番,扩大至 12 万亿日元,其中特种机器人将是增速最快的领域。欧盟启动了全球最大民用机器人研发项目,计划到 2020 年底投入 28 亿欧元,开发包括特种机器人在内的机器人产品并迅速推向市场。图 4-1 所示为 2014—2021 年全球特种机器人的销售额及增长率。

图 4-1 2014—2021 年全球特种机器人销售额及增长率

2. 结合传感技术等新技术与新型材料,智能性和适应性不断增强

(1)技术进步促进智能水平大幅提升 当前特种机器人应用领域不断拓展,所处环境变得更为复杂与极端,传统的编程式、遥控式机器人由于程序固定、响应时间长等问题,难

以在环境快速改变时做出有效的反应。随着传感技术、仿生与生物模型技术、生肌电信息处理与识别技术的不断进步，特种机器人已逐步形成了"感知 - 决策 - 行为 - 反馈"的闭环工作流程，在某些特定场景下，具备了初步的自主能力。与此同时，包括液态金属控制技术和基于生肌电信号的控制技术在内的前沿科技的发展，将推动新型材料在机器人领域的使用和普及，仿生新材料与刚柔耦合结构也进一步打破了传统的机械模式，提升了特种机器人的环境适应性。例如，德国费斯托公司研制的仿生狐蝠可通过集成机载电子板与外置的运动追踪系统的相互配合，实现在特定空间内进行半自主飞行，可用于军事侦察和通信领域。

（2）替代人类在更多复杂环境中作业　当前，特种机器人已具备一定水平的自主智能，通过综合运用视觉、压力等传感器，深度融合软、硬件系统，不断优化控制算法，特种机器人已能完成定位、导航、避障、跟踪、场景感知识别以及行为预测等任务。例如，欧盟 UNEXMI 项目团队开发出地图绘制机器人 UX-1 Robotic Explorer，它配备了数字摄像头、旋转激光线投影仪、多光谱相机和伽马射线探测器等多种探测感知设备，可以自动在水下漫游并绘制三维地图。美国加州大学伯克利分校研发了漂移板双足机器人 Cassie Cal，它配备全新的传感器、控制系统、路径规划系统和视觉系统，可以精确地估算行驶速度并有效规避障碍物，能够在粗糙不平坦的地形上自主滑行、转弯和上下坡。随着特种机器人的智能性和对环境的适应性不断增强，其在军事、防爆、消防、采掘、建筑、交通运输、安防监测、空间探索及管道建设等众多领域都将具有十分广阔的应用前景。

3. 灾后救援机器人的研制成为热点，采矿机器人开始向深海空间拓展

（1）企业聚焦灾后救援机器人的研发　近年来全球多发的自然灾害、恐怖活动和武力冲突等对人们的生命财产安全构成了极大的威胁。为提高危机应对能力，减少不必要的伤亡以及争取最佳救援时间，各国相关机构及企业投入重金加大对救灾、仿生等特种机器人的研发支持力度，并形成系列成果。例如，波士顿动力的 SpotMini 机器狗能够在建筑工地环境下流畅地上下楼梯、绕过障碍物，并且能够使用机械臂上的摄像头对现场进行检查，环境适应性不断提高，未来可用于危险环境下的定位搜索任务。日本三菱重工推出可与消防员协同工作的消防机器人系统，适用于石化厂、核电站和火灾现场等人类难以进入的场所，并提供多种方案的消防救援方案。

（2）采矿活动向海底延伸，催生深海采矿机器人　随着人类需求的不断增加和超强度开采，全球陆地矿产资源大量消耗，海底矿藏成为新的目标，联合国国际海底管理局（ISA）已批准 20 余份海底探索和采矿合同，涵盖数十万平方英里海域，深海采矿机器人成为海底勘探与矿藏挖掘的主力。例如，加拿大鹦鹉螺矿业公司委托英国 Soil 机器动力公司打造了世界上首批深海挖矿机器人，这些机器人可在接近 0℃和超过 150 个大气压的环境下工作，最小的机器人重约 200t，配有摄像头和三维声纳传感器。机器人三个为一组协同作业，由名为"辅助切割机"和"主切割机"的机器人打开通路，并由名为"收集机"的机器人通过内部的管道吸取海水、泥浆，递送到海面的船只中。

二、我国特种机器人产业的发展趋势及特征

1. 应用场景范围扩展，市场进入蓄势待发的重要时期

当前，我国特种机器人市场保持着较快的发展速度，各种类型的产品不断出现，在应

对地震、洪涝灾害和极端天气,以及矿难、火灾、安防等公共安全事件时,对特种机器人有着突出的需求。2018 年,我国特种机器人市场规模达到 6.3 亿美元,增速达到 22.2%,高于全球水平。到 2021 年,特种机器人的国内市场需求规模有望突破 11 亿美元。图 4-2 所示为 2014—2021 年我国特种机器人销售额及增长率。

图 4-2　2014—2021 年我国特种机器人销售额及增长率
注:图中 * 号表示预测值。

2. 部分关键核心技术取得突破,水下 / 排爆机器人等领域形成规模化产品

(1)政策引导带动特种机器人技术水平不断进步　我国政府高度重视特种机器人技术的研究与开发,并通过 863 计划、"特殊服役环境下作业机器人关键技术"主题项目及"深海关键技术与装备"等重点专项予以引导和支持。目前,我国在反恐排爆及深海探索领域的部分关键核心技术已取得突破,如多传感器信息融合技术、高精度定位导航与避障技术以及汽车底盘危险物品快速识别技术已初步应用于反恐排爆机器人。与此同时,我国先后攻克了钛合金载人舱球壳制造、大深度浮力材料制备和深海推进器等多项核心技术,使我国在深海核心装备国产化方面取得了显著进步。

(2)水下机器人、搜救 / 排爆机器人等产品的研制取得新进展　目前,在特种机器人领域,我国已初步形成了水下机器人、搜救/排爆机器人等系列产品,并在一些领域形成优势。例如,"海星 6000"有缆遥控水下机器人是我国首台自主研制成功的 6000m 级有缆遥控水下机器人装备。2018 年 10 月,"海星 6000"完成首次科考应用任务,在多个海域获取了环境样品和数据资料。其间,"海星 6000"最大下潜深度突破 6000m,创造了我国有缆遥控水下机器人的最大下潜深度纪录。

3. 多点突破实现行业领先,研制出一批具有自主知识产权的新型产品

近年来,我国机器人企业及研究院所不断加大对特种机器人的研发力度,并以水下机器人、巡检机器人等为切入点,研制出一批具有自主知识产权的新型产品,达到国际领先水平。例如,北京臻迪公司已经实现量产的水下机器人 Power Ray 小海鳐,配备高清摄像机和寻鱼器,其水下拍摄和独有的可视化钓鱼功能吸引了一大批摄影和钓鱼爱好者。大陆智源科技有限公司的安防巡检机器人 Andi 具有全地形地盘、可升降身体、360°视频及热成像等功能,可实现不受地形限制的运行。

4.1 巡检机器人

4.1.1 巡检机器人概述

巡检机器人是以移动机器人为载体,以可见光摄像机、红外热成像仪和其他检测仪器为载荷系统,以机器视觉-电磁场-GPS-GIS 的多场信息融合为机器人自主移动与自主巡检的导航系统,以嵌入式计算机为控制系统的软硬件开发平台。

巡检机器人能代替或协助人类进行巡检、巡逻等工作,能够按路径规划和作业要求,精确地执行并停靠到指定地点,对巡检设备提供红外测温、仪表读数记录及异常状态报警等功能,并可实现巡检数据的实时上传、信息显示和报表生成等后台功能,具有巡检效率高、稳定可靠性强等特点,如图 4-3 所示。

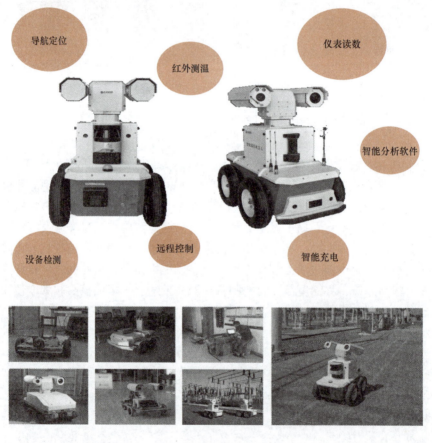

图 4-3 巡检机器人

4.1.2 巡检机器人的应用领域

巡检机器人的应用场景包括电力、石化、矿用、机房和交通等领域。

1. 电力领域

(1) 电力巡检机器人 国外电力巡检机器人的研究始于 20 世纪 80 年代末,美国、日本和加拿大等国家先后开展了巡检机器人的研究和开发工作。目前,电力巡检机器人的技术已逐渐成熟,从电力安全、人工替代和成本节约角度来看,电力系统对智能化巡检机器人接受度较高，电力行业是巡检机器人应用的主要领域。

1988年，日本东京电力公司开发出具有初步自主越障功能的巡检机器人，具有沿光纤架空地线行走巡检、跨越障碍物等功能，主要用于光纤架空地线外包钢线和内部光纤铝膜的检测。机器人控制系统采用了基于离线编程的运动控制和基于传感器反馈的精确定位控制方式。

1989年，美国TRC公司研发了一台悬臂自治机器人。该机器人能沿架空导线爬行，执行绝缘子、压接头、结合点和电晕损耗等视觉检查任务，并把检测数据发回地面基站人员。机器人遇到杆塔时，采用仿人攀援的方法使机械臂从侧面越过障碍。

1990年，日本法政大学Hideo Nakamura等人研发出电气列车馈电电缆巡检机器人。该机器人采用了多关节结构和"头部决策、尾部跟随"的仿生控制体系，能以10cm/s的速度沿电缆线平稳爬行，并能跨越分支线、绝缘子等障碍物。

2000年，加拿大魁北克水电研究院的Serge Montambault等人开始了HQ Line Rover遥控小车的研制工作，该机器人已在工作环境为800A和315kV的电力线上进行了多次现场测试。该机器人没有越障能力，只能在两线塔间的输电线上工作。但其结构紧凑、重量轻、驱动力大、抗干扰能力强。小车采用模块化结构，安装不同的工作头即可完成架空线视觉和红外检查、导线和地线更换、压接头状态评估、导线清污和除冰等带电作业。目前，研究组正着力开发具有越障功能的移动小车，能在无人控制的情况下跨越障碍，巡检范围可达4km。

2001年，泰国研制的巡线机器人采用电流互感器从电力线路上获取感应电流作为机器人的工作电源，从而解决了机器人长时间驱动的电源问题。

2008年，HiBot公司和日本东京工业大学等联合开发了一种在具有双线结构的500kV及以上输电导线上巡检并跨越障碍的遥操作机器人Expliner。该机器人由两个行走驱动单元、两个垂直回转关节、一个2自由度操作臂以及电气箱等组成。Expliner机器人能够直接压过间隔棒，并能够跨越至有转角的线路上，但不能跨越引流线。

2008年，美国电力研究院（EPRI）开始设计一种巡检机器人TI，它从设计之初就面向于实际应用。TI采用了轮臂复合式机构，两臂前后对称布置，主要的创新点在于轮爪机构设计，采用自适应机构，使机器人能够快速通过多种障碍物，机器人还搭载了可见光摄像头和红外成像仪进行故障检测。

SkySweeper是由在美国加州大学圣地亚哥分校机械和航空航天工程系Tom Bewley教授的机器人实验室工作的Morozovsky打造的。Sky Sweeper采用了V形设计，扶手中间有一个驱动电动机，夹在两端的电动机可以沿着电缆交替地抓紧或松开。Morozovsky正在想办法增加夹钳的强度，以使其能够荡过端到端的电缆支承点。

国内的电力巡检机器人起步较早，行业集中度较高。2005年，国内第一台电力巡检机器人投入使用，此后，电力巡检机器人陆续在市场中出现。国内电力巡检机器人行业的前五名分别是浙江国自机器人技术有限公司、山东鲁能集团、深圳朗驰欣创科技有限公司、亿嘉和科技股份有限公司和新松机器人自动化股份有限公司。2016年，在国家电网变电站室外机器人市场中，山东鲁能和深圳朗驰欣创的份额在25%以上，亿嘉和科技与浙江国自份额在16%~20%之间。配电站巡检市场方兴未艾，亿嘉和科技突破江苏先行试点，于2018年在上海证券交易所上市，独占鳌头。

电力巡检机器人市场空间广阔，传统的电力运维及管理模式已不能适应智能电网快速发展的需求，通过智能机器人对输电线路、变电站/换流站、配电站（所）及电缆通道实现全面的无人化运维检测已经成为我国智能电网的发展趋势。

（2）室外智能巡检机器人　巡检机器人有诸多类型，其中一种就是室外智能巡检机器人，这种机器人具有障碍物检测识别与定位、自主作业规划、自主越障、对输电电路及其电路走廊自主巡检、巡检图像和数据自动存储与远程无线传输、地面远程无线监控与遥控、电能在线实时补给、后台巡检作业管理与分析诊断等功能。室外智能巡检机器人如图 4-4 所示。

图 4-4　室外智能巡检机器人

（3）变电站智能巡检机器人　变电站智能巡检机器人集非制冷焦平面探测器、无轨化激光导航定位、红外测温、智能读表及图像识别等核心技术于一体，可对输变电设备进行全天候巡检、数据采集、视频监控、温湿度测量、气压监测等，保证了输变电站内设备的安全运行。在发生异常紧急情况时，智能巡检机器人可作为移动式监控平台，代替人工及时查明设备故障，降低人员的安全风险。

这种机器人的操作很简单，变电站智能巡检系统整体分为三层，分别为前端设备、传输部分和后端控制中心。前端设备包括智能巡检机器人、充电房和固定监测点等；传输部分由网络交换机、无线网桥等设备组成，负责建立基站层与智能终端层的网络通道；后端部分由机器人后台、硬盘录像机、硬件防火墙及智能控制与分析软件系统等组成。

（4）室内导轨型智能巡检机器人　室内导轨型智能巡检机器人系统可实现开关柜红外测温，局部放电检测，柜面及保护装置信号状态指示等的全自动识别，继电保护室保护屏柜压板状态、断路器位置、电流端子状态、装置信号灯指示和数显仪表的全自动识别读数等功能。系统采用导轨滑触式供电方式，实现了 24h 不间断巡视，也可自定义周期和设备进行特殊巡视。室内导轨型智能巡检机器人如图 4-5 所示。

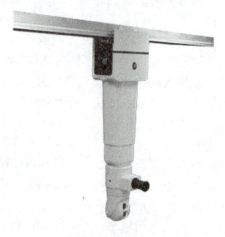

图 4-5　室内导轨型智能巡检机器人

这种机器人的操作更加容易，运维人员不仅可以利用 AR 实景监测技术，也可以运用智慧巡检技术进行系统设定，然后规律性地多次执行任务。

2. 石化领域

为加强高危场所的巡检工作，一般都专门设置巡检工人，定时对设备、高危场所进行巡检。例如，输油场站作为石化企业中一个必不可少的重要环节，承载着成品油的运输及终端销售供给的作用。为确保成品油的运输安全，每天都需要安排大量的专业人员对输油场站内的管路及设备进行定时巡视。但是，受巡检人员个人工作能力的限制，巡检质量参差不齐。同时，石化企业本身属于高危行业，巡检人员随时可能遇到危险。

石化巡检机器人搭载一系列传感器，可代替巡检人员进入易燃易爆、有毒、缺氧和浓烟等现场进行巡检、探测工作，可有效解决巡检人员在上述场所中面临的人身安危、现场数据信息采集不足等问题。机器人巡检既具有人工巡检的灵活性、智能性，同时也克服和弥补了人工巡检存在的一些缺陷和不足，更适应智能场站和无人值守场站发展的实际需要，是智能场站和无人值守场站巡检技术的发展方向。石化巡检机器人如图 4-6 所示。

图 4-6　石化巡检机器人

中信重工开诚智能装备有限公司于 2017 年在国内首次研制成功一款用于石化企业等易燃易爆高危环境下的防爆轮式巡检机器人，如图 4-7 所示。这款防爆轮式巡检机器人对降低人工巡检的安全风险，提升危化企业的本质安全管理水平，具有十分重要的意义。

图 4-7　防爆轮式巡检机器人

这款防爆轮式巡检机器人采用计算机、无线通信、多传感器融合、防爆设计、自动充电、自主导航和智能识别等关键技术，已应用于石化企业、输油场站等高危环境下设备的巡检与监控，实现了场站的无人值守，达到了减员增效、安全生产的目的。

防爆轮式巡检机器人系统由防爆轮式巡检机器人本体、自动充电装置、无线基站和上位机远程控制站等部分组成。其中，防爆轮式巡检机器人本体、无线基站和上位机远程控制站（服务器）通过无线方式进行通信。

防爆轮式巡检机器人本体为数据采集端，通过现场确定被巡检设备并规划最优路径，使机器人能够按照巡检要求进行点检作业。巡检机器人本体上携带自动旋转云台，用于采集巡检设备和环境图像信息；并采用智能双视云台，其上搭载高清摄像机与热成像仪，可对现场设备进行高效巡视，镜头上装有刮水器，能够清理镜头保护玻璃上的水渍和浮土等，使监控画面维持在较清晰的状态。在无线基站之间通过光纤进行连接，可实现高速数据传输。

巡检机器人的工作区域被无线网站覆盖，达成与远程控制站的连接通信。远程控制站通过访问巡检机器人本体采集的信息，可进行分析处理，如有异常将自动报警。同时，通过网站转接发送短信给用户及上传给上级部门，供教授团队决策。客户端可以对巡检机器人进行远程操控，如关键点复查等操作。另外，巡检机器人还可以进行自身状态识别，具有自诊断功能，如检测到电量低后自动返回充电。

该防爆轮式巡检机器人研制成功后，已在中国石化华南分公司斗门站得到应用。斗门站是珠江三角洲成品管道南沙-中山-斗门段的一个末站，设有泄压罐、污油罐、密度计、过滤器、减压阀和质量流量计等输油设备，原来采用数据采集与监视控制（SCADA）系统进行控制。改用防爆轮式巡检机器人进行巡检后，其安全性、实用性和可靠性等都有极大提升，带来了显著的经济效益。巡检机器人能够 24h 不间断运行，根据现场巡检工艺流程，进行巡检作业。

3. 矿用领域

2015 年底，中信重工开诚智能装备有限公司的矿用巡检机器人率先在国内大型煤矿神华集团郭家湾矿成功投入使用。矿用巡检机器人凭借其工作可靠、性能稳定的特点，有效解决了对带式输送机等设备的巡检监控问题，并且具有移动图像采集、现场声音采集、烟雾监测、温度探测及双向语音对讲等功能，提高了生产效率，减轻了巡检工人的劳动强度，确保了安全生产。中信重工矿用巡检机器人如图 4-8 所示。

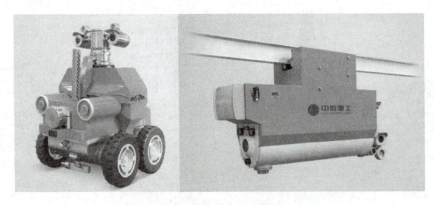

图 4-8　中信重工矿用巡检机器人

4. 机房领域

在大数据和云计算技术高速发展的今天，虽然很多工作可以借助各类管理运维工具来完成，但底层的物力资源运维工作仍难以做到完全自动化，运维人员需要进行实地线下巡检，并通过各种表格记录巡检结果。而且对于建立较早的数据中心，其设备已进入老化期，故障频发，巡检密度更高，一般每个机房一天要巡检 4～8 次。即便这样，巡检数据的及时性和准确性依旧不能得到保证。

另外，数据中心数量的持续增长、机房规模的不断扩大对机房运维工作提出了严峻的挑战，同时也加剧了机房运维人员的工作量和工作难度。数据中心最怕的就是宕机，据相关数据统计，70% 左右的机房宕机事故是由人为失误造成的，某些大型机房系统崩溃、机房着火和停电等事故的发生历历在目，巨大损失的背后是运维人员 7×24h 的实时看守，此外还要承担方方面面的压力。可见，人工运维的方式已逐渐无法适应当前数据中心的发展趋势。

为解决人力运维工作存在的各种问题，2018 年，京东金融发布了京东智能巡检机器人（图 4-9），该机器人配有自由升降机械臂、视觉检测相机、深度摄像头、红外热成像仪、激光雷达和超声波传感器等先进设备。京东智能巡检机器人可以代替人工做很多事情，包括实时监测机房环境状态、设备运行状态和设备温度信息等。机房管理人员只需要辅助它生成巡检地图，它就可以执行自定义的巡检任务，按照设定的巡检时间、巡检路径进行巡检。

利用机械臂升降系统，智能巡检机器人能对 0～220cm 高度范围内的设备进行逐一扫描和检测，依靠 RGB 相机、深度相机和红外相机等依次扫描设备，"读懂"设备编号、指示灯及故障码等状态信

图 4-9　京东智能巡检机器人

息，并进行实时记录。当设备发生异常时，该机器人会迅速做出反应，发出声光报警，引起值班人员的注意。对于重大故障问题和已设置紧急报警的巡检点，机器人会暂停巡检，立刻返回充电桩，以设定的通知方式发送报警信息给指定工作人员。

智能巡检机器人以 0.3～0.8m/s 的速度行进，在具有 180 个机柜的机房，一次巡检任务只要 90min 就可以完成。它可以连续工作 6h 以上，当电量过低需要充电时，会自行回桩充电。

京东智能巡检机器人除了代替人工常规巡检机房外，在资产管理、人员安防、故障跟踪等方面，也实现了自动化、智能化的管理。

它可以利用生物识别技术，对机房进出进行全周期严密管控；通过超宽带（UWB）定位/视觉跟随，可以对访客进行实时监控和全程记录。它还可以监测设备数量与位置，动态识别机房设备变更情况，生成资产变更报告；也可以对故障状态进行追踪，及时变更故障报警的处理结果。

目前，京东智能巡检机器人主要用于数据机房巡检，完美地代替了人工巡检。机房运维人员只需进行一次操作，机器人就能自动生成巡检地图和任务。也就是说，机房不再需要人工 24h 轮岗守卫，更不需要繁琐的表格记录。运维人员只需坐在计算机前面，就能掌握机房的实时状况。

5. 交通领域

成都轨道交通产业技术研究院与成都精工华耀科技公司联合研发的全球首台城市轨道智能巡检机器人（图4-10），目前已正式上线测试，这是行业内首款应用于轨道线路巡检的机器人。

图4-10　城市轨道智能巡检机器人

目前，成都市地铁大部分还是使用人工检测，每条线路需要10～20名轨道检修工于每天凌晨进入隧道步行检修，每小时只能检测5km轨道线路，存在作业效率低、具有人身安全隐患、无客观标准、原始数据无详细记录、人工成本不断增加、夜间作业难免漏检等诸多弊端。而综合检测车也存在成本高昂且作业方式受限等问题，都难以适应城市轨道交通快速发展的需求。如果用巡检机器人替代人工检测，则检测效率能够提升6倍左右。

智能巡检机器人采用高速模块化设计，由控制系统、采集系统和检测系统组成，三大系统均可拆分，其中采集系统更是采用了全球领先技术，拍摄速度达到了3万张/s，横向分辨率超过2k，检测精度为微米级，可实现重大病害的实时传输。

采集信息之后，系统会自动识别出重大病害，通过4G实时传输回后台终端，达到"边检边报"的实时处理水准；而常规病害则会存储在系统中，检测完毕由系统后台自行计算处理，对整个轨道状态进行判断和量化分析，为维保人员提供数据参考。

智能巡检机器人能以最高30km/h的速度运行，充电一次可运行50km，基本能确保完成一条完整地铁线路的检测。对轨道线路道床、扣件和钢轨常见巡道这三大系统的30余项可视化病害都能进行精准检测，无论是扣件缺失、断裂、浮起，钢轨出现裂缝，道床出现积水、异物等，都能及时发现并报送。

目前测试的准确率已经达到95%，其中重大病害发现率达100%，实现了轨道巡检过程中的安全、高效、精准。

此外，研发专家还将人工智能应用到系统当中，赋予机器人强大的学习能力。随着采集数据不断增加、检测案例不断丰富，检测准确率也会越来越高。智能巡检机器人上线运用后，将大大提高城市轨道的检测效率和质量，节约人工巡道成本，开启轨道交通智能检测新时代。

4.1.3 巡检机器人技术分析

基于巡检机器人在站端独立运行,由多台巡检机器人可构成巡检机器人平台。将巡检机器人接入综合自动化系统和生产管理系统,可实现巡检机器人业务逻辑与日常生产、调度业务逻辑在数据系统上的接轨,并实现巡检机器人的集中控制、优化统一调度,从而实现集群化应用。

巡检机器人应用在室外巡检中时,无轨化的导航定位装置使得机器人可以清楚地进行路径规划并自由行动在道路上,配合红外测温、智能读表以及图像识别等技术轻松地对设备进行常规检测,并将采集到的图像、视频信息和温度、湿度、气压等数据实时传输到远端平台,实现实时的远端监控。

巡检机器人涉及的关键技术包括行走机构、导航技术和图像识别技术等。

1. 行走机构

巡检机器人的行走机构主要可以分为三类:轮式行走机构、履带式行走机构和固定轨道式行走机构,其中轮式行走机构在巡检机器人上的使用中最为广泛。

轮式行走机构的移动性、灵活性较强,具有在狭小空间范围内行走、转向的能力,其移动依赖于相对平坦的地面,对颠簸不平整的石子路面的适应性差,巡检效率会受到一定程度的影响。

履带式行走机构对复杂路况的适应性强,具有一定的翻越障碍、爬坡能力。但其机械结构复杂、体积较大、灵活性低,不适用于在狭窄路面通行。

采用固定轨道式行走机构的机器人通过固定轨道的方式进行移动,机器人可以在预先设定的检测路径上通行,并且移动精度较高、易于控制。但是,单一的导轨路径限制了机器人巡检的灵活性,目前主要应用于室内设备的检测。

2. 导航技术

常用的导航技术主要有磁轨导航、同时定位与地图构建(SLAM)导航两种。磁轨导航系统具有良好的稳定性,很少会受到外界环境因素的影响。它是按照预设的运行轨迹将磁性材料预埋在地下,机器人通过传感器探测磁力块信息,不断监测行进间偏移的位置。行进间通过射频识别装置(Radio Frequency Identification Devices,RFID)监测预埋的标签,在相应位置执行不同的操作,如停车、转向等。磁轨导航方式需要对轨道进行定期维护,在一定程度上限制了机器人的活动范围,而且机器人不能够自主地躲避障碍。SLAM 导航可同时进行定位与地图构建,是目前巡检机器人中较为流行的导航技术。机器人通过传感器采集到的信息,在不断计算自身位置的同时构建周边环境地图。基于不同传感器实现的 SLAM 导航有着不同的差异,目前两种主流的 SLAM 导航分别是基于激光雷达的激光 SLAM 和基于视觉的 VSLAM。

3. 图像识别技术

图像识别技术作为巡检机器人采用的重要技术之一,决定了监测设备的准确性,其实现方法也是机器人设计环节需要重点考虑的因素之一。基于机器人的云台双目视觉系统,利用红外和可见光呈像相机拍摄采集红外图像、仪表指针数据和断路器开关位置等信息,对采集到的图像文件进行处理,与前一次的采集数据进行匹配对比,对设备是否出现异常做出判断。可利用尺度不变特征转换、霍夫变换等算法实现开关位置识别等功能;利用基于深度学习的图片识别算法实现图像分类、图像分割和物体检测等功能。算法的优化是图片识别的核心问题。

下面以深圳市优必选科技股份有限公司的优必选电力巡检机器人 EMBOT（图 4-11）为例进行分析，其主要技术参数见表 4-1。

图 4-11　优必选电力巡检机器人 EMBOT

表 4-1　优必选电力巡检机器人 EMBOT 的主要技术参数

长×宽×高 /mm	840×640×750	续航时间 /h	10
质量 /kg	＜80	电池类型	DC 24V 磷酸铁锂电池组，50h
车体材质	钣金	越障能力 /cm	≤5
防护等级	IP55	涉水能力 /cm	≤10
运动方式	两轮驱动，无轨化激光定位导航	爬坡能力 /(°)	≤15
控制方式	全自动／手动遥控	避障能力	停障或避障，可设置
定位误差 /mm	≤10	云台活动范围	水平 360
最大速度 /(m/s)	1.5（平整的水平硬地）	图像分辨率	可见光 1920×1080／红外 320×240
运行速度 /(m/s)	双向 0～1，可设置	表计测量误差 (%)	±2
制动距离 /m	≤0.5	温度测量误差 /℃	±2
转弯半径	≤车体长度	热灵敏度 /℃	＜0.08（30℃时）
充电时间 /h	5～6	工作温度 /℃	−25～55

EMBOT 机器人主要由主激光雷达、副激光雷达、驱动轮、万向轮、双目云台、拾音器、可见光摄像机、红外热像仪、补光灯、超声传感器、WiFi 信号天线、系统开关、电池开关、急停按钮和前后防撞胶条等组成，如图 4-12 所示。

EMBOT 机器人具有自主导航定位、数据统计与分析、图像智能识别、智能预警、自动回充、多机集控、可见光与红外实时视频监控及巡检方式多样化等多种核心功能和特点。

（1）自主导航定位　基于系统的自主导航算法，以激光雷达为主，系统采用增量更新地图和模块化存储技术，可快速完成陌生环境的高精度地图构建和最优路径自主规划，能够在全天候条件下，通过精确的自主导航和设备定位，以全自主或遥控方式完成预先设定的任务，对变电站进行全方位巡检。

图 4-12 EMBOT 机器人的组成

(2) 数据统计与分析

1) 数据统计。依据巡检时间、巡检区域、巡检项目和巡检设备等不同检索条件查询巡检记录，并以图线等形式展示统计数据。

2) 数据分析。通过机器学习算法对数据进行分类、回归和预测，对温度、图像、声音及遥控遥信数据进行定制化分析，自动生成巡检报告，并支持调阅、打印等功能。

(3) 图像智能识别　基于可见光摄像机可对检测位置进行准确对焦，通过多种形式（摄像、照相、定时摄像与定时照相）进行图像采集。采用行业领先的机器视觉识别算法，对已采集的图像素材进行图像分割、图像特征提取和图像识别，进而获取准确的仪表读数信息，在环境比较稳定的情况下，读数准确率高达 95%。

(4) 智能预警　系统具有设备检测数据的分析预警功能，当后台系统监控到表计读数超出预设范围、设备局部发热或出现其他功能缺陷时，系统立即发出预警信息并自动生成故障日志。

(5) 自动回充　处于低电量状态时，巡检机器人可自动行驶到充电桩处进行充电，实现了自主充电，无需人工干预；具有超长的续航时间，充电 7.5h，续航 10h。

(6) 多机集控　系统支持集控模式，可通过后台集控中心对多个变电站的智能机器人巡检系统实现远程监控。

（7）可见光与红外实时视频监控　利用红外线热像仪和可见光摄像机检测装置，通过导航和设备定位，沿着预先规划的路线，在指定位置对预测点设备进行红外测温和仪表数据采集等，并及时将采集到的数据和图像传输到后台，时刻保障着电网安全。

（8）巡检方式多样化　机器人可采用例行巡检、遥控巡检和定点特巡等方式工作。例行巡检是指机器人沿预设路径进行自动巡检，完成定时、定点的全自主巡检，在所有任务完成后自动返回充电室充电，无需人为干预。遥控巡检是指用户在监控后台获得巡检机器人控制权，通过鼠标、键盘或手柄，手动遥控巡检机器人行驶到指定位置，并控制巡检机器人对待检设备进行检测。定点特巡是指用户临时指定一些巡检点组成一项特巡任务，对特定设备进行特殊巡检。定点特巡功能可与智能联动功能配合使用。

EMBOT 机器人系统软件架构如图 4-13 所示。智能巡检运维综合解决方案如图 4-14 所示。

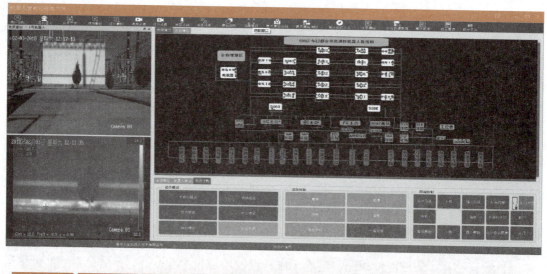

图 4-13　EMBOT 机器人系统软件架构

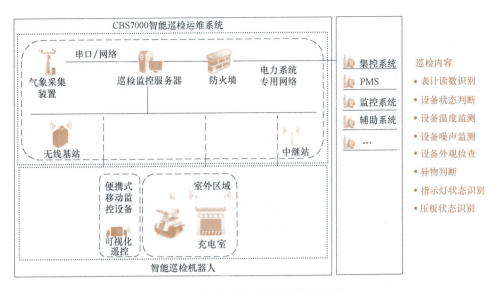

图 4-14 智能巡检运维综合解决方案

4.1.4 巡检机器人的发展趋势

以变电站巡检机器人为例,其未来的发展重点将集中在以下几个方面:

1)小型化、轻量化。目前,机器人在变电站巡检道路上因体积较大引起的移动或转向不灵活,影响探测效率。小型化的机器人本体设计已经成为一个趋势,国内一些公司和研究机构已经率先开发了几款小型巡检机器人。机器人拥有小型化的本体,减轻了自身的重量,功耗降低,机动性增强,具有更加良好的环境适应能力,同时也节约了研发的成本。

2)激光和视觉 SLAM 导航相结合,各取其优势,在弱光环境下使用 SLAM 进行辅助,同时 VSLAM 在强光范围可获取丰富的纹理信息,为 SLAM 提供点云匹配。

3)不停车巡检。目前,机器人的巡检过程为停车巡检,一般的步骤为:走到预位置,调整摄像头位置进行数据采集,采集完成后走到下一位置。这一个过程无疑在整个变电站设备巡检中浪费了大量的停车采集图像的时间。要实现不停车巡检,需要解决巡检机器人行进过程中因云台抖动造成目标图像失真模糊、障碍物难以捕捉等问题。具体解决方案是:通过改进图像识别算法的研究以及增加车辆本体避振结构的设计来减少车辆移动、振动对图像摄取的影响。

4.2 消防机器人

4.2.1 消防机器人概述

近年来大型火灾事件频发,各国政府、企业十分重视消防工作。1986 年,日本东京消防厅在灭火中首次采用了"彩虹 5 号"机器人。日本三菱重工推出了可与消防员协同工作的消防机器人系统,适应石化厂、核电站等人类难以进入的火灾现场,可提供多种消防救援方案。目前,日本是消防机器人应用最多的国家之一。美国主要是以救援、灭火等智能多功能人形机器人为主。欧洲消防机器人主要是非仿人形机器人,在森林火源侦察、破拆等方面都实现了智能化应用。国内消防机器人主要以履带式消防车为主,早在 1995 年,我国就研制出第一台消防灭火机器人,随后相应的消防机器人纷纷问世。由于火灾、爆炸等事故现场往往存在易燃易爆、有毒气体等高危物品,要求消防机器人不但具有灭火功能,还要具备防爆功能。面对高温、烟雾、有害气体、缺氧及可能发生二次灾害的环境,采用消防机器人代替消防员近距离灭火,可最大程度地减少人员伤亡。

2016年初,中信重工开诚智能装备有限公司研制出我国第一台防爆消防灭火侦察机器人。图4-15所示为开诚智能消防机器人参加大庆油田消防实战演练。

图4-15　开诚智能消防机器人参加大庆油田消防实战演练

4.2.2　消防机器人技术分析

防爆消防特种机器人是消防机器人的一种,一般采用履带式机器人平台,由防爆机器人本体、消防水炮、防爆升降装置及远程控制箱四部分构成,硬件组成框图如图4-16所示。

1. 防爆机器人本体

防爆机器人本体是机器人的核心组成部分,它是整个系统的安装基体,所有需要隔爆的元件均安装在机器人防爆壳体内。防爆壳体仅在两侧减速器输出轴上设计有通孔,其余安装孔均为不通孔,减速器出轴采用小间隙隔爆处理,使用防爆材料拼焊而成。壳体外线缆通过成熟防爆线嘴进入接线腔,

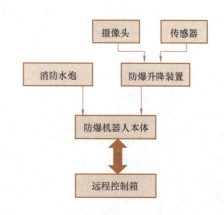

图4-16　防爆消防特种机器人硬件组成框图

再进入防爆壳体内,接线腔同时承担防爆壳体盖板的功能。防爆壳体采用隔腔设计,将电动机、减速器等发热元件与电气控制元件分开,防止发热影响电气性能,隔墙板起壳体加强作用。

机器人行走机构主要有轮式、腿式、轮腿式和履带式等类型,由于火灾现场地面情况复杂,而且在喷水作业时机器人受到的后坐力较大,为了获得较好的效果,一般选择履带式行走结构。履带采用阻燃橡胶制成,内部采用多层帘布和钢骨架结构,使其具有较高的强度和韧性。为保证机身行走平稳,还会增加独立悬架减振系统。由于对机器人的负载能力要求较高,使用了大功率驱动装置,以增加拖拽消防水带的动力。防爆消防特种机器人的整体结

构如图 4-17 所示。

2. 消防水炮

消防水炮是灭火的核心设备，可根据需要选用不同类型的消防水炮。最初，消防机器人样机搭载的是当时行业其他设备惯用的 40L/s 水炮，在进行样机试验时，流量、射程和喷水方式都达不到既定效果。经过反复论证、试验，在消防机器人上搭载了 80L/s 消防水炮，最终实现了大流量、高射程以及喷水泡沫自由切换的理想效果。此后，80L/s 消防水炮成为国内消防机器人的主流配置。

3. 防爆升降装置

当机器人进入事故现场采集现场信息时，如果存在有毒气体，不同高度的气体浓度是不同的，为了准确采集不同高度的气体信息，采用了一种用于消防机器人的防爆升降装置。该装置由防爆壳体组件、电动升降杆组件、线缆托链组件和数据采集箱等组成，如图 4-18 所示。

图 4-17　防爆消防特种机器人的整体结构

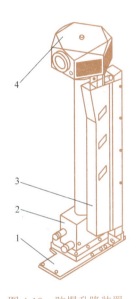

图 4-18　防爆升降装置

1—防爆壳体组件　2—电动升降杆组件
3—线缆托链组件　4—数据采集箱

防爆壳体组件具备耐爆和隔爆两种性能，既能够承受内部爆炸性气体混合物爆炸时产生的压力，又能使爆炸时喷出的火焰不引燃外部气体，从而保证爆炸性气体现场的安全。组件中的主壳体与壳盖通过螺栓联接在一起，形成一个平面隔爆面。打开壳盖后，可以对电动升降杆组件进行安装、调试。电动升降杆组件由电动机、传动齿轮、螺杆、升降杆和限位开关等组成。电动机通过三级齿轮传动减速后，将动力传递给螺杆使其转动，螺杆推动安装在其上的螺母做上升或下降运动。在壳体的上、下限位处安装有限位开关。线缆托链组件由托链、托链槽、托链护罩和托链固定板等组成。电气设备的线缆通过托链约束在一起，与托链共同形成一个倒"S"形柔性随动线路，随着上升和下降，线缆在托链槽及托链护罩内做随动运动。数据采集箱内安装有防爆摄像机、多气体数据采集器、拾音器和电源指示灯等。

4. 远程控制箱

远程控制箱是消防机器人的指挥中心和控制核心，主要由数据处理器、无线终端、显示器和操作面板等组成，如图 4-19 所示。

数据处理器是控制终端的核心，负责数据和控制指令的处理。操控人员通过控制面板向机器人发出指令，可远程控制机器人的行走、信息采集以及消防水炮的操作。根据现场情况，可控制机器人本体移动和回转接近目标火源，操控消防水炮的回转和俯仰进行灭火，调整水炮头的伸缩实现柱状水和散射水的喷水形状变化。利用升降杆调整摄像机的高度和俯仰角度，实时观测火场周边环境。机器人远程控制箱通过高清无线图像系统，可实现视距、非视距远程实时视频监控。同时，机器人本体可将在火场采集的各项参数、信号传送给控制终端，以帮助操作人员进行科学合理的操作判断。防爆消防特种机器人控制系统框图如图 4-20 所示。

图 4-19 远程控制箱

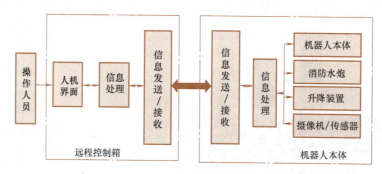

图 4-20 防爆消防特种机器人控制系统框图

消防机器人在实际灭火和灭火演练中都可发挥重要作用，具有远程遥控灭火、图像采集上传等功能，实用性强，不但保证了消防人员的人身安全，提高了灭火效率，有效解决了数据采集不足等问题，同时也提高了消防技术水平，带来了显著的经济、社会效益。尤其是在应对"人不能近、人不能及、人不能为"的有毒、易燃、易爆的复杂情况时，消防机器人可以代替消防救援人员进入现场实施无人灭火，发挥了至关重要的作用。

4.3 救援机器人

4.3.1 救援机器人概述

全球自然灾害与人为灾害频发，严重威胁着人类安全和社会稳定。在灾后，遇难者中有相当一部分人是由于得不到及时救援而失去生命的。因此，救援人员能否快速且高效地开展救援工作关系着被困人员的生命安全。例如，在地震救援中，房屋倒塌和山体滑坡将会延误救援人员进入灾区的时间，导致救援不及时；在火灾救援中，救援环境温度高，氧气稀薄，易存在毒气甚至会发生爆炸，严重威胁着救援人员的生命。

同时，由于灾害区域或灾难现场往往情况复杂且十分危险，不仅救援人员自身安全无法保障，也难以实施很多特殊救援工作，对于一些狭小空间，甚至连救援犬也无法进入。这时，应用救援机器人进行危险区域的搜索探测、物资运输、伤员输送可有效提高救援、侦察效率，保障救援人员安全。对救援机器人的使用，也成为突发灾害事件应急处置的重要手段。

救援机器人主要包括搜索救援机器人、运载救援机器人和多任务救援机器人。

1. 搜索救援机器人

搜索救援机器人是最早应用到灾后救援工作中的机器人，主要用于生命搜索与危险区域检测。美国Fostermiller公司的履带式救援机器人TALON在众多参与"9·11"事件救援任务的机器人中表现优异。该机器人的质量约为40kg，机动灵活、转向迅速，具有良好的地面适应性。同时，该机器人配备三套具有数字变焦功能的视频传感器，即使在黑暗环境中也可进行搜索任务。在更为特殊的排爆作业中，该机器人也可通过机械臂的夹钳夹断爆炸物引信，排除爆炸危险。TALON救援机器人如图4-21所示。

美国iRobot公司研发的PackBot搜索救援机器人（图4-22）采用鳍状肢履带结构，在越障时可根据障碍物的外形进行规划调整，能顺利翻爬楼梯以及跨越障碍物，具有较强的越障能力。该机器人有四个摄像头，具有夜视、变焦和照明功能，可实现图像的远程实时处理、传输及环境感知。

图4-21 TALON救援机器人

图4-22 PackBot搜索救援机器人

对于一般救援任务，轮履式搜索救援机器人或旋翼飞行器能完成对灾后现场的勘察搜索工作；但对于非结构化的复杂环境，如废墟内部，轮履式搜索救援机器人则无法抵近救援。仿生搜索救援机器人的出现成功地解决了这一问题。它具有体积小、自由度多、行动灵活等特点，可顺利完成废墟内部等狭小空间环境的搜索任务。

卡内基梅隆大学研制的蛇形机器人较其他蛇形机器人有较小的横截面积，这意味着它具有更强的狭小空间通过能力。该机器人使用有线传输的方式将夜视摄像机与音频传感器收集的数据传输给救援人员。虽然有线传输的前期准备较为烦琐，但这种方式使信息传输具有较高的可靠性与稳定性。图4-23所示为该机器人参与2017年墨西哥地震救援时的画面。

Sarcos公司研发的蛇形机器人Guardian S（图4-24）有着强大的搜索能力，在总质量6kg的机体中配备了4.5kg的搜索探测设备，其中有摄像机、气体探测器和振动探测器等多种传感器。Guardian S前后两端采用履带的运动形式，履带可沿机器人轴向旋转，做出横向摇晃、滚动等动作。Guardian S不仅拥有蛇形机器人的灵活性，同时具有履带式救援机器人的行进速度。

图 4-23　卡内基梅隆大学研制的蛇形机器人　　　　图 4-24　Guardian S 蛇形机器人

早在"十一五"期间,我国政府就已经将"废墟搜索与辅助救援机器人"项目列入国家 863 重点项目,由中国科学院沈阳自动化所与中国地震应急搜救中心联合研制,并成功研制出废墟可变形搜救机器人等三款产品;2017 年,中华人民共和国科学技术部又发布了《"十三五"公共安全科技创新专项规划》,其中就强调了将强化公共安全技术装备的应用,推动应急救援机器人等一批自主研发的重大技术装备投入使用。

2009 年,沈阳新松机器人自动化有限公司和山东省科学院自动化研究所合作研制成功国内首台具有生命探测功能的井下搜索救援机器人,该机器人采用履带式行走机构,具有一定的越障能力。该机器人具有环境侦察能力,通过在其上安装的光学监视装置,可查看井下巷道的破坏情况,通过无线或有线网络传输实时视频图像。机器人上安装了井下有毒气体、压力和温度等检测仪,可对现场危险气体进行检查,从而确保救援人员的安全。红外热成像仪可以探测到人体,通过双向语音传送系统,机器人可发挥"电话"功能,救援人员可及时了解被困人员信息与周围环境,帮助井下人员树立信心,实现互助自救。新松履带式救援机器人如图 4-25 所示。

图 4-25　新松履带式救援机器人

该机器人还可探测出温度、压力、混合气体成分及其浓度等多项环境参数,对现场危险气体进行检查,确保救援人员的安全;首次采用光纤通信技术,实现了井下长距离通信,并可传输井下环境实时视频图像。该机器人可代替抢险救援人员抢先一步进入 500m 范围内的事故现场,进行探测救援工作,同时将采集到的各种信息以图像、声音和数据的形式传送到主控制中心,为制订抢险救灾方案、及时进行抢险救援提供重要依据和支持。

2018 年,沈阳新松机器人自动化有限公司研制出蛇形臂机器人,拥有 12 个关节、24+1个自由度,可以平稳伸缩作业,并能灵活避开障碍物,同时还可以远程遥控实现抓取等功能。特殊的蛇形结构使机器人能够在狭小的空间中工作,尤其是在核辐射、易燃易爆和高温等高危环境下,蛇形臂机器人凭借其灵活的外形可以深入各个角落并顺利完成任务,如图 4-26 所示。

图 4-26　蛇形臂机器人

搜索救援机器人对比见表 4-2。履带式搜索救援机器人有着较广泛的实用性，但对于更深入的搜索探测有一定的局限性。蛇形救援机器人虽然通用性较差且运动速度较慢，但其强大的环境适应能力和搜索能力能完成更深层次的搜索探测工作。

表 4-2　搜索救援机器人对比

机器人名称	移动方式	搜索能力	有无机械臂	通信方式	是否参与过救援行动
TALON	履带式	中	有	无线	是
PackBot	履带式	中	有	无线	是
卡内基-梅隆大学研制的蛇形机器人	仿蛇运动	强	无	有线	是
Guardian S	仿蛇-履带复合式	强	无	无线	否

以 TALON 为代表的履带式救援机器人在发展与应用上相对成熟，但其控制方式相对滞后，主要为人工操作，并不具备自主搜寻能力。随着控制方法的更新和人工智能技术的应用，机器人将会逐渐由人工操作向自行搜索转变。因此，该类救援机器人智能化程度的提高与控制方式的更新有利于其在复杂救援任务中具有更准确快速的反应能力和处理能力。

以卡内基梅隆大学研制的蛇形救援机器人为代表的仿蛇运动救援机器人拥有强大的废墟搜索能力和环境适应能力，适用于矿难救援、深度救援等场景，但其移动速度较慢，这在很大程度上限制了其搜救效率。虽然仿蛇运动救援机器人参与的救援行动有限，但其搜索救援效果是非常突出的。随着仿蛇运动救援机器人移动速度和智能化程度的提高，其在以后的深度救援中会有较好的应用前景。

2. 运载救援机器人

运载救援机器人作为救援机器人中的 "大力士"，可在第一时间携救援物资同救援人员进入灾区开展救援工作，也可将受伤人员运送至安全地点。因此，运载救援机器人在救援任务中的应用可有效提高救援人员的救援效率，减少救援人员的救援压力。

波士顿动力公司的四足机器人 LS3（图 4-27）可伴随步兵班组在野外环境下负重 181 kg 连续工作 24h，其慢跑速度为 8 km/h。此外，LS3 的平衡性、平稳性极强，即使跌倒也能自行恢复平衡。

麻省理工学院在美国国防高级研究计划局（DARPA）的部分资助下，研发了"猎豹"四足机器人，这款机器人的奔跑速度高达 45km/h。最新版本的"猎豹 2"（图 4-28）配备了激光雷达系统，可以自动跳过 0.45m 高的障碍物。鉴于其控制系统的良好表现，波士顿动力公司继续研发了世界上奔跑速度最快的四足机器人"野猫"。

图 4-27 LS3 四足机器人　　　　　　　　图 4-28 "猎豹 2" 四足机器人

"爬行者"（Crawler）机器人（图 4-29）是日本横滨警视厅研发的伤员运送机器人。该机器人内部可运载一名伤员，其内部的各种传感器可对运送过程中的伤员进行生命体征检测。该机器人可随救援人员进入灾区，分担救援人员的伤员运送工作。

日本东京消防厅研制的 RoboCue 伤员护送机器人（图 4-30）可利用其自身配备的超声波传感器和红外摄像机搜寻伤员，并通过机械臂将搜寻到的伤员转移到机器人内部，完成对伤员的搜寻与运送。另外，RoboCue 设计有生命维持系统，可为舱内伤员提供氧气，保证伤员在运送过程中的基本生命支持。

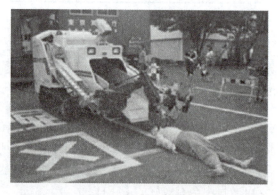

图 4-29 "爬行者"机器人　　　　　　　　图 4-30 RoboCue 伤员护送机器人

美国 Vecna Robotics 公司研制的战场救援机器人"Bear"如图 4-31 所示。其双臂可以承载 227kg 的质量，而且由于采用了动态平衡技术，可避免颠簸，减少了对伤员的二次伤害。"Bear"拥有两种行进模式：一种是在平坦路面以轮式行进；另一种是对于崎岖路面，会降低重心，切换成履带式行进，以便最大限度地减少颠簸，从而保护伤员。

在国内，上海交通大学研发的"六爪章鱼"机器人（图 4-32）是一种由 18 个电动机驱动的腿式并联步行机器人。该机器人的承载能力强、运动灵活、路面适应性强，可在多种地形环境执行救援任务。但由于并联机构的限制，其运动速度只有 1.2km/h。

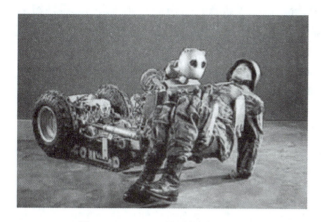

图 4-31 "Bear"战场救援机器人

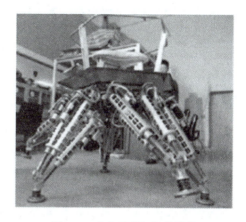

图 4-32 "六爪章鱼"机器人

中南大学研发的 PH 并联六足机器人如图 4-33 所示，该机器人的上平台上配有可旋转的激光雷达，可实现对周围环境的三维扫描，增强了机器人对周围事物的状态感知能力。PH 可通过四足支承，运用另两足拾取物体。在结构形式与运动形式上，PH 与"六爪章鱼"机器人相似，同样具有承载能力强、运动灵活以及使用领域广泛等特点。

运载救援机器人对比见表 4-3。运载救援机器人按救援功能不同，可分为物资运载救援机器人和伤员运载救援机器人两类。物资运载救援机器人具有承载能力强与通过性强等特点，其在与救援人员前往灾区的过程中，对

图 4-33 PH 并联六足机器人

救援人员的帮助最为直接。特别是足式物资运载救援机器人，可以在灾后非结构地形中随救援人员行进。足式物资运载救援机器人按结构形式可分为串联足式和并联足式，在同等体积下，串联足式有着更快的运动速度，而并联足式有着更强的负载能力。因此，现阶段足式物资运载救援机器人面临的问题是单位体积负载能力与行进速度两者之间的平衡。

表 4-3 运载救援机器人对比

机器人名称	移动方式	最快速度/(km/h)	载荷/kg	救援性能	地形适应能力
LS3	足式（串联）	11	181	物资运载	中
"猎豹"	足式（串联）	45	—	物资运载	中
"六爪章鱼"	足式（并联）	1.2	200	物资运载	强
PH	足式（并联）	—	—	物资运载	强
"爬行者"	履带式	—	120	伤员运载	弱
RoboCue	履带式	—	120	伤员运载	弱
"Bear"	复合轮-履式	—	227	伤员运载	中

伤员运载救援机器人相对物资运载救援机器人有着更严格的运送标准。虽然伤员运载救援机器人拥有生命检测系统与生命维持系统，但该类机器人对伤员的准确识别与柔性搬运能力相对较弱，而且在运送过程中，机器人会随路面变化产生颠簸，易对伤员造成二次伤害。伤员运载救援机器人在现阶段还无法准确完成对伤员的识别与搬运，同时国内外对伤员运载救援机器人的研究主要还停留在实验阶段，技术也不是非常成熟。因此，伤员运载救援机器人的伤员识别、柔性搬运及伤员运送平稳性依然是目前的研究难点和重点。

3. 多任务救援机器人

多任务救援机器人一般是指具有多种任务模式、可精确操作目标物体且智能程度较高的救援机器人。葡萄牙里斯本大学研发的多用途救援机器人 MPRV 如图 4-34 所示，可用于核电站的维护检修与核事故救援。其两个独立的机械手可以完成非常复杂的操作，如开关门及旋转绞盘。MPRV 配备了三类摄像头，即正面与背面的 RGB 摄像头、正面的三维摄像头和分别位于各自机械手末端的两个三维操控摄像头，这三类摄像头可实现操控者的远程虚拟现实操作。

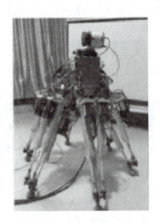
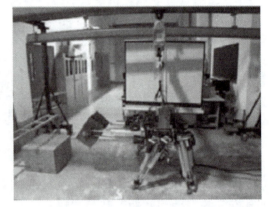

图 4-34　MPRV 多用途救援机器人

德国波恩大学 NimbRo 救援队研发的移动操控机器人 Momaro 如图 4-35 所示，该机器人在混合移动平台上拥有一个拟人化的上身。Momaro 的头部配有多种传感器，可以产生一个球形视场，其中包括一个连续旋转的三维激光扫描仪、八个 RGB-D 相机以及一个自顶向下的广角相机。Momaro 的操作单元是两个七自由度机械臂，可完成多种复杂操作。

2015 年，美国举办的 DARPA 救援机器人挑战赛吸引了世界各国的救援机器人参赛，韩国的 DRC-HUBO 机器人（图 4-36）获得了当年挑战赛的冠军。DRC-HUBO 可以直立行走、攀爬楼梯、上下汽车。在平坦地面上，它也可以屈膝，利用膝盖和脚上的轮子前进。DRC-HUBO 灵活的机械手臂可以完成非常复杂的操作任务，如开关门、使用工具等。

图 4-35　Momaro 救援机器人

美国卡内基梅隆大学研发的 CHIMP 救援机器人（图 4-37）同样参加了 2015 年 DARPA 救援机器人挑战赛，并获得了季军。CHIMP 利用三指机械手能在城市狭小救援环境中执行复杂的操作任务。在运动方面，CHIMP 可直立行走执行操作任务，当 CHIMP 需要快速移动时，也可四肢着地，利用肘部和膝部的履带实现快速运动。

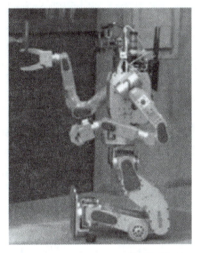

图 4-36　DRC-HUBO 救援机器人

图 4-37　CHIMP 救援机器人

多任务救援机器人对比见表 4-4。多任务救援机器人具有以下三个特点：

1) 运动形式复杂多变，面对不同的地形时，可根据地形特点选择最优的运动形式。
2) 机械手臂极为灵活，在救援任务中，可做出精细抓取、开关门及旋转阀门等高难度动作。
3) 控制算法先进，大多数多任务救援机器人已实现了半自主控制，甚至自主控制。

表 4-4　多任务救援机器人对比

机器人名称	移动方式	操控方式	精细抓取能力	旋转阀门	环境适应能力	深度感知能力
MPRV	轮式	远程操作	中	是	差	低
Momaro	足-轮复合式	自主控制	中	否	中	高
DRC-HUBO	足-轮复合式	自主控制	强	是	强	中
CHIMP	足-履复合式	自主控制	较强	是	强	中

多任务救援机器人拥有较强的环境感知能力和操作工具能力，使其可用于核灾难救援、城市火灾救援和室内救援等场景。虽然该类机器人拥有较多种类和数量的传感器设备，但其在危险环境中的稳定性和可靠性还有待验证。以上介绍的多任务救援机器人主要是处于试验阶段，还不具备真正的救援能力，但是该类救援机器人的智能化程度已经处于救援机器人中的领先位置，随着各科研院校对多任务救援机器人软硬件稳定性和可靠性的试验研究，日后多任务救援机器人一定会成功应用于救援任务中。

4.3.2　救援机器人技术分析

1. 移动方式

救援机器人的移动方式影响着其运动灵活性、运行平稳性和环境适应性。通过对救援机器人的介绍与分析可以看出，救援机器人的运动机构可分为轮履式、足式和复合式等多种形式。

（1）轮履式　在救援机器人的移动方式中，轮履式移动方式由于具有可靠性高、通用性强、技术成熟、控制简单以及移动速度快等优点，而被广泛应用于早期救援机器人中。但随着轮履移动形式在救援任务中的不断实践应用，也暴露出了其局限性，如易随地面起伏产生颠簸等。

（2）足式　足式移动方式一般根据仿生原理，从形态和控制方式上贴近于生物步态。近年来，由于控制算法的不断创新，串联足式救援机器人与并联足式救援机器人得到了迅速发展。

串联足式救援机器人相对并联足式救援机器人的发展与运用较早，相对轮履式救援机器人具有质量小、行动灵活、环境适应性强等优点，如美国的"大狗""山猫"等，但其平衡、平稳性控制难度较大。同时由于串联机构的特点，机器人的单位体积负载能力相对较差，不能负载较大质量。

并联足式救援机器人由于控制复杂，发展与应用相对较晚。近些年，随着控制算法的发展进步，并联足式救援机器人的控制相比之前已越发成熟。并联足式救援机器人在机械结构中具有承载能力强、结构紧凑、刚度高等众多优点，但又由于并联机构的限制，其移动速度一直相对较低。因此，并联足式救援机器人多被用于对移动速度要求不高，要求工作平台平稳性强、负载能力强的救援任务中。

（3）复合式　复合式移动方式随着控制技术的发展而发展，早期的救援机器人由于受控制方法的限制，多采用轮履式移动方式，而随着步态控制方法的发展，复合式移动方式已被更多地应用到救援机器人中。复合式移动救援机器人结合了轮履式、足式等移动方式的优点，可根据不同环境选择最优的移动方式。虽然对复合式移动救援机器人的控制更为复杂，但可以有效提高救援机器人的移动速度、环境适应性及行进平稳性等各方面指标。

2. 步态控制

步态控制对于足式机器人顺利完成移动、避障和跨越等动作至关重要。下面简要介绍并分析三种移动机器人的控制方法。

（1）零力矩点（Zero Moment Point，ZMP）控制法　ZMP控制法是一种动态平衡控制方法，多用于双足机器人。这种方法虽然原理简单，但采集初始数据的过程比较复杂。在目前移动机器人的控制中，ZMP控制法主要用于辅助判断机器人的运动平衡、平稳性。

（2）三分控制法　三分控制法是以机器人的运动状态为控制目标、基于弹簧倒立摆模型的控制算法。美国"大狗"四足机器人具有极强的运动灵活性与平衡、平稳性，其基本控制思想就是基于三分控制法。虽然三分控制法是以平面简化模型为基础，但是这一基础可以推广到四足机器人的三维简化模型中。因此，三分控制法在四足机器人的步态控制中有着广泛应用。

（3）智能仿生控制法　随着智能仿生控制技术的兴起，基于中枢模式发生器（Central Pattern Generator，CPG）的步态规划法以序列二次规划、爬山、遗传等算法作为优化手段，通过模拟生物神经网络的方式来实现对足式机器人的步态控制。该方法具有适应性强、耦合性好、结构简单等优点。因此，以CPG为代表的智能仿生控制是近年来发展起来的一种新的控制方法，目前已被越来越多地应用到移动机器人的步态控制中。

3. 导航算法

（1）基于地图导航　基于地图的导航方法是在导航任务前，预先将完整的环境地图提供给导航系统,或在导航过程中利用机器人自身传感器实时在线构建环境模型的导航技术,主要通过人工势场法和智能规划算法来实现。

人工势场法是将障碍物信息反映在环境的每一点的势场值中,从而决定机器人的行进方向。虽然该方法存在"局部最小"的情况,但由于其具有操作简单、可在线调整、实时性好等优点,在实际中被广泛应用。

智能规划算法是基于人工智能技术、计算机技术及仿生技术实现对移动机器人自主路径规划的先进算法。由于智能规划算法采用整体搜索策略,将有效提高路径规划的准确性。然而,智能规划算法较大的运算量会占据较大的存储空间和花费较长的运算时间,因此会影响机器人路径规划的实时性。

(2)无地图导航 无地图导航不需要任何提前设定的导航策略,主要通过机器人自身传感器提取、识别和跟踪环境中的基本组成元素。在陌生环境下,无地图导航主要采用反应式导航策略。反应式导航可及时对陌生环境的变化做出反应,但由于缺少全局环境信息,机器人在动作顺序上可能不是最优的。

救援机器人相比其他移动机器人应具备更强大的导航策略,由于救援机器人所处的工作环境复杂多变,因此有必要结合有地图导航与无地图导航的优势,使救援机器人可以在已知甚至未知的环境中准确地执行救援任务。

4.3.3 救援机器人的发展趋势

救援机器人技术是多种学科的交叉,主要包括机械、控制、导航、通信和传感器等。以对于救援机器人较为重要的控制技术为例,其控制形式逐渐由人员操作向半自主控制到自主控制的方向发展。因此,当前救援机器人的研究热点和未来发展将主要是机器人的智能化、机器人软硬件的冗余化和多机协同救援等方向。

1. 智能化

救援机器人常常面对复杂且未知的灾后环境,相对其他领域的机器人应具备更高的感知与认知能力。大多数救援机器人要面对非结构化的救援环境,因此,对于路径规划、目标搜索以及物体识别应做出准确且快速的判断。

特别是伤员救援机器人,具体的工作性质要求其在任务中几乎不能出现任何错误偏差,这就要求机器人具有高度的智能化。对于伤员的识别要准确快速,而且要以柔性搬运的方式搬运伤员。这两方面都要求机器人具备高度智能化的软硬件系统。因此,提高救援机器人的智能化将始终是救援机器人的重要研究发展方向。

2. 软硬件冗余化

工作稳定性是救援机器人高效救援的指标之一。早期的救援机器人由于机械结构单一、控制算法简单等原因,在复杂性和不确定性较高的灾后环境中,会导致机器人部分软硬件失效,从而丧失救援能力。近些年,随着机器人技术的发展,部分救援机器人采用了软硬件冗余化的设计,即使机器人部分软硬件失效,仍可继续完成救援任务,使救援机器人的环境适应性与工作稳定性得到了明显增强。因此,软硬件冗余化是救援机器人技术的重要发展方向。

3. 多机协同救援

多机协同在机器人学和智能控制中都是较为复杂的技术,这要求机器人之间应具有高度的通信能力、同步能力,并且能共享通信数据网络和传感器网络。多机协同救援不仅可以应用于同种类救援机器人中，也可应用于不同种类救援机器人中。同种类多机协同救援是将以往单救援机器人的点救援拓展到多救援机器人的面救援，这将成倍节省救援时间、提高救援效率。不同种类的多机协同救援是指搜索探测、破拆清障、伤员运送等环节由不同功能的救援机器人完成，这将有效保护救援人员的生命安全。未来，这一技术的发展将有可能实现灾后危险区域的无人化救援。

4.4 排爆机器人

排爆机器人是排爆人员用于处置或销毁爆炸可疑物的专用器材，主要用于代替人到不能去或不适宜去的有爆炸危险等的环境中，在事发现场进行侦察、排除和处理爆炸物等危险品，避免不必要的人员伤亡。它可用于多种复杂地形的排爆，代替排爆人员搬运、转移爆炸可疑物品及其他有害危险品；代替排爆人员使用爆炸物销毁器销毁炸弹；代替现场安检人员实地勘察，实时传输现场图像；可配备散弹枪对犯罪分子进行攻击；可配备探测器材检查危险场所及危险物品。在维护公共安全和人民生命财产安全方面，排爆机器人近年来被大量应用于反恐战争和警察处理突发事件中。

我国政府高度重视特种机器人技术的研究与开发，并通过 863 计划、"特殊服役环境下作业机器人关键技术"主题项目等重点专项予以引导和支持。目前，在反恐排爆领域，部分关键核心技术已取得突破，如多传感器信息融合技术、高精度定位导航与避障技术、汽车底盘危险物品快速识别技术已初步应用于反恐排爆机器人。

4.4.1 排爆机器人概述

1. 美国研制的排爆机器人

美国诺斯洛普·格鲁门公司 2012 年 9 月通过其英国分公司 Remotec UK 为英国武装部队设计了一种新型排爆机器人。这种机器人被称为"短剑"（Cutlass），是一种速度快、机动性好的多功能遥控轮式机器人，能够单独承担评估威胁以及处理爆炸物的任务。

因为"短剑"排爆机器人综合了许多种能力，因此，它可以替代两台传统机器人。它可以迅速到达发现爆炸物的地点，利用"眼睛"观察爆炸物，并选择适当的工具来处理任何其发现的爆炸物。"

相比之下，传统的排爆处理工作往往需要一台机器人使用摄像头捕捉现场情况，另一台机器人使用工具进行处理；或者一台机器人捕捉到关于爆炸装置的信号后，返回操作人员处，更换工具后再回到现场进行排爆。而"短剑"排爆机器人配备了车载传感器和摄像头，操作人员可以使用这些装置来评估威胁，并在机器人的移动过程中从车载工具包中选择合适的工具来完成排爆任务。操作人员利用"短剑"机器人的摄像头反馈的信息，通过一个指挥和控制系统在一定的距离之外来操控机器人，如在车辆的后面。

使用传统的排爆机器人时，操作人员需要直接操纵机器人；但使用"短剑"排爆机器人时，操作人员可以在一定的距离之外或者障碍物后面操纵它。

美国 iRobot 公司研制出了多种排爆机器人。该公司最小的排爆机器人产品名为 FirstLook，质量仅为 2.3kg 左右，适合放在背包中携带，主要执行下车排爆任务；最大的机器人产品名为 710 Warrior，重达 227kg，适合处理大型的简易爆炸装置以及隐藏在基础设施中的爆炸物。

到目前为止，iRobot 公司最受欢迎的排爆机器人产品名为 PackBot，它的质量约为 27kg，自 2001 年开始被许多客户采购和使用，并且根据客户的反馈和要求持续改进，以应对不断发展的威胁。PackBot 是一种多用途机器人，它配备的三自由度机械臂使其能够在比较宽的范围内抓取物品，而普通的机器人难以做到这一点。它可以进入密闭空间，可以与各种化学、生物、放射性和核传感器集成在一起，执行多种任务。

iRobot 公司制造的排爆机器人的控制方式根据它们体积和性能的不同而不同。比较大的 710Warrior 机器人和 PackBot 机器人使用一个基于笔记本电脑的控制器；而小型的 FirstLook 机器人使用一种集成屏幕的轻型手动控制器，并且不需要培训即可使用。

2. 英国研制的排爆机器人

英国国防部的专家研制成功一种名为"龙行者"的排爆机器人，它可以放在背包中随身携带，用于发现和拆除危险的爆炸物。这种机器人的身高只有 23cm，质量只有 7kg，行进速度为 8km/h。在操作者控制下，"龙行者"机器人可以在各种复杂地形上移动，甚至还能够爬楼梯和开门。机器人身上安装四个照相机，可以将图像传回给操作者。每个照相机拍摄的图片都在不同的屏幕上显现，然后组成一个立体图。在人为控制下，这种机器人可以发现周围的可疑爆炸物，并将其挖掘出来。

英国 ALLEN 公司制造的 Defender 大型排爆机器人重约 250kg，其主要部件使用强度高、密度小的钛材料。该机器人可通过线缆操控，也可通过无线 SSRF 遥控，采用全向天线，控制半径达到了 2km，它具有的一些先进功能可以满足正在发展的反恐需求。该机器人结实耐用、通用性好、可靠性高。

英国一家公司研制成功一种名为 Guardian 的多功能排爆机器人，其关键设计是将相关的设备和配置一体化，可以在配置头上快速更换配置的设备，以执行不同的任务。该机器人的质量（包括电池，不包括附件）约为 63kg，装备四个广角摄像机，行走部分采用轮子和履带两种方式，可以根据需要进行调换。

3. 法国研制的排爆机器人

法国 Cybernetix 公司研制成功及独家销售 TSR200 型排爆机器人。该机器人重 265kg，长 1.2m，宽 0.67m，高 1m。机器人装有橡胶履带，最大行驶速度为 65m/min，能越过 40° 的斜坡和 30° 的侧坡。它使用两组密封的可再充电的 12V 电池，续航时间为 4h，采用无线电控制时最远控制距离可达 300m。

4. 加拿大研制的排爆机器人

加拿大 PEDSCO 公司研制成功 RMI-9WT 型多功能排爆机器人，广泛应用于搜查、排爆、监控及放射性物质排除等危险环境。它由六轮驱动，具有攀爬能力强、移动灵活的特点；配有四个彩色摄像机，图像最大可放大 128 倍，另加配高灵敏度低照度红外摄像机；配备三种抓取器，分别是标准型、可旋转型和超大型；带闪烁激光瞄准器的双水炮枪（爆炸物销毁器）可连续打击目标，水炮枪控制器具有自动延时功能，能够有效保证操作人员的安全。除此之外，它还可配备便携式 X 光机，固定于机器人前侧或抓取臂上，通过手控或智能遥控现场拍摄可疑物图像。

5. 以色列研制的排爆机器人

目前，已有越来越多的排爆机器人开始代替人去接近和处理危险的爆炸物，但是，这些机器人也经常与炸弹同归于尽。为了减少排爆机器人的损失，以色列拉斐尔先进防务系统公司研制出一种名为"铁钳"的新型排爆机器人。

这种排爆机器人装备有摄像机和激光指示器，可用来定位和指示目标，随后发射一种铅笔大小的燃烧火箭弹，在远距离上烧毁炸弹。"铁钳"排爆机器人最大的亮点就是其装备的微型排爆火箭弹，这种火箭弹只有20cm长，但其强大的动能足以在10m远的距离上击穿覆盖物，命中炸弹。火箭弹采用独特的燃烧设计，内含多种助燃剂和金属粉末，可在瞬间生成高温火焰，引燃并烧毁目标，同时又不会引发剧烈爆炸。该机器人可由排爆专家远程遥控，操作十分安全。由于是在远距离上排除炸弹，机器人本身并不会受损，可继续执行其他任务。

6. 中国研制的排爆机器人

中国航天科工集团有限公司自主研制的"雪豹20"第一代排爆机器人，是典型的单节双固定履带式机器人，能够适应平坦路面，也是一款能够适应野外恶劣环境的排爆机器人。第二代排爆机器人"雪豹-10"（图4-38）的车体可进行前后摆臂，并可根据地形改变履带形状，从而完成不同地形的行走命令，如平地行走、跨越沟壑以及上下楼梯等。机械手是排爆机器人的另一个关键部位，为完成排爆任务，需要将地面上的重物抓住、抓牢、抓起，"雪豹-10"机器人的机械手设计了多个自由度，同时采用多种功能机构，保证了机械手有足够的夹紧力，确保了排爆机器人的安全性和可靠性。还可以根据实际需要随机更换机械手，小到手机，大到10kg的重物，机械手都可以牢牢地将其抓起，并按照指令运送到指定位置。为保证"雪豹-10"排爆机器人动作精细、准确到位，设计人员在该机器人的电气系统中设置了电动机及驱动系统、计算机控制系统、光学与传感器系统三个部分。其中，电动机及驱动器系统装有多个电动机部件，可以为完成每个动作提供不同的驱动力。

中国科学院沈阳自动化研究所研制成功名为"灵蜥"的多功能排爆机器人，由机器人本体、控制台、电动收缆装置和辅助装置四部分组成，重180kg。它的头部安装有两台摄像机，用于观察环境和控制作业，以便操纵人员及时下达控制指令。行走部分采用轮子和履带的复合装置，在平地上用四个轮子快速前进，遇到台阶或斜坡时，按照指令迅速收缩四个轮子，改换成擅长攀爬越障的履带。"灵蜥"机器人动作灵活，可以前后左右移动或原地转弯，一只自由度较强的机械手可以抓起8kg重的爆炸物，并迅速将其投入"排爆筒"。它可以攀爬楼梯和40°以下的斜坡，可以翻跃0.4m以下的障碍，可以钻入洞穴取物，作业的最大高度达到2.2m。此外，它还可以装备爆炸物销毁器、连发霰弹枪及催泪弹等各种武器，以对付恐

图4-38 "雪豹-10"排爆机器人

图4-39 "灵蜥-B"型排爆机器人

怖分子。机器人由蓄电池驱动，可维持工作数小时，最大直线运动速度为 40m/min；操作台上配有液晶显示器，可观察其移动和作业状况。该机器人具有有缆操作（控制距离为 100m）和无缆操作（控制距离为 300m）两种操作方式。"灵蜥-B"型排爆机器人如图 4-39 所示。

上海合时智能科技有限公司研制出基于智能传感器、多模态智能人机交互和多传感器信息融合技术的模块化 uBot-EOD 系列排爆机器人产品（图 4-40），已广泛应用于世界博览会、G20 峰会、上合组织峰会、公安局和武装部队等。

图 4-40　uBot-EOD 系列排爆机器人
a）小型智能排爆机器人 uBot-EODA10（3～8kg）　b）中型智能排爆机器人 uBot-EODA20（6～15kg）
c）大型智能排爆机器人 uBot-EODA50（15～30kg）

排爆机器人包括四大子系统，即适应全天候、全地形的机器人移动平台子系统、多自由度手臂子系统、多自由度监控云台子系统及远程操控终端子系统，如图 4-41 所示。

排爆机器人的机器人移动本体可以采用轮式、履带式和轮履复合式行走机构，其中小型排爆和中型排爆机器人采用了履带式行走机构，以适应 35°以上的楼梯；大型排爆机器人采用了轮履复合式行走机构，既能攀爬楼梯，又能保证在平地上以 1.0m/s 以上的速度高速行驶。机械手臂具有六个以上自由度，末端执行机构可以更换不同类型的手爪，以便于执行不同的任务。监控云台具有两个或三个自由度，主要用于环境检测。远程操控终端有便携手持式及箱式（OCU）两种类型，如图 4-42 所示，以便在不同场合下使用。

智能机器人技术基础

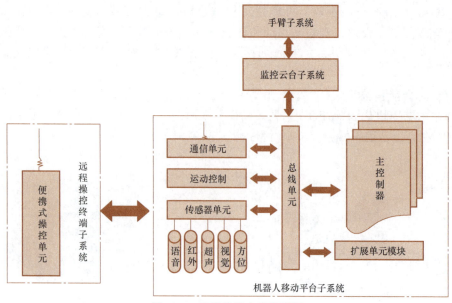

图 4-41 排爆机器人系统框图

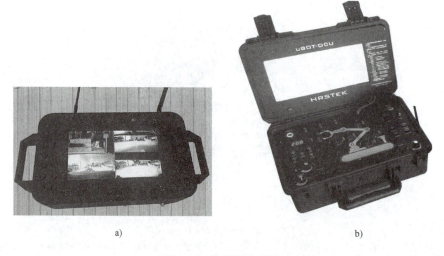

图 4-42 远程操控终端
a) 便携手持式 OCU (1kg)　b) 箱式 OCU (10kg)

独立的功能模块之间采用标准接口相互连接，包含机械连接和电气连接。接口包含了电源和通信总线，采用标准接口连接的模块之间共用电源并通过标准总线进行通信，不需要任何外部连线，如图 4-43 所示。这样的设计实现了机械和电气的模块化，方便装卸多种模块，如移动平台上可以装备多种手臂、水炮枪和武器系统等。

此外，排爆机器人上还安装了多种内部

图 4-43 模块化系统，标准接口/标准总线连接

传感器和外部传感器。内部传感器用于监测机器人系统内部状态参数,包含电压、电流、位移、温度、加速度、航向、俯仰角和翻滚角等。外部传感器用于感知外部环境信息,主要包含红外、超声、激光、摄像头和 GPS 等。这些传感器用于机器人的自我安全保护、避障、自主定位和导航以及监控巡航等功能。

中电兴发科技有限公司研制的 F206 型排爆机器人(图 4-44)是一款中等尺寸的机器人,既具有大型平台机器人的拖曳能力,又具有轻小型平台机器人的速度和爬台阶能力。这是一款单机械臂、带腰转的多功能机器人,在危险品、炮弹及自制炸弹的侦察、销毁和安全处置等方面,可提供远程解决方案。驱动系统采用 6×6 全轮驱动方式,由涡轮减速器驱动轮子,机械自锁结构不需要制动,行走及各关节动作电动机全部采用空心杯电动机;装有前进、后退、云台、机械爪和销毁共五台彩色带红外功能的摄像机;具有快速释放功能的气动轮胎,可根据需要与驱动系统脱离。控制器系统采用高稳定的工业级可编程序控制器,21.0cm 日光下可读显示屏安装在全天候罩子内,采用 900MHz 数据、340MHz 图像传输无线频率通信系统,实现了数据的实时传输,无延时;控制器采用 DC12V 电池和充电器,遥控距离为 100m。

图 4-44　F206 型排爆机器人

4.4.2　排爆机器人技术分析

国内外现已有多款排爆机器人产品,并且已经应用于实战。无论是国外还是国内,在排爆机器人技术设计上,均融合了行走技术、传感器技术、信息处理与控制技术、通信技术、执行与搭载技术等。

1. 行走技术

排爆机器人的行走机构主要有轮式、履带式或两者相结合的轮履式等类型。轮式行走机构结构简单、重量轻、滚动摩擦阻力小、机械效率高,适合在较平坦的地面上行走,但由于轮子与地面的附着力不如履带式机器人,因而越野性能也不如履带式机器人,特别是爬楼梯、过台阶比较困难。英国 ABP 公司生产的"山猫""土拨鼠"及"野牛"等机器人采用的都是这种行走机构。履带式行走机构的优点是越野能力强,可以爬楼梯、越过壕沟等各种障碍物。德国 Teleroe 公司生产的 tEODor 排爆机器人和可穿越狭窄地域的 Telemax 小型排爆机器人、我国上海合时智能科技股份有限公司自主研发的 uBot-EOD 排爆机器人等采用的都是这种行走机构。轮履式行走机构可同时装有轮胎和履带,当机器人在较平坦的环境移动时,使用轮式，以获得较快的移动速度；当机器人需要爬楼梯或越过其他障碍物时，常用履带式行走机构，以提高越障能力。美国 Wolstenholme 机器公司生产的 MR5 排爆机器人就是采用这种行走机构。

为了加快开发多种不同功能的机器人，有些公司将行走机构模块化，可以快速替换和安装，如美国的 Packbot 机器人以及我国上海合时的 uBot-EOD 机器人。

2. 传感技术

传感技术主要是对机器人自身方位信息以及外部环境信息进行检测和处理。反恐排爆机器人为了应对各种危险情况，往往会配备摄像机、昼夜瞄准具、微光夜视瞄具、双耳音频探测器、化学探测器、微型定位系统、红外传感器及超声传感器等。

3. 信息处理与控制技术

信息处理与控制技术是以计算机为中心，主要用于提取、识别、分析和判断获得的关键信息，建立机器人任务模型，供控制和决策人员选择。现有的排爆机器人大多是半自主移动与遥控方式相结合，机器人在人的监视下自主行驶，在遇到困难或者需要执行特定任务时，由操作人员进行遥控操作。例如，以色列研制的 TSR-150 型排爆机器人、上海合时的 uBot-EOD 系列机器人就能进行有限避障和自主导航。到了 20 世纪 90 年代，一些移动机器人逐渐向自主型发展，即可依靠自身的智能自主导航躲避障碍物，独立完成各种排爆任务。机器人研究者需要融合多种传感器信息，并设计一些导航算法，以实现机器人在非结构化环境中的全自主行走。

4. 通信技术

通信系统的主要任务是完成机器人与控制平台之间的信息传递，使操作人员能够获得更多的关于现场和机器人自身状态、动作的信息，从而有效地监控机器人，实施遥操作。通信方式由有线发展到无线，由无线电、雷达发展到光缆，传输距离也越来越长。当前采用最多的是无线加有线的双重通信方式，通过无线局域网来遥控机器人，在危机情况下借助有线控制方式，以免受到无线干扰而造成任务失败。

5. 执行与搭载技术

反恐机器人一般具有排除爆炸物、解救人质、消防、搬运、摧毁和射击等功能，因此，要求机器人能装载多种武器装备，以便根据不同的任务需要进行选择。多自由度机械手是最常用的搭载执行机构，用它的手爪或夹钳可将爆炸物的引信或雷管拧下来，并把爆炸物运走。猎枪或霰弹枪、高压水枪、特殊的冷冻装置、催泪弹、烟幕弹及发射器械、冲锋枪以及步枪等单兵反恐防爆武器也可以根据需要进行搭载。

4.4.3 排爆机器人的发展趋势

由于排爆机器人一般工作在非结构化的未知环境中，因此，研究具有局部自主能力、可以通过人机交互方式进行遥操作的半自主排爆机器人将是今后发展的重要方向。半自主排爆机器人就是具有局部自主环境建模、自主检障和避障、局部自主导航移动等能力的机器人，它能够自主地完成操作人员规划好的任务，而复杂环境分析、任务规划、全局路径选择等工作则由操作人员完成，通过操作人员与机器人的协同来完成所指定的任务。

1. 标准化、模块化

目前，各种机器人的研制还处于"各自为政"的状态，各研究机构所采用的部件规格不一，要促进机器人的发展，必须像 20 世纪 70 年代个人计算机（PC）产业的发展一样，采用标准化部件。而采用模块化的结构，可以提高系统的可靠性和增强系统的扩展性能。由于各模块功能单一、复杂性低、实现容易，通过增减模块即可改变系统的功能，容易形成系列化产品。

机器人作为一种机电产品，要想真正实现产业化，必须实施软硬件分离，并将其软硬件模块化、标准化，每一块都可以作为一个产品，就像汽车的零部件。标准化包括硬件的标准化和软件的标准化，硬件的标准化包括接口的标准化和功能模块的标准化；软件的标准化首先要有一个通用管理平台，其次是通信协议的标准化和各种驱动软件模块的标准化。

2. 控制系统智能化

排爆机器人作为一种地面移动机器人，经过多年的研究和发展，已取得了很多成果。早期研制的排爆机器人大多采用遥控式，移动平台和机械手都是由操作人员来操作和控制的，如"手推车"排爆机器人。20 世纪 80 年代后期，由于新的控制方法、控制结构和控制思想的出现，研究人员开始研究具有一定自主能力的移动机器人，这种机器人可在操作人员的监视下自主行驶，在遇到困难时，操作人员可以进行遥控干预。到了 20 世纪 90 年代，一些移动机器人逐渐向自主型发展，即依靠自身的智能自主导航躲避障碍物，独立完成各种排爆任务。

全自主排爆机器人近期还难以实现，能做到的是自主加遥控的半自主方式。因为地面环境复杂，虽然 GPS、电子罗盘等可给机器人定位，但在地面行驶时，必须首先对地面环境进行建模和处理，然后才能决定如何行动。只有通过计算机视觉技术解决了复杂环境的处理问题，全自主危险操作机器人才有可能实现。

3. 通信系统网络化

通信系统是排爆机器人控制系统的关键模块之一。国外在移动机器人网络控制的研究上取得了一定进展，出现了网上远程控制的实例。在 Patrick 等人的遥操作机器人项目中，用户可以通过互联网用浏览器控制一台移动机器人在迷宫中运行；针对 Luo 和 Chen 集成本地智能化自主导航远程通信开发出的移动机器人，用户可通过互联网对其进行远程导航控制。建立基于互联网的机器人遥操作，可使操作人员远离具有危险性的排爆机器人作业环境，避免造成人身伤害。

4.5 安防机器人

4.5.1 安防机器人概述

随着国民经济的快速发展，人们对社会安全保障的需求愈发强烈，这对社会公共安全防护和安保服务提出了更高要求。整个安防行业的发展经历了从最早期的纯人工时代，到"人工＋摄像头"时代，再到现在的"人工＋摄像头＋机器人"时代。在这个过程中，一方面，科技的发展促进了安保行业的整体发展。另一方面，人口老龄化的加重也驱动着"机器人替人"进程的加快。也许，到 21 世纪中期，不再依赖人工而是依靠"机器人＋摄像头"的时代就会到来。

传统静态安防技术体系过于成熟，已难以取得新的突破，为此，安防企业纷纷紧跟人工智能技术的进步与革新步伐，开始尝试人工智能技术在安防领域的应用探索，通过技术融合创新逐步衍生出安防机器人产品和新服务模式，持续引领安防机器人由概念机、实验机向实地场景落地。安防机器人作为"智能+"是传统安防产业和公共安全服务赋能的创新成果，在"智能+"新时代下，具有巨大的施展空间。使用安防机器人也是安防行业发展的一种必然趋势。

受国内房价上涨及"互联网+"所创造的新兴业态（网约车、宅急送等）的冲击影响，传统安保行业面临着人力成本大幅上涨的核心问题。同时，安保行业属于劳动报酬水平较低、工作内容枯燥乏味、工作过程不规律且具有一定危险性的重体力工种，人力安保容易受到多种客观因素影响，从而导致安保防范有疏忽。安防机器人的应用可大幅降低用工成本，同时，安防机器人在巡检过程中的可靠性、持续性和稳定性等方面具有较强优势。

随着语音识别、人脸识别和智能传感等人工智能技术的发展，安防机器人可作为移动终端平台载体，根据应用场景、使用功能等的不同，按实际需要自主加载语音识别、视频传输、气体检测、智能报警和导航服务等功能模块，实现从仿生视觉、听觉、触觉和嗅觉等方面对工作场景进行多维度、立体化检测。同时，面对灾害和高危领域，安防机器人可代替人力进行特殊场景下的数据采集、传输、分析及监测等工作，从而有效降低由人力操作带来的安全隐患和风险。

安防机器人的应用包括厂区、小区、大学城、企业园区和公共场所等不同应用场景，并可为不同应用场景提供事前预警、事中干预和事后取证的功能。

安防机器人在厂区的应用主要有三种类型。第一种应用场景是大型粮仓。除了进行基本的监控巡检以外，机器人通过热成像检测粮仓各个设施的温度是否正常，并通过无线技术与各仓的智能设备进行交互，以判断其是否工作正常。另外，机器人还能够通过摄像头的图像识别获取仪器仪表的信息。第二种应用场景是化工厂区，这种场景要求机器人搭载VOC检测设备，在化工厂区巡逻时，定点检测该位置是否存在危险气体超标的问题。第三种应用场景是物流园，机器人不仅可以在园区进行巡检，还可以在仓库内进行巡检。机器人通过图像识别检测货架上的货物摆放、空满状态等信息。

对于小区而言，一般建议将安防机器人应用在有地下车库，并且路面相对平整的小区。其工作重点主要是在夜间代替人工进行巡逻。此外，安防机器人具有一键报警功能，如果遇到突发的危险状况，可以通过机器人呼叫后台，后台可以远程控制机器人来应对一些简单的突发状况。

公共场所一般指广场或者景区等人员密集的场所。安防机器人在这些场所应用时，可以监测是否有异常的人员聚集或者打架闹事等突发状况。利用机器人搭载的一些设备可以进行简单的驱散或者喊话。某些场景要求机器人内部携带一些应急物品，如药物、消防用具等，一旦出现突发事件，工作人员可以快速从机器人上获取一些装备。

4.5.2 安防机器人技术分析

安防机器人系统由自主导航系统、底盘运动系统、防撞保护系统、后台通信技术、机器人平台以及消防与应急处置系统组成，如图4-45所示。

1. 自主导航系统

目前，主流的导航技术仍是基于单线激光雷达进行SLAM建图，在建立地图之后，可以按照设定路线或者学习路线的方式进行自主导航。然而，因为单线激光雷达扫描的是一个平面，平面以下或以上的物体是探测不到的，只依靠激光雷达无法实现非常完备的导航。

图 4-45　安防机器人系统组成

因此，还需要配合视觉摄像头和超声波雷达，以提高避障的可靠性。此外，如果是在室外较颠簸的路面，或者是在环境不太适合激光导航的情况下（如十分空旷或者类似环境），还需要利用差分 GPS 的数据进行定位导航。

2. 底盘运动系统

安防机器人的底盘可以分为履带式或者轮式。履带式底盘的通过性更好，适合野外区域的巡检。但是，目前大部分的应用场景都是铺装路面，所以市面上大部分的安防机器人都采用轮式底盘。轮式底盘可再细分为有转向结构和无转向结构两种类型。无转向结构的底盘利用两边轮子的速度差，也就是差速来转向。这种轮式底盘存在两个缺点：一是对路面和轮胎的磨损较大，容易留下转向痕迹；二是如果减振设计不合理，转向时容易出现跳动。前转后驱的底盘结构相对来说效果更好，前桥可以采用阿克曼转向结构，后轮采用机械差速或电差速。

3. 防撞保护系统

安防机器人在运行中的防撞保护除了利用激光雷达检测障碍物以外，还需要依靠视觉系统、超声波雷达系统和防撞杆。视觉系统是依靠摄像头（布置在车前或者四周）对图像进行识别，如果障碍物处于激光雷达的检测范围之外（如路沿石等低矮物体），则可以通过视觉系统进行判断。此外，一般的安防机器人都会标配超声波雷达来检测是否有物体靠近。这是一种低成本的解决方案，并且可以弥补视觉系统在较差天气下效果下降的问题。部分安防机器人上没有设置防撞杆，但是不能否认，这是一种十分简单且有效的防撞手段。

4. 后台通信技术

后台通信技术相对而言不是非常复杂，但是其对安防机器人使用效果的影响却非常大。安防机器人需要与后台进行大量的数据传递。除了基本的控制指令外，还有 1～5 路的图像回传，因此需要非常大的带宽。目前常用的解决方案包括两种：一是采用 4G 路由器，使用 4G 信号通信；二是对应用场地进行 WiFi 覆盖，采用 WiFi 进行通信。通常情况下，会采用两者结合的方案，将 4G 作为一种备用手段，当 WiFi 热点信号弱的时候，可以通过 4G 来传输数据。目前从效果上看，在摄像头数量达到 5 个左右的条件下，回传高清视频时仍存在一定的问题。这主要是由于安防机器人从一个热点切换到另外一个热点时，数据链路会存在短时的衔接问题。

5. 机器人平台

安防机器人平台的功能也是一个重点。除去基本的运动控制、任务控制等功能，如果只是采集图像而不进行处理,是无法完全依靠机器人进行巡逻的。这方面还需要依靠科技的不断进步才能达到更好的效果。目前来看,相对成熟的两个平台应用是人脸识别和车牌识别,这两种应用都有比较成熟的第三方解决方案。此外,即便是自行开发,其训练模型也相对成熟。基于这两种技术可以实现一些智能化应用,如陌生人检测、违章停车等。依靠一些搭载的传感器还可以实现更多的应用,例如,热成像系统可以对物体温度或者火灾进行检测,气体传感器可以检测有毒有害气体浓度。针对不同的应用场景,可以制订出不同的应用策略。

6. 消防与紧急处置系统

作为安防机器人,如果只能执行巡逻任务,则其性价比较低。于是,现在部分厂商在机器人上搭载了各种设备,可以执行紧急事件处理等任务。此类设备有高分贝扬声器、高亮度射灯和消防水炮等。通过搭载这些设备,可以在紧急情况下实现一定的安防功能,如驱散人群等。除了安防功能以外,还可以开发很多应用。例如,现在小区虽然不提倡饲养大型宠物,但实际上仍然屡禁不止。如果宠物出现异常,巡检中的机器人可以利用声光对宠物进行驱散;在部分场合下,可以利用消防水炮进行园林养护和外墙体清洁。

能够使安防机器人更好地落地的新技术有基于多线激光雷达的导航方案、基于摄像头的 VSLAM 技术、双转双驱底盘结构、新型传感器和融合技术以及 AI 芯片带来的边缘计算普及等。

目前,国外典型的安防机器人有韩国的 Mostitech 机器人,日本的 T63-Artemis 机器人,美国的 MDARS-I 型室外安保机器人、Reborg-X 机器人和 Knightscope K5 机器人。国内使用较多的安防机器人是深圳市优必选科技有限公司生产的智能机器人 ATRIS(安巡士)等。下面以 ATRIS 为例分析安防机器人的主要技术。

ATRIS(安巡士)具有主动巡逻、主动预警及多种语音交互等特点,可节省人力、提高指挥时效、预警隐患、保障安全,为日常安防巡检、远程应急指挥及高危环境侦测等任务提供解决方案,实现智慧安防。

ATRIS 具有以下功能:

1)多激光雷达配合差分 GPS 实现自主导航,厘米级定位精度帮助机器人精准执行各项巡逻任务。

2)搭载高清可见光视频 + 红外热成像双目云台,外加四路环视摄像头,可帮助用户全方位监控巡逻区域。

3)采用人脸识别算法来实现人脸的快速检测对比,达到了毫秒级的人脸识别速度;同时可获取年龄、性别等人脸结构化数据,可帮助用户快速追踪重点人物。

4)具有语音对讲、语音播报功能,可进行远程对话及音频宣传播报。

5)强声驱散系统支持发射高频高声强噪声,可有效驱散可疑人员。

6)采用紧急呼叫设计,可实现现场报警,及时处理紧急事务。

7)运动底盘采用轮式结构,行动敏捷、行进速度快、运动声响小,有效减少了噪声的产生;轮式底盘结构稳定、耐磨性强、可靠性高。

8)机器人整机采用三防设计,防护等级为 IP55。

ATRIS 的结构如图 4-46 所示,主要技术参数见表 4-5。

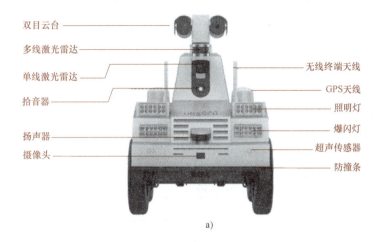

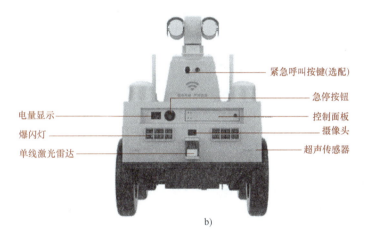

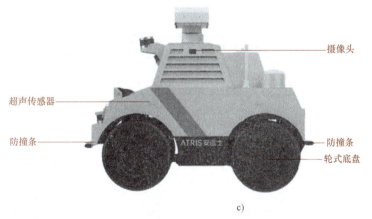

图 4-46 ATRIS 安防机器人产品结构说明

a）正面结构图　b）背面结构图　c）侧面结构图

表 4-5 ATRIS 安防机器人的主要技术参数

功能模块	项目	技术参数
电源适配器	输入电压 /V	AC 90～265
	输出电压 /V	48
双目云台	转动角度 /(°)	水平：0~360 垂直：-90～90
	可见光	分辨率 1920×1080P 光学变倍≤30 倍
	热成像	分辨率 1280×1024P 热灵敏度≤40mK 测温范围 -20～50℃
	本地存储	SD 卡，最大支持 128GB
四路摄像头	分辨率	1280×720P
外观	长度×宽度×高度 /mm	1540×890×1230
	重量 /kg	≈300
底盘性能	形式	轮式
	底盘高度 /mm	≤120
	速度范围 /m/s	0～3
	爬坡能力 /(°)	≤10
	越障高度 /mm	≤100
	越障宽度 /mm	≤200
	涉水深度 /mm	≤100
电池	电池类型	磷酸铁锂电池
	电池容量	48V，80Ah
	充电时间 /h	4~5
	运行时间 /h	8～10
导航	多线激光雷达	视距 100
	单线激光雷达	视距 8
	差分 GPS(RTK)	双频 RTK 定位精度 1cm
	超声波模块（双探头）	探测范围：10～450mm 超声频率：40kHz 探测频率：50Hz
通信模块	4G 无线路由器	1）接入方式：4G 运营商网络接入 +WiFi 网络接入 2）支持运营商网络制式：TDD LTE、FDD LTE 等 4G 网络，HSPA+ 等 3G+ 网络，TD-SCDMA、EVDO、WCDMA 等 3G 网络，向下兼容 GRPS \ CDMA 等 2G 网络 3）WiFi 工作频段：2.4GHz

（续）

功能模块	项目	技术参数
天线	4G 天线（FPC）	1）工作频段：824~960MHz，1710~2690MHz 2）极化方式：线极化 3）增益：>0dBi
	4G 天线 (FPR)	1）工作频段：824～960MHz，1710~2700MHz 2）极化方式：垂直极化 3）增益：(2±1) dBi
	WiFi 天线	1）工作频段：2.4～2.5GHz，5.15~5.85GHz 2）极化方式：线极化 3）增益：>0dBi
	无线终端天线	1）工作频率：5.8GHz 2）极化方式：垂直极化 3）增益：9dBi
	GPS 天线	1）工作频段：GPS L1/L2，GLONASS L1/L2，BD/B1/B2/B3 2）极化方式：右旋圆极化 3）增益：5.5dBi
LED 灯组	LED 红蓝爆闪灯	功率：36W；防水等级：IP67
	LED 主照明灯	功率：36W；防水等级：IP67
高音定向扬声器	频率 /kHz	0～15
	声强 /dB	108
拾音模块	拾音距离 /m	≤5
	拾音方向	360°全向
环境适应性	工作温度 /℃	-20～55
	储存温度 /℃	-40～70
	工作湿度（%）	10～95
	防水等级	IP55

4.6 水下机器人

水下机器人也称无人水下潜水器，它可以在水下代替人类完成某些复杂任务。水下机器人可在被严重污染、危险程度高的环境以及可见度为零的水域代替人工在水下长时间作业，具有良好的工作能力。同时，水下机器人在石油开发、科学研究、海底地貌勘察和军事等领域也得到了广泛应用。

水下机器人的分类方式有很多种，目前广泛应用于科学探测的设备有载人深潜器（Human Operated Vehicle，HOV）、有缆无人潜水器（Remote Operated Vehicle，ROV）、无人自治潜水器（Autonomous Underwater Vehicle，AUV）、深拖系统（Towed Vehicle，TV）和水下滑翔机（Underwater Glider，UG）等。其中，AUV 是深海潜水器中应用非常广泛的无人无缆自主水下控制的水下机器人，它自带能源，依靠自身的自治能力来管理和控制自己完成被赋予的使命，因此，与 ROV 相比，AUV 具有活动范围大、无脐带缆限制、大水面支持系统灵活、占用甲板面积小、运行和维修方便等优点。虽然受相关技术发展水平的限制，但由于其无可替代的作业优势，AUV 的发展一直为世界各海洋强国所关注，并且发展迅速。众多调查显示，AUV 有着巨大的市场需求，包括近海工程、军事方面和学术界等。

4.6.1 水下机器人概述

20 世纪 50 年代末期，世界上第一台真正意义上的 AUV 系统平台"SPURV"在美国华盛顿大学问世，主要用于水文调查。20 世纪 80 年代末，随着人工智能、微电子、控制硬件和计算机等技术的进步，智能水下机器人技术得到了迅猛发展，许多沿海国家尤其是发达国家都致力于水下机器人的技术和产品研发。美国、英国、日本、加拿大和俄罗斯等国家成立了专门的研发机构，并随着水下自治机器人应用范围的不断扩大逐渐形成了系列产品，如图 4-47 所示。

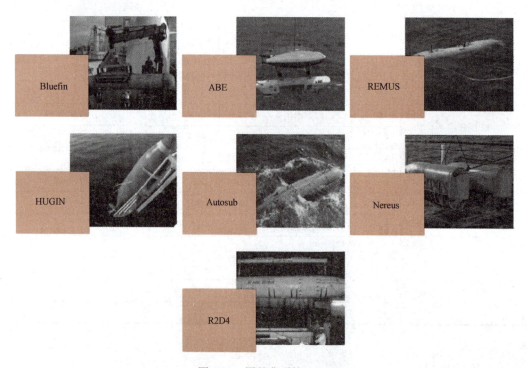

图 4-47 国外典型的 AUV

美国麻省理工学院很早就开始从事 AUV 的研究工作，并且在意识到 AUV 具有非常高的商业价值后，对其自主研制的 AUV 进行了整合，于 1997 年成立了蓝鳍水下机器人公司，该公司的蓝鳍系列 AUV 在刚刚兴起的 AUV 市场上获得了一席之地。2014 年 4 月，美国利用 Bluefin-21 型 AUV 开展了马航 MH370 号航班的搜寻工作，并完成了核心搜索区域 95% 的任务。美国康斯伯格公司的 REMUS 系列 AUV 也是最成功的智能水下机器人之一，科研工作者利用 REMUS 水下机器人完成了大量的海洋环境观察和数据采集工作，并于 2009 年成功搜寻到法航 447 号航班，显示出 AUV 的作用和巨大优势。挪威康斯堡·西姆莱德公司研制的 HUGIN 系列 AUV 可提供海底地形调查及多项水下探测作业服务，拥有 HUGIN1、HUNGIN1000 和 HUGIN3000 等一系列 AUV，其中以 HUGIN3000 技术最为成熟，现已为多个国家完成了大量的水下探测作业。英国南安普顿国家海洋中心设计了 Autosub 系列 AUV，并成功执行了 200 余次海洋科学调查任务。日本东京大学在"R-one"AUV 平台的基础上研制的"R2D4"AUV 搭载了多种传感器，在三维海底地形构造观察、热液喷口区域的科学考察等任务中扮演着重要角色。此外，法国 ECA 公司的 ALISTER 系列 AUV 和加拿大 ISE 公司的 EXPLORER 系列 AUV 都是较早开展研究的 AUV 系列，也得到了广泛的应用。

国内在 AUV 方面的研究机构主要有中国科学院沈阳自动化研究所、哈尔滨工程大学水下机器人技术重点实验室和中国船舶重工集团公司第七一〇研究所等。从 1992 年 6 月起，中国科学院沈阳自动化研究所联合国内若干单位与俄罗斯展开合作，在俄罗斯 MT-88 AUV 的基础上，针对国际海底资源调查的需要，研制出下潜深度为 6000m 的 CR-01 AUV。在此基础上，在"十二五"期间，又开展了新的"潜龙一号"和"潜龙二号"（图 4-48）的研制和应用工作。"潜龙一号"AUV 是我国第一台实用化的深海 AUV，下潜深度达到 6000m，自 2013 年起多次承担多金属结核区域的探测任务，是我国海洋科考调查船配套的成熟装备。"潜龙二号"AUV 在"潜龙一号"AUV 的基础上进行了优化，具有非回转体立扁水动力外形，其目的在于使 AUV 适应西南印度洋热液区复杂地形作业的需要。

a)　　　　　　　　　　　　　　　　b)

图 4-48 "潜龙一号"和"潜龙二号"AUV

a)"潜龙一号" b)"潜龙二号"

中国船舶重工集团公司第七一〇研究所研制了多型中等潜深（几百米范围）的 AUV，近年来，又研制了多功能远程自主运载 AUV。哈尔滨工程大学智能水下机器人技术重点实验室从 20 世纪 90 年代起开始进行智能水下机器人技术的研究，其研制的潜深为 2000m 的海洋探测 AUV 已完成南海 2000m 深潜试验和指定区域内的深海探测试验。

4.6.2 水下机器人技术分析

AUV 在条件极端恶劣深海里，不仅要承受极大的压力，还要保持中性浮力，以减少所需的推进能量，提高航行器的效率。因此，AUV 的总体结构一般需要进行优化设计，保证 AUV 本体具有流线型外观，并尽可能使结构紧凑，在有限的体积与系统功耗和电池组电量间找到一个平衡点，根据设计目的搭载不同的传感器，并维持尽量强的续航能力。此外，AUV 都采用模块化和标准化设计，以保证完成更多不同的任务。由于航行体内部所有机械和电子接口都是标准的，因此能快速将所选传感器集成到载荷模块，再通过软件工具包将新传感器的功能集成到主系统的软件中，使数据流与导航状态同步。因此，AUV 具有更强的续航能力和负载搭载能力，更自动化和安全的释放回收系统。用于海洋勘查的 AUV 一般由以下基本部分组成。

1. 电池

AUV 系统一般都自带能源，并配置有电池仓。电池仓常常决定 AUV 在水下的工作时间和续航能力，常用的 AUV 电池一般是可充电锂电池。AUV 在水下作业任务中电池的消耗情况可以通过声学通信装置传输到岸上的计算机中。电池仓是可以拆卸的，方便更换电池，以便快速进行下一次作业。

2. 探测设备搭载

AUV 根据作业任务和性能配备不同类型的传感器探测设备，以完成深海调查任务。AUV 搭载的常见探测设备有侧扫系统（电子舱和 RX/TX 阵列）、多波束测深仪（MBES）、干涉合成孔径雷达（inSAR）、浅地层剖面仪（SBP）、环境记录仪、相机或带有照明灯的静止相机、浊度传感器、温盐深仪（CTD）和磁力仪等。

3. 导航定位系统

AUV 的水下导航性能决定了其是否能够获得高质量的采集数据。为了实现高精度的导航定位，需要通过惯性导航、多普勒计程仪（DVL）、温盐深仪（CTD）、水声定位系统（USBL）和 GPS 等综合导航系统实现 AUV 的精确导航，以保证系统性能和设备的海底作业安全。

4. 推进系统

AUV 一般采用高效的直流无刷电动机配合低噪声螺旋桨提供动力推进，结合尾部灵活控制的舵翼，可以实现灵活的运动。

5. 通信系统

AUV 本体配置有多种通信方式，可分为水面通信和水下通信两部分。其中，水面通信一般有三种方式，即光纤通信、WiFi 通信和卫星通信。光纤通信用于 AUV 在甲板投放和回收时的连接，包括投放前的任务上传和任务完成后的数据（传感器数据和日志记录）下载；WiFi 无线电通信连接用于 AUV 在靠近船的水面上时的情况，当无须将 AUV 回收至甲板时，可以从 AUV 下载采集的数据或上传新任务。卫星通信用于 AUV 在水面上进行长距离通信和执行基本功能时的情况。

水下通信主要为声学调制解调器系统。低频声学通信在执行水下任务期间，负责 AUV 与水面操作人员之间的连接通信，用于获取抽稀后的实时调查资料，并可以对 AUV 发出控制指令、添加或更新计划测线坐标，同时采用纠错码来保证命令控制传输的正确性。

6. 安全系统

为了保证 AUV 的作业安全，采取了多种措施保障设备安全。首先，可通过控制系统自动识别应急情况，主要为检测到的系统故障；其次，通过任务管理系统和任务规划中设定的安全参数，如电池电量等来识别应急情况；最后，由操作者直接发送指令进行应急处理。

一旦识别到应急情况，将激活水下声学定位仪（Pinger），AUV 安装的应急抛载系统根据任务管理进行应急抛载，AUV 将返回至水面。为防止 AUV 在水面丢失，其顶部安装有频闪灯进行指示，甲板人员通过手持水下声学定位仪（Pinger）进行水下定位，潜水器会自动激活其卫星通信来提供定位信息。

7. 释放回收系统

释放和回收操作是 AUV 安全作业的关键阶段，根据海况条件、船上吊放设备和船舶的特点等决定采用哪种收放方式，目前较常用的收放方式有吊机辅助收放、斜坡轨道式收放和水下自治回收等。吊机辅助收放对海况和作业人员要求较高；斜坡轨道式收放可在净高为 3~5m 的甲板面和较宽的海况作业窗口进行收放作业；水下自治回收方式能适应更多的支持母船和更宽的作业海况窗口。因此，后两种收放方式得到了较为普遍的应用。

8. 甲板工作站

AUV 的作业过程为任务准备、任务编程、数据处理和 AUV 监控，因此，AUV 系统的甲板支持主要包括控制柜、监控工作站和本地控制单元等设备，用于释放回收、任务规划、任务监视和数据处理等工作任务。

AUV 系统是一个集成了传感器技术、信息融合技术和控制技术等的复杂系统，在软件控制方面对系统的稳定性、鲁棒性和低冗余性等具有较高要求。其软件体系结构图如图 4-49 所示。

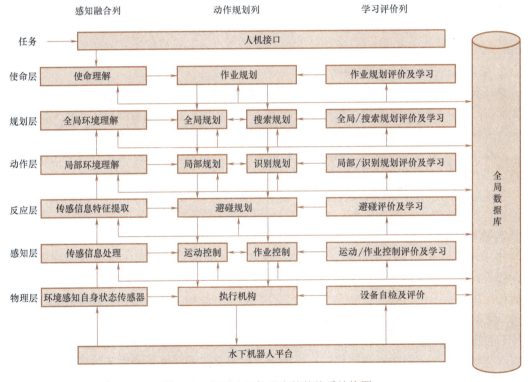

图 4-49 智能水下机器人软件体系结构图

国内外典型 AUV 的主要参数见表 4-6。

表 4-6 国内外典型 AUV 的主要参数

名称	质量/kg	最大下潜深度/m	航速/(km/h)	续航能力/h	载荷	研制单位	国别
"潜龙一号"	1500	6000	2	30	侧扫雷达、水下摄像机、SBP、CTD、声学多普勒流速剖面仪(ADCP)等	中国科学院沈阳自动化研究所	中国

(续)

名称	质量/kg	最大下潜深度/m	航速/(km/h)	续航能力/h	载荷	研制单位	国别
Urashima	7257	3500	3~4	18	SBP、CTD、溶解氧、侧扫雷达、水下摄像机、MBES等	Japan Agency for Marine-earth Science and Technology (JAMSTEC)	日本
HUGIN 4500	1900	4500	4~6	60	SBP、CTD等	Kongsberg公司	挪威
Autosbu 6000	1800	6000	3	30	MBES、侧扫雷达、CTD、剖面声速仪、ADCP等	南安普顿国家海洋中心	英国
REMUS 6000	884	6000	4	12	侧扫雷达、SBP、水下摄像机、CTD、ADCP等	伍兹霍尔海洋学院	美国
Sentry	1300	6000	3	20	磁力计、侧扫雷达、水下摄像机、SBP、CTD等	伍兹霍尔海洋学院	美国
Bluefin 21	750	4500	4.5	25	侧扫雷达、inSAR、CTD等	蓝鳍公司	美国

4.6.3 水下机器人的发展趋势

1. 整体设计的标准化和模块化

为了提升水下机器人的性能、使用的方便性和通用性，降低研制风险，节约研制费用，缩短研制周期，保障批量生产，智能水下机器人整体设计的标准化与模块化是未来的发展方向。在智能水下机器人研发过程中，依据有关机械、电气、软件的标准接口与数据格式的要求，分模块进行了总体布局和结构的设计和建造。水下机器人采用标准化和模块化设计，使其各个系统都有章可依、有法可循，每个系统都能够结合设备协作系统的特性进行专门设计，不但可以加强各个系统的融合程度，提升机器人的整体性能，而且通过模块化的组合，还能轻松实现任务的扩展和重构。

2. 高度智能化

由于水下机器人工作环境的复杂性和未知性，需要不断改进和完善现有的智能体系结构，提升对未来的预测能力，加强系统的自主学习能力，使智能系统更具有前瞻性。目前，针对如何提升水下机器人的智能水平，已经对智能体系结构、环境感知与任务规划等领域展开了一系列的研究。新一代水下机器人将采用多种探测与识别方式相结合的模式来提升环境感知和目标识别能力，以更加智能的信息处理方式进行运动控制与决策规划。它的智能系统拥有更强的学习能力，能够与外界环境产生交互作用，最大限度地适应外界环境，高效完成各种任务。届时，水下机器人将成为名副其实的海洋智能机器人。

3. 高效率、高精度的导航定位

虽然传统导航方式随着仪器精度和算法优化，精度有所提高，但由于其基本原理决定的累积误差仍然无法消除，因此，在任务过程中需要适时修正以保证精度。全球定位系统虽然能够提供精确的坐标数据，但会暴露目标，并容易遭到数据封锁，不是十分适合水下机器人使用。所以需要开发适于水下应用的非传统导航方式，如地形轮廓跟随导航、海底地形匹配导航、重力磁力匹配导航和其他地球物理学导航技术。其中，海底地形匹配导航在拥有完善的并能及时更新的电子海图的情况下，是非常理想的高效率、高精度水下导航方式，美国海军已经在其潜艇和潜器的导航中积极应用了该技术。未来水下导航将结合传统方式和非传统方式，发展可靠性高、集成度高并具有综合补偿和校正功能的综合智能导航系统。

4. 高效率与高密度能源

为了满足日益增长的民用与军事需求，水下机器人对续航能力的要求也来越高，在优化机器人各系统能耗的前提下，仍需要提升机器人所携带的能源总量。目前使用的电池无论体积和质量都占智能水下机器人体积和质量的很大部分，能量密度较低，严重限制了水下机器人各方面性能的提升。因此，急需开发高效率、高密度能源，在整个动力能源系统保持合理体积和质量的情况下，使水下机器人能够达到设计速度，满足多自由度机动的任务要求。

5. 多个体协作

随着水下机器人应用的增多，除了单一智能水下机器人执行任务外，还可能需要多个智能水下机器人协同作业，共同完成更加复杂的任务。智能水下机器人通过大范围的水下通信网络，完成数据融合和群体行为控制，实现多机器人磋商、协同决策和管理，进行群体协同作业。多机器人协作技术在军事和海洋科学研究方面潜在的用途很大，美国在其《无人水下机器人总体规划》（UUV Master Plan）中规划由多个水下机器人协同作战，执行对潜艇的侦查、追踪与猎杀；多个相关研究院联合提出了多水下机器人协作海洋数据采集网络的概念，并进行了大量研究，为实现多水下机器人协同作业打下了基础。

4.7 仿生机器人

仿生学是一门比较新的科学，1960年9月13日，美国召开了第一届仿生学讨论会，有约30名讲演者和约700名听众参加了这次会议。会上，斯蒂尔博士为仿生学下了这样的定义：仿生学是模仿生物系统的原理来建造技术系统，或者使人造的技术系统具有类似于生物系统特征的科学。简单地说，仿生学就是"模仿生物的科学"。

4.7.1 仿生机器人概述

1. 仿生机器人发展历程

纵观仿生机器人的发展历程，到现在为止经历了四个阶段。

第一阶段是原始探索时期，这一阶段主要是对生物原型的原始模仿，例如，原始的飞行器是模拟鸟类的翅膀扑动，该阶段主要靠人力驱动。

20世纪中后期，由于计算机技术的出现以及驱动装置的革新，仿生机器人发展进入第二个阶段，即宏观仿形与运动仿生阶段。这个阶段主要是利用机电系统实现诸如行走、跳跃和飞行等生物功能，并实现了一定程度的人为控制。

进入21世纪，随着人类对生物系统功能特征、形成机理认识的不断深入，以及计算机技术的发展，仿生机器人的发展进入了第三个阶段，机电系统开始与生物性能进行部分融合，如传统结构与仿生材料的融合以及仿生驱动的运用。

随着人们对生物机理认识的深入、智能控制技术的发展，仿生机器人目前正向第四个阶段发展，即结构与生物特性一体化的类生命系统，该阶段强调仿生机器人不仅具有生物的形态特征和运动方式，同时具备生物的自我感知、自我控制等特性，更接近生物原型。例如，随着人类对人脑以及神经系统研究的深入，仿生脑和神经系统控制成为该领域科学家关注的前沿方向。

在日常生活中，仿生学已经得到了非常广泛的应用。例如，"鸟巢"的建造方式是模仿鸟类的巢穴结构，以实现高强度的结构。仿生学的概念比较大，涉及结构、拟态、力学、化学以及整体仿生材料等领域。仿生机器人是仿生学与机器人领域应用需求的结合产物。从机器人的角度来看，仿生机器人则是机器人发展的高级阶段。

仿生机器人是指模仿生物、从事生物特点工作的机器人。仿生机器人研究涉及机构仿生、感知仿生、控制仿生和智能仿生等关键技术。基于这些关键技术，可形成多种类型的仿生机器人系统，如仿人机器人、仿动物机器人、灵巧手及仿生眼等。

2. 仿人机器人

仿人机器人（图 4-50）是模仿人类形态、运动、感知和交互功能的机器人系统。通过研发工作，最终希望仿生机器人可在环境中自由运动并能够使用各类工具，在危险环境下代替人进行工作，或在日常生活中为人提供服务。

波士顿动力公司开发了液压驱动双足步行机器人 Atlas，其行走过程具有良好的柔性和环境适应性，可完成上下台阶、俯卧撑、跨越障碍、跳跃以及在室外行走等动作。本田公司研制的仿人机器人 ASIMO 可完成行走、上下台阶、弯腰、小跑以及端水等动作，还能够与人进行对话和手势交流，依靠视觉识别出人和物体等。NASA 开发了具有灵巧手指的双臂机器人 Nao，集成了视觉、听觉、压力、红外和接触等多种传感器，通过编程可实现舞蹈、与人交互等功能，可用于很多研究和娱乐展示。该公司还开发了 Pepper 仿人

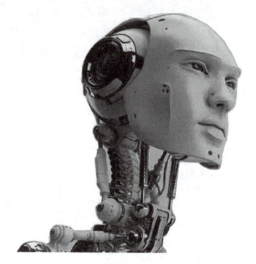

图 4-50　仿人机器人

机器人。日本大阪大学石黑浩教授开发了外形与人高度相似的高仿生人形机器人，并能够进行人机对话。

在我国，国防科技大学、哈尔滨工业大学和清华大学等都研发了双足步行机器人。北京理工大学研制的仿人机器人能够实现太极拳表演、刀术表演和腾空行走等复杂动作，同时也开发了高仿生人形机器人。在仿人机器人乒乓球对打研究中，北京理工大学、中国科学院自动化研究所和浙江大学等单位开发了乒乓球的高速识别与轨迹预测、击球策略与控制等关键技术，实现了多回合乒乓球对打。

3. 仿生四足机器人

自然界中的哺乳动物、昆虫和两栖动物等都是依靠腿足在复杂环境中自由行动的，因此，仿生四足机器人或多足机器人将具有较为理想的复杂环境通过能力，适合在野外、灾害现场等特殊环境下进行运输、救援作业。

波士顿动力公司研发了 Big Dog、Alpha Dog 和 LS3 等系列液压驱动四足仿生机器人，如图 4-51 所示。这些机器人具有负载能力高、环境适应性好、行走速度快及续航能力强等特点；但由于采用燃油发动机，噪声问题较为突出。该公司还研制了 Cheetah、WildCat 等四足机器人，可实现高速奔跑。麻省理工学院仿生机器人实验室开发的基于电动机驱动的四足机器人可在高速运动中识别障碍并起跳越过障碍。

在我国，山东大学研制了液压驱动四足机器人实验样机，实现了动步态行走、扰动下自平衡等功能。此外，国防科技大学、北京理工大学和哈尔滨工业大学等都在四足仿生机器人方面开展了大量工作。

4. 仿鱼机器人

由于鱼类具有高效率、高机动性、高加速度、低噪声以及水下适应性良好等特点，因此，研究仿生机器鱼可以极大地提升水下机器人的效率、性能和对复杂环境的适应能力，代替人类完成长期水下监控和作业。

图 4-51　四足仿生机器人

麻省理工学院最早研制了基于尾鳍推进的仿金枪鱼机器人和仿狗鱼机器人，日本大阪大学针对胸鳍推进研制了仿生黑鲈机器人，英国赫瑞-瓦特大学最早探讨了波动鳍机构。英国埃塞克斯大学设计的仿生机器鱼 G9 在伦敦水族馆进行了展示。美国西北大学研发了仿生裸背鳗机器人，并开展了基于电场检测的环境障碍识别与避障研究。新加坡南洋理工大学、日本大阪大学都开发了一系列基于波动鳍推进的仿生机器鱼。图 4-52 所示为麻省理工学院计算机科学与人工智能实验室（CSAIL）打造的一台名为 SoftRoboticFish（SoFi）的仿鱼机器人，该机器人不仅可用于通信，还可监测海洋环境下鱼群的健康问题，用于保护海下鱼群。

北京航空航天大学研制了 SPC 系列仿鱼机器人，并开展了湖试和海试工作，该机器人在水下考古、环境监控方面进行了应用示范。中国科学院自动化研究所研制了仿鲤鱼机器人、仿狗鱼机器人、仿海豚机器人及仿鳐鱼

图 4-52　SoFi 仿鱼机器人

机器人等多种仿生机器人系统，在浮潜控制、倒游控制、定深控制、自主避障、快速起动控制、水平面和垂直面快速转向控制以及多鱼协调控制等方面开展了大量的研究和实验工作，实现了仿海豚机器人的跃水运动、仿生水下机器人作业臂系统 RobCutt-I 的水下目标自动抓取等。国防科技大学研制了波动鳍推进机器鱼。华盛顿大学、中佛罗里达大学、日本名古屋大学、美国新墨西哥大学、哈尔滨工程大学、哈尔滨工业大学、中国科学技术大学和北京大学等都在仿鱼机器人方面开展了研究工作。

5. 其他仿生机器人

针对不同应用需求，国内外学者开展了各种不同类型仿生机器人的研发工作。

仿蛇形机器人（图 4-53）可在草地、沙地、平地和缝隙等环境下运动，日本工学院的 ACM R5、美国密歇根大学的 Omni Tread、挪威科技大学的 Kulko、卡内基梅隆大学的

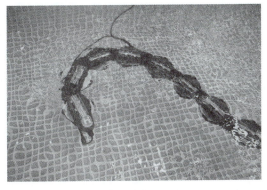

图 4-53　仿蛇形机器人

Uncle Sam，以及国防科技大学、中国科学院沈阳自动化研究所、上海交通大学、北京航空航天大学等研制的仿蛇形机器人均实现了多种仿蛇运动，部分机器人在附加防水蒙皮后可以实现水中游动，卡内基梅隆大学的 Uncle Sam 还实现了爬树运动。

仿生两栖机器人适合在水陆两种环境下运动，瑞士洛桑联邦理工学院（EPFL）的 Salamandra，美国瓦萨学院的 Madeline，加拿大约克大学的 AQUA，美国东北大学的仿生机器龙虾，哈尔滨工程大学的仿生机器螃蟹，中国科学院自动化研究所、中国科学院沈阳自动化研究所、北京航空航天大学等研制的水陆两栖机器人等，均能够实现水中和陆地运动，但由于不同地面的物理特性，机器人安全快速地由陆入水和由水登陆的性能还有待提高。

仿生飞行机器人主要考虑模仿鸟类和昆虫飞行的高效率、高机动性等性能，如德国 Festo 公司的 SmartBird，加拿大多伦多大学的 Mentor，美国加州大学伯克利分校的飞行昆虫，西北工业大学、南京航空航天大学、北京航空航天大学等研制的扑翼飞行机器人等。

此外，还有哈佛大学的仿海星软体机器人、斯坦福大学的可攀爬墙壁的仿生机器壁虎、南加州大学的自重构机器人、名古屋大学的仿生长臂猿机器人等特色鲜明的仿生机器人系统。

4.7.2 仿生机器人技术分析

1. 生物机理准确建模和分析

生物体是一个非常复杂的系统，其每一个运动功能都是由骨骼、肌肉、神经系统等多因素共同作用实现的，模型过于简单将导致样机与实际生物性能差距较大。通过对生物机理进行研究，可以揭示生物自身的功能特性，为仿生机器人的研究提供依据，而研究的关键是如何准确地对生物运动机理进行建模。

2. 仿生机构和驱动方式

仿生机器人的整体结构应能够近似再现被模仿对象的结构特点，从而更好地模拟生物的运动功能。但在现有的研究中，无论是运动机构还是驱动方式，都与生物的形态存在较大差异。

3. 高性能仿生材料应用技术

仿生材料应具有最合理的宏观、微观结构，并且具有自适应性和自愈合能力。在比强度、比刚度与韧性等综合性能上都应该是最佳的。常见的生物结构一般都是刚柔混合的，肌肉是柔性的，内部支承架是刚性的。但在现实中，仿生机器人材料大多采用钢、铝、塑料等常规材料，无论是刚度、柔性、韧性以及减阻性都与生物结构差距很大，使仿生机器人性能难以提高。因此，高性能仿生材料是目前的研究重点。

4. 仿生感知与控制

生物控制系统是仿生机器人研究的重要目标之一，生物对自身协调运动控制的能力是一般的机电控制系统所无法比拟的。目前的仿生机器人多采用传统的控制方法，这使仿生机器人对复杂环境的适应能力不足，无法真正模拟生物实现精确的定位和灵活的运动控制。如何设计核心控制模块与网络，以完成自适应、群控制、类进化等一系列功能，已经成为仿生机器人研发过程中的首要问题。

4.7.3 仿生机器人的发展趋势

仿生机器人研究的前提是对生物本质的深刻认识以及对现有科学技术的充分掌握，相关研究涉及多学科的交叉融合，其发展趋势应该是将现代机构学和机器人学的新理论、新方法与复杂的生物特性相结合，实现结构仿生、材料仿生、功能仿生、控制仿生和群体仿生的统一，以达到与生物更加近似的性能，适应复杂多变的环境，最终实现宏观和微观相结合的仿生机器人系统，从而实现广阔的应用。面对未来智能机器人技术的发展需求，应在研究开发伺服电动机技术和减速机技术的同时，研究开发新型材料（形状记忆合金、化合物等）技术、视觉和激光等新型感知技术，为智能机器人能力的进一步提升提供原动力。

信息技术的快速发展促使机器人必须提高运动能力和快速编程能力，实现快速、高精度的三点定位；人工智能和互联网技术的发展，为机器人提供了强大的"大脑"，促进了其智能水平的提高；材料科学的发展，使机器人使用人造肌肉成为可能，制成所谓"软件机器人"，掀起了机器人领域的革命；与脑科学的结合，可以使机器人的一些行为直接受控于人；与生命科学的结合，将产生类生命机器人。随着人工智能、大数据和机器学习等技术的发展，能够与作业环境、人和其他机器人自然交互，自主适应复杂动态环境并协同作业的机器人，即共融机器人的概念被提出。未来，智能机器人必将朝着共融机器人的方向发展，能与人合作的机器人将是理想的作业装备，而与人共融程度的提高，将是机器人发展的一个重要趋势。

仿生多足移动机器人已经能够在非结构化环境下实现稳定行走，但远未达到多足生物那样的步行机动性和灵活性，存在步行速度慢、效率低等问题。进一步深入研究仿生多足移动机器人的结构、驱动方式及控制算法，提高机器人的速度和灵活性，同时融合信息感知与智能控制技术，提高机器人的自主性，将是今后的研究重点之一。

仿生刚柔性混合结构成为目前机构设计的发展趋势之一，仿生结构的设计从刚性结构转向刚柔混合结构，既可具有生物刚性的支承结构，又可具有柔性的自适应结构，以使仿生机器人实现结构轻便、质量小、精密程度更高的特点。此外，变结构的复合仿生机构可针对不同环境约束的变化具有更好的适应能力，因此，研究模拟生物运动过程中开链、闭链结构的相互转换、复合，设计创新的非连续变约束复合仿生新机构，是仿生机构的另一个重要发展方向。

基于智能材料与仿生结构，开展材料、结构、驱动一体化的高性能仿生机构研究，仿生机器人的材料将逐渐淘汰钢材、塑料等传统材料，转而使用与生物性能更加接近的仿生材料，从而获得低能耗、高效率、环境适应性强的性能特点。

现有仿生机器人的功能特性仍然与被模仿的生物存在很大差距，究其原因，仿生机器人的研究还存在对生物机理揭示不深，仿生结构、仿生材料、仿生控制和仿生能量等方面都与生物相应特性差距较大等问题，这都限制了仿生机器人的发展。在未来的发展中，应逐步摒弃传统的机器人研究方法，利用多学科优势，并从生物性能角度出发，使仿生机器人向着结构与生物材料一体化的类生命系统发展。

4.8 军用机器人

军用机器人是一种用于军事领域的具有某种仿人功能的机器人。从物资运输到搜寻勘探以及实战进攻，军用机器人的使用范围非常广泛。在未来战争中，自动机器人士兵可能会成为对敌作战军事行动的绝对主力。各国都将军用机器人作为加强军事力量的主要发展方向，俄罗斯军方制定了《2025年先进军用机器人技术装备研发专项综合计划》，提出2025

年机器人装备将占其整个武器和军事技术装备的 30% 以上；在《中华人民共和国国民经济和社会发展第十三个五年规划纲要》中提出大力发展军用机器人，我国年武器装备采购费用超过 3000 亿元，按 10% 计算，未来军用机器人每年有超过 300 亿元的市场空间。

4.8.1 军用机器人概述

军用机器人在我国属于特种机器人，按主要作用可分为侦察和观察机器人、直接执行战斗任务机器人、指挥控制机器人和后勤保障机器人等。从各国发展情况来看，美国、德国、英国、法国和意大利等国家在军用机器人的研发应用上居于领先地位。这些国家的科技研发能力一直处于领先水平，在机器人产业的发展上也一直位居世界前列。作为世界第一大科技强国，美国在军用机器人领域的各个方面都处于绝对领先地位，能够进行军用机器人的综合研发、试验和实战应用。我国近年来对军用机器人的研发力度也非常大，军用机器人的研制单位有大型军工集团及其下属单位、高校、研究院所和一些军民融合企业等。

1. 军用机器人实例

（1）首款定型的作战机器人：适应多种环境的小型作战平台　这是一款为城市或小范围山地作战设计的机器人，其典型的应用场景是伴随步兵或其他地面力量共同前进，在人员无法到达的狭小空间，在有毒、有爆炸物等危险环境中完成作战任务。它可以是小分队的先锋队员，也可以是不易到达环境中的侦察员，为战斗任务同时提供信息保障和打击能力。

（2）国产机器"大狗"：拥有五种行走步态　机器"大狗"的学名是"山地四足仿生移动平台"。其主要功能是用于山地及丘陵地区的物资背负、驮运和安防，可承担运输、侦察和打击等任务。另外，其在道路设施被破坏较严重的灾害现场也可发挥作用。

（3）弹药销毁机器人：草原深处的安全卫士　该机器人主要采用遥控方式进行载车地面移动，实现各项预定功能。通过无线或有线方式遥控载车完成引爆药放置、未爆弹销毁等作业，通过无线图像传输系统将载车摄像头捕获的现场视频图像传送到操作台显示分系统，供指挥员参考，并以此为依据对弹药销毁作业进行实时监控和修正，确保销毁作业完全成功。弹药销毁机器人的出现除了大大提高了爆破作业安全系数之外，也使未爆弹丸销毁由人工走上了机械化的道路。

（4）排爆机器人　排爆机器人具有探测及排爆多种作业功能，可以代替人工执行很多危险任务，不仅可以加快扫雷破障的速度，还大大降低了人员的伤亡。

（5）水下探伤机器人　水下探伤机器人可执行海军舰船水下探伤检修任务，它是以新型超声波探伤为主的水下探伤仪。

（6）外骨骼系统　未来战场需要士兵跑得更快、判断更准、力量更大，外骨骼机器人系统便是解决方案之一。古代士兵的盔甲就是最早的外骨骼；如今，结合了机械电子、控制、生物、传感、信息融合和材料等技术的外骨骼技术得到了前所未有的快速发展。在未来战场上，士兵的携行装备越来越多、越来越重，可人体的体能和负重能力却是有限的。辅助单兵负重的外骨骼系统能使人体骨骼的承重减少 50% 以上，让普通士兵成为大力士。

2. 军用机器人的分类

军用机器人按使用空间，可分为地面军用机器人、水下军用机器人、无人机军用机器人、空间军用机器人等类型。

（1）地面军用机器人　地面军用机器人主要是指智能或遥控的轮式和履带式车辆。地面军用机器人又可分为自主车辆和半自主车辆。自主车辆依靠自身的智能自主导航、躲避障碍物，独立完成各种战斗任务；半自主车辆可在人的监视下自主行驶，在遇到困难时，操作人员可以对其进行遥控干预。

（2）水下军用机器人　水下军用机器人分为有人潜水器和无人潜水器两大类。其中，有人潜水器机动灵活，便于处理复杂的问题，但人的生命可能会有危险，而且价格昂贵。

无人潜水器就是人们常说的水下机器人。近几十年来，水下机器人有了很大的发展，它们既可军用又可民用。随着人类对海洋的进一步开发，水下机器人必定会有更广泛的应用空间。

（3）无人机　被称为空中机器人的无人机是军用机器人中发展最快的家族，从1913年第一台自动驾驶仪问世以来，无人机的基本类型已达到300多种，在世界市场上销售的无人机有40多种。美国的科学技术先进，国力较强，因而，世界无人机的发展基本上是以美国为主线向前推进的。美国是研究无人机最早的国家之一，无论是从技术水平还是从无人机的种类和数量来看，美国目前均居世界首位。纵观无人机的发展历史，现代战争是其发展的动力，高新技术的发展则是其不断进步的基础。

（4）空间军用机器人　空间军用机器人是空间机器人的一个特殊分支，是空间机器人在军事上的应用。空间机器人（Space Robots）是用于代替人类在太空中进行科学实验、出舱操作以及空间探测等活动的特种机器人。空间机器人代替宇航员出舱活动可以大幅度降低风险和成本。其特点是体积较小，重量较轻；抗干扰能力较强；智能程度高，功能较全；在一个不断变化的三维环境中运动并自主导航。空间机器人一般用于空间建筑与装配、卫星和其他航天器的维护与修理、空间生产和科学实验。其在军事上的应用较少，一般只有航天军事强国才将空间机器人用在军事上。

空间军事机器人是一种轻型遥控机器人，可在行星的大气环境中导航及飞行。它必须克服许多困难，例如，它要能在一个不断变化的三维环境中运动并自主导航，几乎不能够停留；必须能实时确定其在空间中的位置及状态；要能对其垂直运动进行控制；要为其星际飞行进行预测及路径规划。

4.8.2　军用机器人的应用领域

1. 直接用于作战方面

用机器人代替一线作战的士兵，以减少人员伤亡，是目前俄罗斯、美国等国家研制军用机器人时最重视的课题之一。正在研制的用于作战的军用机器人如下。

（1）固定防御机器人　它是一种外形像"铆钉"的战斗机器人，身上装有目标探测系统、各种武器和武器控制系统，固定配置于防御阵地前沿，主要遂行防御战斗任务。当无敌情时，机器人隐蔽成半地下状态；当目标探测系统发现敌人冲锋时，靠升降装置迅速钻出地面抗击进攻。

（2）步行机器人　典型的步行机器人是由美国奥戴提克斯公司研制的奥戴提克斯步行机器人，主要用于机动作战。它外形酷似章鱼，圆形"脑袋"里装有微计算机和各种传感器、探测器；由电池提供动力，能自行辨认地形、识别目标、指挥行动；安装有六条腿，行走时其中的三条腿抬起，另外三条腿着地，相互交替运动使身体前进；腿是节肢结构，能像普通士兵那样登高、下坡、攀越障碍、通过沼泽；可立姿行走，也可像螃蟹一样横行，还能蹲姿运动；"脑袋"虽不能上下俯仰，但能前后左右旋转，观察十分方便。该机器人的负重能力是人所不能及的,停止时可负重953kg,行进时能搬运408kg。它是美国设计的士兵型基础机器人,只要给其加装完成任务所需要的武器装备,就能立即成为某一部门的"战士"。为适应作战环境遂行战斗任务的需要,美国还打算在此机器人的基础上,进一步研制高、矮、胖、瘦等不同型号的奥戴提克斯机器人。

(3) 阿尔威反坦克机器人　它是一种外型类似小型面包车的遥控机器人,车上装有反坦克导弹、电视摄相机和激光测距仪等,由微计算机和人两种控制系统控制。当发现目标时,该机器人能自行机动或由远处遥控人员指挥其机动,占领有利射击位置,通过激光测距仪确定射击诸元,瞄准目标发射导弹。它是配属陆军遂行反坦克任务的机器人。

(4) 榴炮机器人　它是一种外形像自行火炮的遥控机器人,车上的火炮由机械手操作。作战时,先由机器人观察捕捉目标,报告目标性质和位置;再由机器人控制指挥中心确定射击诸元,下达射击指令;然后由机械手根据指令操作火炮进行射击。它是装备炮兵的机器人。

(5) 飞行助手机器人　它是一种装有微计算机和各种灵敏传感器的智能机器人。该机器人安装在军用战斗机上,能听懂驾驶员的简短命令,主要通过对飞行过程中或飞机周围环境的探测、分析,辅助驾驶员遂行空中战斗任务。它能准确、及时地报告飞机面临导弹袭击的危险和指挥飞机采取最有利的规避措施。更奇特的是,它能够通过监视飞行员的脑电波和脉搏等,来确定飞行员的警觉程度,并据此向飞行员提供各种飞行和战斗方案,供飞行员选择。

(6) 海军战略家机器人　它是美国海军正在研制的高级智能机器人,主要装备在小型水面舰艇上,用于舰艇操纵,为舰艇指挥员提供航行和进行海战的有关参数及参谋意见。其工作原理是:通过舰艇上的计算机系统,不断搜集与分析舰上雷达、空中卫星和通过其他探测手段获得的各种情报资料,从中确定舰艇行动应采取的最佳措施,供指挥员决策参考。类似的作战机器人还有"徘徊者机器人"、步兵先锋机器人、重装哨兵机器人、电子对抗机器人和机器人式步兵榴弹等。

2. 用于侦察和观察

侦察历来是勇敢者的任务,其危险系数要高于其他军事行动,机器人是最合适的选择。目前正在研制的这类军用机器人有以下三种。

(1) 战术侦察机器人　它配属侦察分队,担任前方或敌后侦察任务。该机器人是一种仿人形的小型智能机器人,身上装备有步兵侦察雷达,或红外、电磁、光学、音响传感器、无线电和光纤通信器材,既可依靠本身的机动能力自主进行观察和侦察,还能通过空投、抛射到敌方纵深,选择适当位置进行侦察,并能将侦察的结果及时报告有关部门。

(2) 三防侦察机器人　它用于对核沾染、化学染毒和生物污染进行探测、识别、标绘和取样。美国陆军机器人"曼尼"就是这种三防侦察机器人。

(3) 地面观察员/目标指示员机器人　它是一种半自主式观察机器人,身上装有摄像机、夜间观测仪、激光指示器和报警器等,配置在便于观察的地点。当发现特定目标时,报警器便向使用者报警,并按指令发射激光镇定目标,引导激光寻的武器进行攻击。一旦暴露,还能依靠自身机动能力进行机动,寻找新的观察位置。

类似的侦察机器人还有便携式电子侦察机器人、铺路虎式无人驾驶侦察机和街道斥候(一种侦察兵的名称)机器人等。

3. 用于工程保障

繁重的构筑工事任务，艰巨的修路、架桥任务以及危险的排雷、布雷任务，常使工程兵不堪重负。而这些工作对于机器人来说，最能发挥它们的素质优势。正在研制的这类机器人有以下六种。

（1）多用途机械手　它是一种类似于平板车的多功能机器人，其上装有机械手和无线电控制、电视反馈操作系统，可担负运送舟桥纵列和土石方的任务，同时，还能承担运送油桶、弹药等后勤保障任务。

（2）布雷机器人　它是一种仿造现行布雷机械制作的智能机器人，装有遥控和半自主控制两套系统，可以自主设置标准布局的地雷场。它工作时能严格按照控制者的布雷计划挖坑，给地雷安装引信、打开保险、埋雷、填土，并能自动标示地雷场的界限并绘制埋雷位置图等。

（3）排雷机器人　它是一种装有探雷器和使地雷失效装置的机器人，主要用于协助攻击分队在各种雷场中开辟通路，并进行标示。

（4）海卡尔思飞雷机器人　它是一种外形像导弹的小型智能机器人，质量约为50kg，装有小型计算机和磁、声传感器，可由飞机投送，也可依靠自身火箭机动。当接近目标区域时，其机身上的探测设备即开始工作，自行转为战斗状态。当发现目标接近时，小火箭即点燃、起动并向目标攻击，攻击半径为500～1000m，速度可达100km/h。

（5）烟幕机器人　它装有遥控发烟装置，可自行运动到预定发烟位置，按人的指令发烟；完成任务后，可自主返回。该机器人主要协助步兵发烟分队。

（6）便携式欺骗系统机器人　它身上装有自动充气的仿人、车、炮等，主要用于战术欺骗。它可模拟一支战斗分队，并发出相应的声响，自行运动到任务需要的地区去欺骗敌人。

4. 用于指挥控制

人工智能技术的发展为研制"能参善谋"的机器人创造了条件。研制中的这类机器人有参谋机器人、战场态势分析机器人和战斗计划执行情况分析机器人等。这类机器人一般都装有较发达的"大脑"——高级计算机和思想库。它们精通参谋业务，通晓司令部工作程序，有较强的分析问题的能力，能快速处理指挥中的各种情报信息，并通过显示器进行展示。

5. 用于后勤保障

后勤保障是军用机器人较早运用的领域之一，这类机器人有车辆抢救机器人、战斗搬运机器人、自动加油机器人和医疗助手机器人等，主要在泥泞、沾染等恶劣条件下遂行运输、装卸、加油、抢修技术装备以及抢救伤病人员等后勤保障任务。

6. 用于军事科研和教学

机器人充当科研助手、进行模拟教学已有较长的历史，并做出过卓越贡献。人类最早采集的月球土壤标本、太空回收的卫星都是由机器人完成的。如今，用于这方面的机器人较多，典型的有宇宙探测机器人、宇宙飞船机械臂、放射性环境工作机器人、模拟教学机器人和射击训练机器人等。

4.8.3　军用机器人的发展趋势

未来军用机器人的发展要突破模式识别关，即利用计算机或其他装置对战场上的物体、环境、语言和字符等信息模式进行自动识别,不仅能一目了然地认清目标的性质、目标之间的相互关系以及目标在地理上的精确位置,还能使人和机器人之间进行语言交流。采用先进的人工智能技术,发展更高级的智能机器人;采用更先进的传感器,提高机器人对环境的感测能力和灵活反应能力。以柔性结构逐步替代刚性结构的工作系统,以提高机器人的战场灵活度。使一种机器人具有多种功能、多种用途,以减少专用机器人的数量,提高基础机器人的质量,并使各构成部分标准化、通用化和模块化。例如,步兵基础机器人是外形仿人的机器人,这种机器人拿起武器能打仗,扛起工具能干活。再如,火炮基础机器人是一部带计算机的火炮战斗平台,可装任何火炮或导弹,同时,还能担负后勤保障的某些任务。通过上述基础机器人的研究,不仅为机器人工业化生产创造了条件,而且为尽早建立机器人新军奠定了基础。一些国家正在筹建沙漠机器人兵团、机器人反恐怖突击队和机器人控制指挥中心等。军事小型无人机,除了能传输影像,还能发射子弹、扫射,甚至能携带小型火箭弹,威力巨大。

在未来武器及高科技武器发展方面,军用机器人会与很多武器结合,未来战场上将出现大批智能型武器,它们集光电传感、高速处理、人工智能于一体,具有与人类相似的记忆、分析、综合能力,能适应战场环境和目标变化情况,并迅速做出反应。智能型武器包括智能导弹、智能炮弹、智能飞机以及智能地雷。军用机器人在海洋上还会与浮岛式航母及水下航母(潜水航母)结合,配合这些航母提高战斗力。军用机器人着眼于未来战场上的空天武器有航天母舰、空天母舰等。特别是空天母舰,它同时具备大气层飞行和外空作战能力,其机动性远远超过航天母舰。机器人不会疲劳、不会窒息,而且隐蔽性好,在战场上具有天然优势。从目前各国军用机器人的研发与使用现状来看,机器人"参军"已是大势所趋。

军用机器人程序可能发生变异,有关专家建议为军用机器人设定道德规范,否则人类可能会付出生命代价。研究人员认为,必须提前对军用机器人设定严格的密码,以防其受恐怖分子、黑客的袭击或者出现软件故障。

4.9 空间机器人

自 1965 年苏联航天员列昂诺夫实现世界航天史第一次出舱活动以来,人类已完成数百次太空行走。近些年,随着机器人研发技术的不断成熟,出现了空间机器人,用于替代人类执行危难险重的太空任务。

2019 年 8 月 22 日,俄罗斯的空间机器人 Skybot F-850(曾用名"费奥多尔")搭乘专属火箭和飞船奔向太空,如图 4-54 所示。

其身高约 1.8m,体重约 163kg,由大约 15000 个机器部件构成。其"身体"所用的材料是一种坚固耐用的合金,可承受发射过程中的振动和满足太空工作的需要。

作为一名"宇航员",Skybot F-850 掌

图 4-54 Skybot F-850 空间机器人

握的专业技能是多方面的，如举重、做俯卧撑、分类放射性废物、操作电钻、语音播报、灭火、开车以及双手持枪快速射击等。此外，它还非常善于社交聊天，很有幽默感。它是人形机器人，核心为"人类+人工智能"双重控制。人工智能可让它自主移动和工作，也可切换到的远程控制模式，在身穿控制服的人类操作员的远程控制下同步工作。该空间机器人将全程监测、实时报告飞船无人驾驶发射、飞行状况，直至对接国际空间站的全过程。

机器人取代飞船指挥官执行太空任务，是人类航天史上的首例。据介绍，研发该机器人的主要目的是：在未来遇到有风险的任务时，让其替代人类上阵，其中包括太空行走、修复空间站外部泄漏等，以降低人类宇航员受伤的风险。

Skybot F-850 不是唯一活跃在国际空间站的空间机器人，比它先期登天的有美国宇航局的 Astrobee，它由三个自由飞行的立方体机器人组成，分别名为 Honey、Bumble 和 Queen。其主要任务就是充当宇航员的助理，帮助宇航员清点存货、用内置摄像头记录宇航员进行的实验，或者在空间站运送货物等，以便宇航员能够专注于完成只有人类才能完成的任务。

另外，于 2018 年飞抵国际空间站的 CIMON，是一个可以飞的漂浮机器人。其体重大约 5kg，脸部可呈现出各种表情，并显示在一个显示屏上。通过螺旋桨驱动推进器，它能在失重的环境中移动，轻松地和宇航员交流。因此，其最主要的作用就是陪伴宇航员度过单调的太空生活。

人类探索太空的脚步不会停歇，空间机器人正在扮演越来越重要的角色。未来在重返月球、探索太阳系及其他外太空的任务中，空间机器人有着人类无可替代的优势，这也决定了空间机器人在人类探索太空的进程中必将发挥重要的作用。

本章小结

本章介绍了特种机器人的概念及分类，并对每种特种机器人的国内外现状、技术、应用领域及发展趋势进行了详细的分析和介绍。

思考练习

1. 简述特种机器人的概念及分类。
2. 你对机器人用于军事目的有何看法？试述各种军用机器人的现状。
3. 试编写一个特种机器人的大事年表（必要时可查阅有关文献）。
4. 查阅资料，举例说明近期新研发的特种机器人的特点、技术和应用领域。

第5章 智能飞行器

随着智能制造技术的发展,无人飞行器已经出现了多种形式。目前,智能飞行器主要是指无人机(Unmanned Aircraft Vehicle)。无人机是一种利用无线电遥控设备和自备程序控制装置操纵的不载人飞行器,主要包括固定翼无人机、多旋翼无人机、无人飞艇和无人伞翼机。其中,无人飞艇轻于空气质量,其他几种飞行器均重于空气质量。

5.1 无人直升机

5.1.1 无人直升机的结构

无人直升机不需要跑道,而且可以垂直起降,起飞后可以在空中悬停,飞行速度可以很慢,一般为 0～50km/h。到目前为止,已发展了多种无人直升机,根据其结构不同大致可以分为三类:常规单旋翼式、共轴双旋翼式、非常规双旋翼式以及他多旋翼式。

典型的无人直升机平台由无人直升机本体(包括旋翼系统、尾桨系统、机身、起落架、传动系统和动力装置等)及控制与导航系统(包括机载传感器、飞控计算机、定位与导航设备等)组成,如图 5-1 所示。通信数据链路则包括机载数据终端、地面数据终端、通信天线和天线控制设备等。

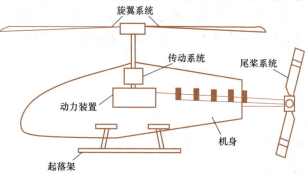

图 5-1 无人直升机的组成

1. 旋翼系统

旋翼系统是无人直升机能够升空飞行的重要系统。旋翼由桨毂和数片桨叶构成。桨毂安装在旋翼轴上,形如细长机翼的桨叶则连在桨毂上。一副旋翼最少有两片桨叶,最多可有8片桨叶。桨叶旋转时与周围空气相互作用,产生沿旋翼轴向上的升力。如果相对气流的方向或各片桨叶的桨距不对称于旋翼轴,则还会产生垂直于旋翼轴的分力。因此,旋翼具有产生升力的功能以及推进功能,同时还能产生改变机体姿态的俯仰力矩或滚转力矩。

2. 尾桨系统

尾桨是用来平衡机械驱动式单旋翼无人机旋翼反扭矩和进行航向操纵的部件。通过尾桨产生一个侧向力,形成对直升机中心的侧向力矩,平衡旋翼反扭矩,以保持旋翼无人机的稳定飞行。另外,尾桨相当于一个垂直安定面,能对无人机航向起稳定作用。

尾桨与旋翼虽然功能不同,但都是由桨叶旋转而产生空气动力、起飞时都处于在不对称气流中工作的状态,因此,尾桨与旋翼有很多相似之处。

3. 机身

机身主要是将飞行器的其他部件连接成一个整体,并承受无人机外部环境及内部环境作用下的所有载荷,同时有效地保护无人机内部的仪器设备。

4. 起落架

起落架是指无人机在地面停放时支承无人机重量、承受相应载荷,以及着陆时吸收撞击能量的部件。起落架主要有轮式、滑橇式、浮筒式和船身式等类型。

5. 动力装置

动力装置用来驱动旋翼系统,使旋翼系统产生向上的升力和向前的推力,以保证无人直升机升空飞行。旋翼无人机的动力装置主要有无刷直流电动机、航空活塞发动机和涡轮轴发动机。

5.1.2 无人直升机的工作原理

旋翼类飞行器中的升力和姿态控制力几乎都来自旋转的旋翼。旋翼并非螺旋桨,螺旋桨是依靠桨叶在空气或水中旋转,将发动机的能量转化为推进力;旋翼则是旋转的机翼,其产生升力的原理与固定翼飞行器的原理相同,只是沿半径方向的迎角几乎未发生改变,即旋翼几乎不发生扭转。旋翼的旋转平面产生的空气动力,一方面克服飞行器自身的重力,另一方面通过周期变矩,实现飞行器的前飞、倒飞和侧飞等控制。

5.1.3 无人直升机的应用

在新一轮科技革命中,无人直升机已成为全球产业热点,与无人机相关联的技术形式层出不穷,基本已细分蔓延至不同行业领域,无人机潜在市场规模也在快速扩容。无人直升机在军用和民用方面都得到了很大的推广。

1. 军用

1)无人直升机可完成对目标的远程侦察和实时监视。通常,具备图像传感器等设备的无人直升机,其工作范围可集中在与地面相距 50m 左右的空中,并能根据目标所在位置进行定位和移动,可代替侦察机深入险要地区和卫星信号不可深入探测的死角。

2)在某种情况下,无人直升机可起到传感器的作用,但前提是必须满足无人直升机的安置条件,确保无人直升机的隐蔽性,以便将实际侦察过程中所收集的信息实时传回至指挥中心。

3)在特定作业环境下,将通信设备及摄像机设置于无人直升机中,可充当通信中继,对人员无法到达的危险区域进行实时拍摄,并通过信息传输技术与指挥中心及前线作战人员共享。

2. 民用

无人直升机可检测指定区域生产生活过程中产生的各种化学及生物污染。例如,对于因地震等自然灾害所造成的环境污染问题,无人直升机可通过携带相关检测设备,到达被污染区域上空,排除生物化学物质对人的影响,对区域内的实际环境情况进行全面探测,并将数据及信息实时传输至地面指挥中心。

(1)电力巡检和长输油管道巡检 无人直升机在电力行业主要用于电力巡线和电力放线。传统的电力巡线是采用人工巡检电力设施的方法,需要对杆塔、电闸、变压器和故障线路等进行检查,巡线过程中数据的采集和录入也是采用人工记录的方式,整个过程效率较低、采集的数据结果准确性和完整度不高,特别是在某些恶劣环境下,检修工作难以开展,并且可能会威胁到巡线人员的人身安全。而在电力放线方面,近年来我国很多电力工程项目都集中在新疆、贵州和云南等省份,多数线路会穿越地形复杂、气候恶劣的环境,如冰雪、崇山峻岭、湖泊等地域,而在城区内则常常需要跨企业、居民区及高楼等。在这些情况下,如果采用传统人工方式来放线、巡线,将会遇到人员不足、施工困难以及安全保障不够等多重问题;采用无人直升机不仅可以提高项目施工的效率、加快施工进度,同时也保障了电力工作人员的安全,在恶劣环境下执行任务也能保证具有较好的适应性和灵活性。针对该行业应用,无人直升机主要有以下优点:

1) 可定点对线路故障进行监测,并实时将动态影像、图片及相关数据传输到地面站。
2) 起降灵活,可对同一线路往返多次监测。
3) 灵活应对复杂地形环境,对大风、冰雪及沙尘等天气有较强的适应能力。
4) 设备集成化、模块化,安装运输便利。

除上述优点外,用无人直升机取代人工方式巡检线路还大幅提高了工作效率。2011年12月,在贵州省镇远县境内采用无人直升机对110kV七双回线路进行巡检拍摄。面对恶劣的自然环境,无人直升机只用了3个多小时就完成了该巡检工作。2012年8月6日,由江苏省送变电公司自主研制的无人直升机在扬州市八里镇境内的500kV新建线路2、3、4号铁塔间成功进行了跨越放线施工作业,完成整个任务仅用时约2.5h。类似于电力行业,无人直升机还可用于长输油气管道巡检,如山区管道巡检、近海油气管道监视、灾后次生灾害评价以及漏油和盗油点现场定位等,能及时对管道突发事件进行定位、定性,缩短事故处理时间,减少能源浪费、环境污染,甚至可以避免灾害的发生。

(2) 影视航拍和新闻媒体　和固定翼无人机相比,无人直升机在空中拍摄影像的稳定性和图片质量都相对较高,因此,很多影视广告制作公司都会采用无人直升机来执行航拍任务。这类行业侧重于飞机的便携性和易操作性,并且追求较低的购买和使用成本,而对续航时间、载荷要求不高,因此,一般都采用多旋翼无人直升机。由于这种无人机的每个旋翼上都有独立的电动机控制,保证了其自身飞行的稳定性,再结合搭载的稳定云台,加上一部高分辨率相机,可以获得质量很高的影片和图像。目前,国内生产多旋翼无人机的厂家很多,飞机和地面控制设备等配套设施也比较完善,这类飞机载荷一般在2kg以内,续航能力可以达到0.5h,所搭载相机的分辨率一般在2300万像素左右。另外,由于其配置的螺旋桨尺寸很小,多旋翼无人直升机在安全性和噪声方面也控制得很好,除广告和影视航拍外,该机型还可以用于警务应用、交通管理、抢险救灾、地质勘探、环境保护及野生动物摄影等多个行业。

(3) 边境巡逻与海事执法　我国地域辽阔,很多边境地区地势陡峭、路途坎坷,常年气候恶劣。边防部队虽然配备了雪域摩托、无线通信系统等多种现代化装备,但很多特殊地域(如高海拔地区、峡谷、雪山、偏远海岛和无人区等)仍然需要巡逻战士徒步或骑马才能到达,这给战士的生命安全造成了极大威胁。人们曾尝试采用另一种方案,即在这些地区设置无线监控网络,但该方法耗费成本高且维护困难。采用无人直升机执行巡视任务,不仅可以适应地理环境的多变性,相比于有人直升机和安装远程监控系统,可以大大降低任务成本和提高效率,并且对敌方能起到监视、震慑和取证的作用。其优点总结如下:对起降场地和环境要求不高,可灵活起飞执行任务;装备超视距控制系统,可大范围飞行,且可执行夜航任务；能实时传输影像，在大风、雨雪等恶劣气候下得到的图像效果稳定，分辨率和清晰度高；配备地面控制系统，可多架飞机多批次同时起飞，执行地毯式巡逻；执行任务效率高，可降低成本及人员风险。边海防执行任务的特殊性对无人直升机的性能及可靠性要求很高，载荷一般要求达到10kg以上，航时要求大于1h，抗风性能应达到6级。由华南理工大学自主研发的无人直升机已交付我国海监使用。该机最大飞行速度为90km/h，巡航速度为50km/h，载荷10kg时航时可达1h，并可通过增大油箱进一步拓展航程，飞行高度可达1000m，每巡航4h仅耗油10L。实际海上测试时，可在5～6级风中安全平稳飞行。另一款由扬州德可达科技有限公司研制的无人直升机载荷达10kg，航时在1.5h以上，其特色是采用双发动机技术，一个发动机出现故障时，另一个发动机仍可以工作，保证了飞行的安全。

（4）农业应用　无人直升机在农业方面的应用也较为广泛，除一般的农作物灾情勘查外，在农药喷洒方面优势更为明显。在农药喷洒过程中，药物的剂量须控制得均匀稳定，防止出现过喷、漏喷的情况，利用无人直升机向下的强烈旋转气流，喷洒农药时可以在翻动和摇晃农作物的同时，使下方的农作物形成一个紊流区，可以非常均匀地喷洒农药，并且能将部分农药喷洒到茎叶背面和根部，这是目前人工方式和其他喷洒设备无法达到的喷洒效果。由于无人直升机下旋风力集中而有力，采用超细雾状喷洒比较容易透过植物绒毛的表面形成一层农药膜，可均匀而有效地杀灭害虫。结合农药喷洒的专业软件，用无人直升机喷洒农药具有以下特点：

1）配置全球定位系统（GPS），可以设定喷洒轨迹，实现自动喷洒作业。

2）速度快、效率高，是传统人工方式的60~80倍。

3）成本低廉，目前国内已有公司实现了这类无人直升机的批量生产。

4）环保。通过采用先进的超低容量喷雾技术，平均每亩农田可节约50%的农药及90%的水，有利于减少农产品农药残留和环境污染。

5）能直观显示、记录和管理所喷洒农药的种类、剂量、效果及作业的时间、地理位置等数据信息，并且能自动计算喷洒的总面积、总喷洒量。

6）操作简单安全，使用小型便携式计算机控制，携带方便。安装在飞机上的设备集成了超小型嵌入式计算机、GPS模块和微型数传电台，舵机电源可以直接供电，安装方便。目前，国内生产的农药喷洒无人直升机载荷一般为5~10kg，飞行时间为30~60min，喷洒宽度为3～4m，喷洒能力为666.6～1333.2m^2/min。

5.2　固定翼无人机

5.2.1　固定翼无人机的结构

固定翼无人机的机身结构与有人机的机身结构基本相同，包括机身、机翼、尾翼、起落装置和动力装置等；不同之处是其安全性、适航性要求比有人机低。

1. 机身

机身的主要作用是连接固定机翼、尾翼、起落架和动力装置等部件，使其成为一体，同时，它还用来搭载人员、装备、货物、燃油及各种任务载荷。机身一般分为驾驶客舱、货舱及设备舱等。现代民用运输机的机身绝大多数为气密式，可以进行增压、加压和通风，以保证飞机在高空安全飞行。机身按照不同的结构，可分为构架式、硬壳式和半硬壳式三种。

(1) 构架式机身　构架式机身主要应用在早期的小型、低速飞机上。机身由承力构架、隔框、桁条和布质蒙皮（或木制蒙皮）等组成，隔框与桁条组成类似于桁架的结构，保证机身强度，同时减轻机身重量。这些构件只承受局部空气动力，不参与整个结构的受力。机身的剪力、弯矩和扭矩全部由构架承受。构架式机身的抗扭刚度差，空气动力性能不好，其内部容积也不易得到充分利用。

(2) 硬壳式机身　硬壳式机身由框架、隔框和蒙皮等组成。硬壳式机身结构没有纵向加强件，蒙皮承受主要的应力，现代飞机较少采用这种结构。硬壳式机身结构如图 5-2 所示。

(3) 半硬壳式机身　半硬壳式机身是将蒙皮与隔框、大梁、桁条牢固地铆接起来，成为一个受力的整体所形成的机身。在半硬壳式机身中，大梁和桁条用来承受由弯矩引起的轴向力；蒙皮承受轴向力、全部剪力和扭矩；隔框用来保持机身的外形和承受局部空气动力、各部件传来的集中载荷，并将这些载荷外散地传给蒙皮。半硬壳式机身又分为桁梁式和桁条式两种结构类型。

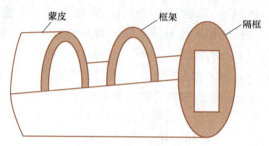

图 5-2　硬壳式机身结构

桁梁式机身由大梁、桁条、蒙皮和隔框组成，适用于小型飞机和大开口较多的飞机。桁条式机身主要由桁条、框架、隔框和蒙皮等组成，蒙皮和桁条在结构受力时能够得到充分利用，因此这种机身结构更适用于较高速的飞机。

2. 机翼

机翼通常由翼梁、桁条、翼肋和蒙皮等构件组成。机翼的作用是产生升力。机翼一般对称地布置在机身两边，前后缘安装有可活动的襟翼、副翼、缝翼、扰流板或减速板等活动部件。驾驶员可以通过操纵这些部分来改变机翼的形状，以达到增加升力或改变飞行姿态的目的。另外，机翼上还安装有动力装置、起落装置、油箱和其他设备。机翼有双翼（低速飞机，如运-5 飞机）和单翼两种类型，绝大多数飞机是单翼机，机翼在飞机上的安装通常有上单翼、中单翼和下单翼三种型式。

1) 副翼。副翼是指安装在机翼翼梢后缘外侧的一小块可动翼面，它是飞机的主操作舵面。飞行员操纵左、右副翼差动偏转所产生的滚转力矩可以使飞机做横滚机动。飞行员向左压驾驶盘，左边副翼上偏，右边副翼下偏，飞机向左滚转；反之，向右压驾驶盘时，右副翼上偏，左副翼下偏，飞机向右滚转。副翼通常由翼肋、隔框、桁条和蒙皮组成。

2) 襟翼、缝翼和减速板。襟翼主要用来改变机翼的形状，增加机翼的面积，改善飞机的起落性能。缝翼在大迎角下可以改善上表面的气体流动情况，减缓气流分离。减速板用来增大阻力，减小升力，减小飞行速度，改善着陆性能。

3. 尾翼

尾翼的主要作用是保持飞机纵向平衡，保证飞机纵向和方向安定性，实现飞机纵向和方向操纵。尾翼主要由水平安定面、升降舵、垂直安定面和方向舵组成。

4. 起落装置

起落装置用来支承飞机在地面灵活运动和安全停放。起落架的分布形式主要有前三点式、后三点式、自行车式和多支柱式等。

5. 动力装置

动力装置用来产生使飞机前进的推力或拉力。常见的动力装置通常有活塞螺旋桨式、涡轮螺旋桨式、涡轮风扇式、涡轮喷气式、涡轮轴式、冲压喷气式和电动螺旋桨式等。

无人机的机身主要用来安装通信、导航及动力装置等各种设备。机翼和尾翼的机构及安装的主要部件基本相同，这里不再赘述。无人机的起落装置除用来支承、停放、起飞和着陆外，还兼具保护下方任务设备的功能。有些多旋翼无人机的天线也安装在脚架上。多旋翼无人机的起落架类似于直升机的滑橇式起落架。目前，民用无人机的发动机主要有活塞螺旋桨式发动机和电动机两种。

固定翼无人机作为目前发展无人机航空物探的主要飞行平台，具有飞行速度快、稳定性好以及抗干扰能力强等优点，适用于大面积、地势平坦区域的矿产资源勘探，如图 5-3 所示。

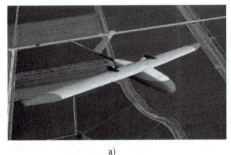
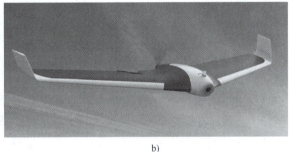

a)　　　　　　　　　　　　　　　　b)

图 5-3　固定翼无人机

固定翼无人机的结构既要有足够的强度，又要求质量小，因此，对制作固定翼 无人机的材料提出了较高的要求。目前用于制作固定翼无人机的材料主要有铝合金、镁合金、合金钢、钛合金和碳纤维等复合材料。

5.2.2　固定翼无人机的工作原理

固定翼无人机的工作过程主要包括起飞与回收两个阶段。

1. 固定翼无人机的起飞方式

（1）固定翼无人机的常规起飞方式　固定翼无人机的起飞过程包括两个阶段：地面滑行和起飞滑跑。地面滑行是指固定翼无人机起飞前，采用轮式起落架从停机坪以不超过规定值的速度在地面滑行到起飞跑道上。由于滑行速度很慢，因此升力和阻力可以忽略。固定翼无人机在机场跑道上从开始滑跑到离开地面，并上升到安全高度，速度达到起飞安全速度，这一运动过程称为起飞滑跑。起飞的安全高度为 25m。

（2）固定翼无人机的其他起飞方式　除常规起飞方式外，其他起飞方式主要有以下五种：

1）车载起飞。将固定翼无人机装载在发射车上，由发射车带着固定翼无人机加速到飞行速度。该起飞方法可用于中型固定翼无人机的发射，可重复使用。但该起飞方式需要发射车的速度大于固定翼无人机的起飞速度，且发射车要控制起飞方向。

2）滑车起飞。滑车起飞是用一种特殊的发射车装载固定翼无人机完成起飞。将固定翼无人机架在发射车上，由固定翼无人机上的动力装置提供滑跑动力。起飞时固定翼无人机一般在负仰角下加速，当达到起飞速度时，抬起到起飞仰角，此时固定翼无人机开始脱离滑车。

3）弹射起飞。采用火箭等化学能作为无人机的发射动力，使无人机迅速达到发射速度。其特点是发射重量大、无人机加速度大；缺点是有声、光、热等辐射，安全系数低，投入较大。

4）空中投放起飞。空中投放像发射飞航式导弹一样。投放开始时，由于无人机与投放母机具有相同的移动速度，因此应防止碰撞事故的发生。

5）人工投放起飞。微型和小型无人机可采用人工投放的方式，投放的力量要根据所投放无人机的质量决定。

2. 固定翼无人机的回收

（1）常规回收方式　在空中放下起落架，机头对准机场跑道，以3°的下降角从安全高度15m处慢速降落到地面，进行着陆滑跑和制动，直至完全停止运动。

（2）迫降回收　迫降回收方式只适用于微小型固定翼无人机。迫降方法是通过遥控指令或编程控制，回收时起动固定翼无人机某种机构使发动机停车，由于水平尾翼负升力剧增，使固定翼无人机猛抬，机翼很快进入失速迎角。

（3）降落伞回收　采用的回收伞有方形伞、平面圆形伞、底边延伸伞和十字形伞等结构。

（4）空中回收　该方法必须与伞降装置结合使用，除此之外，固定翼无人机还需要钩挂伞。开伞后，将钩挂伞吊在主伞之上，使回收飞机便于辨认和钩住钩挂伞。

（5）拦截网回收　拦截网常用于小型固定翼无人机的回收，这种回收系统由拦截网、能量吸收装置和自动导引装置组成。能量吸收装置与拦截网相连，吸收固定翼无人机撞网的能量，防止无人机遭到损伤。

5.2.3　固定翼无人机的应用

1）2009年，中国科学院遥感所使用航模型无人机，翼展为3.5m，起飞重量为30kg，采用轮式自主起降。系统集成的氦光泵磁力仪的静态噪声水平为10PT，完成了4000km测线的应用测试。

2）2011年，国家深部探测技术与实验研究专项子项目固定翼无人机航磁勘探系统（SinoProbe-09-03）研制成功。该项目针对复杂地形条件和探测空域需求，攻克智能化无人机飞行平台研制的关键技术，研制出多种类型的航磁探测设备和高低空无人机搭载平台，并自主开发了高精度、高稳定性、高效的无人机自动飞行控制与导航系统，成功打破国外的技术垄断。

3）2013年，中国地质科学院物化探研究所等单位联合研发了国内首套固定翼无人机平台的航空物探（磁/放）综合系统，该系统搭载在具有长航时的中型国产无人机彩虹-3上，随后在多宝山和克拉玛依等地进行了应用试验和试生产测量。该系统的航磁、航放测量项指标满足规范要求，数据质量较好，基本实现了实用化，具备了推广应用的基础。目前，该系统已走出国门。

4）2013年6月下旬，中国冶金地质总局矿产资源研究院于冀东司家营-马城沉积变质型铁矿带成功开展了固定翼无人机航空磁测系统试验。航磁测量结果精确，与已知大比例尺地面磁测结果相吻合；此外还发现了两处次一级磁异常，对冀东地区深部矿产勘探具有重要意义。

5.3 多旋翼无人机

5.3.1 多旋翼无人机的概念

无人直升机除单旋翼结构之外,还有一种多旋翼结构。多旋翼无人机是相对单旋翼而言的,即无人机具有多个旋翼机构。多旋翼无人机是一种能垂直起降的飞行装置,与固定翼无人机相比,它具有机械结构简单、成本较低、飞行稳定性好、可实时传输图像等特点。美国 DARPA(Defense Advanced Research Projects Agency)于 1992 年率先提出了微型飞行器的概念。由于多旋翼无人机结构紧凑,导致相邻旋翼之间产生的扭矩可相互抵消,因此不需要采取安装反扭矩旋翼等其他措施来抵消电动机的扭矩,而是可以直接依靠空气动力来平衡自身的重量,而且动力利用率较高,能自主或遥控飞行。

多旋翼无人机也称多旋翼飞行器或多轴飞行器,是一种具有三个及以上旋翼轴的特殊直升机,其每个轴上都有电动机,可带动旋翼产生拉力。旋翼的总距固定,而不像一般直升机那样可变。可以通过改变不同旋翼之间的相对转速来控制单个动力轴推进力的大小,进而控制无人机的运动轨迹。这种无人机由旋翼、电动机、支架、起落架、设备安装平台和飞控计算机等组成,多为中心对称或轴对称结构,多个螺旋桨沿机架的周向分布于边缘处,结构简单,便于小型化、批量化生产。常见的有四旋翼、六旋翼和八旋翼结构。它们的体积小、重量轻、携带方便、出现飞行事故时破坏力小,不容易损坏,对人也更安全。有的小型四旋翼无人机的旋翼还带有外框,以避免磕碰,如图 5-4 所示。

a)   b)

图 5-4 多旋翼无人机

5.3.2 多旋翼无人机的工作原理

与普通电风扇的工作原理相同,电动机连接螺旋桨通过高速转动切割空气使其产生向下的气流,同时产生向上的升力。

1. 垂直运动

通过调节四个电动机的转速,同时产生向上的升力,当升力大于无人机本身的重力时,无人机就可以实现上升的动作;当升力小于无人机本身的重力时,无人机将下降;当升力等于无人机本身的重力时,则无人机处于悬停状态。

2. 俯仰及横滚运动

通过调节前后部分电动机的转速,使无人机向前倾斜,产生的下压气流与地面成一定角度，此时无人机除了产生抵消重力的升力外，还提供一部分向后的推力，产生的反作用力将推动无人机向前飞行。同样的，横滚飞行也只需对无人机的姿态做出相应的调整。

3. 偏航运动

旋翼转动过程中由于空气阻力作用，会形成与转动方向相反的反扭矩，为了克服反扭矩的影响，可使四个旋翼中的两个正转、两个反转，且对角线上各个旋翼的转动方向应相同。当需要进行偏航运动时，无人机通过调整两对角线上相同转向的电动机的转速，产生顺/逆时针方向的反扭力，随后机身便在富余反扭矩的作用下绕其重心沿顺/逆时针方向转动，从而实现无人机的偏航运动。

无人机微控制单元（MCU）是飞控系统的核心，飞控系统是无人机完成起飞、空中飞行、执行任务和返场回收等过程的核心系统，飞控系统对于无人机相当于驾驶员对于有人机的作用，是无人机的核心技术之一。

飞控系统一般包括传感器、机载计算机和伺服驱动设备三大部分，实现的功能主要有无人机姿态稳定和控制、无人机任务与设备管理以及应急控制三大类，光流传感器、GPS模块等相互协调工作来完成飞行。

惯性测量单元（IMU）感知无人机在空中的姿态，将数据送给主控处理器MCU。主控处理器MCU将根据用户的操作指令和IMU数据，通过飞行算法控制无人机的稳定运行。

由于有大量的数据需要计算，而且需要实时性极高的控制，因此，MCU的性能也决定了无人机是否能够飞得足够稳定、灵活。

5.3.3 多旋翼无人机的应用

目前，获取高分辨率空间数据的渠道仍然局限于遥感卫星影像、大飞机航拍等，造成数据重复采集、处理工作复杂、分辨率低，时效性和灵活性也远不能满足实际需求。无人机是一种有动力，可控制，能携带多种设备、执行多种任务，并能重复使用的无人驾驶航空平台。无人机可结合遥感传感器技术、遥测遥控技术、通信技术、POS定位定姿技术、GPS差分定位技术和遥感应用技术，具有自动化、智能化、专业化的特点，能够快速获取国土、资源、环境及事件等空间遥感信息，并对其进行实时处理、建模和分析，是先进的新兴航空遥感技术解决方案。

相对于载人飞机和固定翼无人机航空摄影测量而言，多旋翼无人机更加机动灵活，具有飞行可靠性高、安全性高、效率高、对起飞和着陆场地要求低、操作简便、影像分辨率更高等特点，在天气晴朗、风力较小（5级以下）的情况下，可获得精度更高的航摄数据，是小范围航空摄影的发展方向。

1. 通信领域

近年来，通信技术迅速发展，我国三大通信运营商相继进入4G网络时代，并在2019年开始试运营5G网络，华为、中兴等主要设备厂家已经开始投入到6G网络的研发中，我国通信产业的发展处于世界领先地位。技术在不断创新发展，相应的设备规模也在不断增长，人工成本不断攀升。在享受4G信号带来的快捷和方便的同时，有一些问题值得人们思考。

人们的活动范围日渐增大，说明基站的建设将不断增多，难免有一些基站需要建在屋顶、山顶甚至海岛上，这些基站也需要日常的维护与检修，给维护人员造成了很大的困难。当遇到极端情况时，通信设备的作用往往非常重要，因此，多旋翼无人机在这些领域将有很大的开发潜力。

我国是一个多山地的国家，山地、丘陵和高原的面积占全国土地总面积的69%，这些地区自然灾害频发，经常会造成当地通信设备的损坏，从而造成部分地区通信中断。灾区一般处于交通不便地区，通信设备的抢修也极为困难，而短时间内不能恢复正常通信对于灾区抢险救灾来说是非常不利的。无人机平台以其独特的优越性，能在短时间内搭建应急网络通信。

多旋翼无人机采用电能驱动，飞行灵活、性能稳定。如果搭载了基站系统，则可作为一个移动基站，大大有利于应急抢险的通信恢复工作。

日常通信利用的电波可以认为是直线传输，当遇到障碍物时，其传输效果将受到很大影响。如果天空中有一个基站，则能把通信范围扩大，实现该区域内的无线通信。依据测试结果来看，无人机系统搭载轻型化4G基站，垂直升空至100m，长时间为灾区提供数据业务等通信保障，覆盖距离可达4km，覆盖面积可达 50km^2，支持最大用户数可达1800个。

采用"系留式"无人机可有效提升无人机的滞空能力，并将由于不使用电池而有效减轻无人机的重量。使用高效能轻质电缆的无人机，其工作时间将由原来的几分钟提升至数小时，并能简化机身结构。

我国的通信设施一般由末端设备、传输设备和交换设备组成，其中末端设备和交换设备的使用人员密集度较高，便于日常应用与维护；而传输设备因其规模大、分布广，且地域不可达等特性，是维护工作的难点所在，对传输设备特别是基站的维护，关系到通信网络的正常使用，如果找到行之有效的手段，将大大节约物资与人力成本。多旋翼无人机是一种灵活、方便的飞行平台，利用此平台搭载相关器件可使设备巡检的步骤大大简化，同时提高巡检效率。无人机巡检的具体任务为：无人机按照操作人员的指令低速飞行，直至到达基站塔顶端位置，执行悬停操作；利用搭载的高清拍摄模块进行远程外表观察，观测是否有缺陷部位，一旦发现即刻拍照上传至地面站，由地面站系统进行分析。现阶段，高清拍摄模块主要为高清摄像头、红外探伤模块和超声测距设备，足以辨别与拍摄一般故障，特别是对于山地或者湖泊等地形难以到达的基站，能有效节约人工成本。根据江苏某电信公司的实测，利用无人机巡检能将巡检成本降低30%左右。利用无人机巡检技术能有效完成对基站线路断线、绝缘子脱落及异物的识别等工作；利用无人机传输的数据，加上地面站专家分析决策，可有效完成基站设备的巡检工作。

2. 灾害救援

多旋翼无人机的运行成本比较低，保养和维修也比较简便，对操作人员的培训周期相对较短；其体型小，不需要租赁用于起飞和停放的专用场地；可以飞行到危险地域，或在不良气候条件下执行紧急飞行任务，避免侦察人员的伤亡。

现在的无人机已经实现了遥控飞行、半自主飞行和按预编航线全自动飞行等功能。多旋翼无人机具有机动、灵活的特点，一旦任务需要，可快速到达指定目标区域，且对现场环境要求低。其运行稳定、安全可靠、控制灵活、噪声小，特别适合超低空应用，优势非常明显。此外，专业的电气一体化设计，大大缩短了设备的准备时间，从零件状态组装到待命飞行状态仅需几分钟的时间，操作人员在有紧急任务的情况下可以快速完成组装，立刻飞往事故现场上空进行航拍侦察，这也让它成为监控灭火救援现场的最佳选择。

当突发性灾害发生时，多旋翼无人机可快速飞抵灾害现场，通过无线传输方式，将音视频传输给地面的接收机。如果配置高清晰度的数码摄像机，则能够对现场进行高质量的视频采集和音频实时采集，并及时传送到指挥中心的现场视频、音频设备上，供指挥者进行判断和决策，可使灭火救援现场工作组的调查能力大大增强，提高信息获取的安全性和可靠性。另外，它可搭载扩音设备对现场进行喊话，向现场群众及时传递有关信息；搭载生命探测仪帮助搜寻生命迹象，使救援队伍更迅速、安全地采取救援行动。特别是在人力和车辆无法到达的区域，多旋翼无人机的作用更是不可替代。

在处置易燃易爆、化学灾害事故时，侦检是首要环节，多旋翼无人机可以携带可燃气体和有毒气体探测仪检测出事故现场的泄漏物质、气体浓度和扩散范围，来确定攻防路线及阵地，并对现场进行实时监测，避免消防官兵盲目进入事故现场而付出不必要的代价。

在高空救援中，可以通过多旋翼无人机有效地传达指挥部的指令。

在水域、山岳救援中，针对救生抛投器的精准度和环境所带来的局限性，可以通过多旋翼无人机携带手台、救生衣、救援绳等救援装备直接送到被救人员的手中，大大减少了救援时间。

在灭火救援现场，多旋翼无人机可以在空中寻找附近的天然水源，其寻找的范围和效率远高于消防官兵人工寻找的范围和效率；因无线电覆盖面需求广或在山脚洼处，多旋翼无人机可以充当空中转信台，从而在极端环境下建立有效的无线通信链路。

3. 军用领域

多旋翼无人机的飞行速度低、姿态稳定，可以实现自主飞行控制；其技术成熟、成本低廉，可以实现大规模生产装备，组建机群编队，多架次无人机飞行编组飞行控制技术已经进入应用阶段。多旋翼无人机本身体积小、重量轻，不需要跑道便可起降，可以实现超低空和贴地飞行；雷达反射面积小，同时可以利用机动性优势采取一定的反侦察战术，降低被对方雷达或者目视发现的概率。即使遭遇敌人的防空火力袭击，多旋翼无人机仍然具备优势：机群体积小，被击中的概率小；单机载重小，击中后损失小；数量庞大，敌人摧毁数量有限。因此，多旋翼无人机在战术运用中可以集中使用，提高单机的突防概率。

受多旋翼无人机技术限制，目前单机载荷与直升机等相比较低，但其在战术后勤的应用上却更具优势。战术后勤主要是将各种物资分发至各作战单元，我国军队的编制一般为营连级，当部队相对集中时，以营为单位接收物资；当部队展开时，一般以连为单位执行作战任务。按照每连100人、每人每日1kg的食品消耗，营级每日的给养消耗约为300kg，运载这些数量的物资一般需要2~4架多旋翼无人机。直升机载重大，可以搭载多个单位的后勤物资，一般降落至多个单位的中间位置，再由人工将各单位物资搬运回相应阵地，难以实现精准配送。同时，前沿地区可能存在较为激烈的交火，航空器面临防空武器与地面火力的双重威胁，运输机和直升机难以抵达前沿地区，人工接力降低了后勤补给的速度与效率。而多旋翼无人机不搭载人员，可以进入相对危险的区域，在接近目标区域时，无人机编队散开，各无人机将物资直接送至连队前沿阵地，实现了快速、高效的投送。

多旋翼无人机一般采用电驱动或者燃油驱动，采用电驱动时，无人机产生的噪声基本可以忽略；燃油驱动时一般使用内燃机，可以通过消声器实现消声降噪，从而降低敌方通过声音发现无人机的概率。内燃机产生的尾气较少，电动机工作过程中散热较少，两者均不产生大量热源，可以有效躲避主要的红外制导防空导弹的攻击。

随着航拍活动的大众普及，多旋翼无人机在2010年之后得到了快速发展，小型多旋翼无人机技术已经十分成熟，形成了一条从研发、生产到销售的完整产业链，并产生了良好的市场效应。"军民融合"是未来我国国防建设与装备发展的方向，在民用领域巨大需求的牵引下，积极采用民用先进技术，可以有效降低装备的研发和生产成本，缩短技术积累周期；以军促民，通过军用需求引领科技发展，推动多旋翼无人机技术快速发展，将部分军用技术转化为民用产品，投入市场实现商业收益，回过头来为科技攻关提供充足的资金。

军民融合发展使工厂、生产线等可以共用，零件等可以实现大量采购，从而大幅度降低单架次多旋翼无人机的生产成本。基于现有成熟技术与生产线生产中型军用多旋翼无人机，可将单机成本控制在3万元以下，一架直-8运输直升机的造价不低于5000万元，一架运输直升机的制造成本可以制造超过1000架无人机，而1000架中型多旋翼无人机的一次运输能力可以达到近100t，远远超过一架直-8运输直升机的运输能力。在面对防空威胁时，多旋翼无人机的优势更加明显。

无人机相较于载人飞机的最大优势在于不搭载人员，可以减少战争或者冲突中的人员伤亡，多旋翼无人机同样具备这个优点。普通直升机和固定翼运输机在执行任务时，面临着防空威胁，一旦被击中或者操作出现故障，极有可能导致机组人员伤亡或者被俘。多旋翼无人机不搭载机组人员，通过地面遥控或者自主控制执行任务，出现意外情况时不会造成人员伤亡。在各国一致重视"零伤亡"的情况下，多旋翼无人机是对载人运输飞机的良好替代与补充。不仅如此，载人飞机还会因机组人员体力、精力疲乏而影响执行任务的效能，而多旋翼无人机可以有效克服这一缺点，保证执行任务过程中持续高效。

武器装备需要定期进行维修保养，以保证其具备稳定的作战性能。在战争中，时间就是生命，武器装备的维护保养速度和抢修速度就是战斗力。往往是越简单的武器装备越容易进行维修和维护；越复杂、越精密的装备维护起来越复杂，且对维护场地的要求越高。多旋翼无人机结构简单，主要部件为控制系统、动力系统（供电系统）、飞行系统和吊装平台，可以很方便地采用模块化设计，维护保养时可以根据各模块的特性独立进行，大幅度降低了维护的复杂程度。在使用过程中一旦出现损坏，可以通过直接更换模块进行快速维修，大幅缩短了战场维修时间，提高了战场维修效率，可使无人机快速恢复作战能力。

4. 林业领域

在林业种植生产过程中应用无人机主要是起作业机的作用，一般在林作物播种以及微量元素追肥中进行应用。通过应用无人机，能获取较多的林区发展信息，便于相关技术人员通过无人机对林区进行低量喷施，提升操作效率。可以对人力与物力消耗情况进行控制，在实现高效、高产以及低成本的基础上，对农药与水源进行保护，提升生态环境保护效率。此外，在应用无人机进行农药喷施过程中，可避免直接接触有害物质，保障了操作技术人员的人身安全。与传统施肥施药方式相比，当前无人机施肥施药效率较高，有助于实现规模化生产。从各项资料和数据中能看出，当前施肥施药过程中，需要在低量喷雾基础上应用无人机，能节约较多水源与农药。

在现代化林业生产过程中，森林火灾危害较大，是目前林业生产中的重大灾害。当森林生产种植区域爆发火灾之后，林区火场能见度降低，传统飞机设备不能有效掌握火场实际情况，还会对飞行产生较大影响。当前，合理应用无人机能对此类问题进行有效控制，在无人机上装备相应的影像传输及摄像设备，能完成火灾探测等任务。在微波信号传输的基础上，将相关信息传递给技术人员，便于技术人员掌握火场的实际发展情况，有助于采取针对性措施进行灭火。多旋翼无人机能实现火场近距离观测,可在 20m 左右的高空对火场整体发展变化情况进行探测,保障技术人员的人身安全,还能将火灾发生信息传递给指挥部门。目前,要定期对林区地表植被分布情况进行分析,植被覆盖度是重要参数,对林区生态环境综合评价具有重要意义。随着我国林业覆盖范围的逐步扩大,通过应用遥感技术,能对植被覆盖率进行合理检测。在过去的森林覆盖率检测过程中,主要是应用人工地面信息采集与卫星遥感技术。但是,卫星遥感技术耗费的成本较高,人工地面信息采集数字化技术则效率较低。使用无人机能弥补应用传统统计方法的不足之处,提升采集数字的效率,对人力资源进行控制。林业规划调查与设计工作任务量较大,在工作开展过程中难度较大。采用多旋翼无人机进行调查,航拍摄影界限明确。

遥感技术在我国林业生产早期阶段就在病虫害检测工作中进行应用,正常情况下,病虫害大多都发生在人员流动量较少的区域。常用的地面调查检测方法不能全面掌握病虫害动态化发展的变化特征,因此,不利于采取有针对性的防治对策。目前,通过无人机应用能真实获取林区病虫害相关信息,然后及时将数据反馈给管理人员,以便于拟定防治措施。

近些年,我国无人机技术日益发展成熟,在社会多个领域中被广泛应用,在遥感技术、自动导航技术和自动控制技术方面发展较快。虽然我国无人机技术起步较晚,但实际发展速度较快。目前,我国无人机批量化生产较少,所以相关部门要在实践过程中强化探究,对技术进行全面研究。在林业生产过程中,应不断强化专业科研队伍建设,确保林业生产多项生产活动有序进行。相关政府部门要发挥领导作用,与相关部门强化合作与配合,加强无人机队伍建设;相关从业人员要通过专业化培训,在个人能力得到全面审核之后上岗;在强化队伍建设时要拟定相应的制度保障,促使无人机队伍在较短时间内提升工作效率,推动林业生产活动稳定进行。

5.4 无人飞艇

5.4.1 无人飞艇的结构与分类

飞艇是一种轻于空气的航空器,它与热气球最大的区别在于具有推进和控制飞行状态的装置。

无人飞艇(图 5-5)艇体的气囊内充以密度比空气小的浮升气体(氢气或氦气),以产

a)　　　　　　　　　　　　　　　b)

图 5-5　无人飞艇

生浮力使飞艇升空，吊舱中安装的发动机提供部分升力，尾面用来控制和保持航向、俯仰的稳定性。

无人飞艇主要由飞艇囊体、推进系统、位于艇体下面的吊舱及支承系统、起稳定控制作用的尾翼结构组成。

1）飞艇囊体：整个飞艇的主体部分，气囊中充有升力气体（一般是氦气），提升飞艇上升的浮力。

2）推进系统：包括能源（电池）、动力装置（发动机）和推进器（涵道螺旋桨）三部分。

3）吊舱及支承系统：作为飞艇的一个平台，可以用来携带负载和安装设备。

4）尾翼结构：包括水平尾翼和垂直尾翼，在尾翼上装有控制舵面。

无人飞艇的长度一般在 20m 以下，可以携带一定的负载，续航时间一般在 2h 以内。与固定翼无人飞行器与旋翼无人飞行器相比，无人飞艇是一种理想的低速、低空平台，具有以下优点：

1）能耗低，具有很强的自给能力，可以长时间飞行，运营成本低。

2）对飞行场地要求较少，可在野外实现垂直起飞与降落，机动能力强。

3）低空、低速飞行性能好，可长时间悬停。

4）无机组人员跟随飞行，安全性能高。

近年来，无人飞艇被广泛应用于交通监视、通信中继、气候检测和土地规划等领域，在军事、国民经济领域具有很大的发展空间。

5.4.2 无人飞艇的工作原理

飞艇属于浮空器的一种，也是利用轻于空气的气体来提供升力的航空器。根据工作原理的不同，浮空器可分为飞艇、系留气球和热气球等，其中飞艇和系留气球是军事利用价值最高的浮空器。飞艇和系留气球的主要区别是前者比后者多了自带的动力系统，可以自行飞行。飞艇分有人驾驶和无人驾驶两类，也有拴系和未拴系之别。

飞艇获得的升力主要来自其内部充满的比空气轻的气体，如氢气、氦气等。现代飞艇一般都使用安全性更高的氦气来提供升力。另外，飞艇上安装的发动机也提供部分升力。发动机提供的动力主要用在飞艇水平移动以及艇载设备的供电上，因此，飞艇相对于现代喷气式飞机来说节能性能较好，而且对于环境的破坏也较小。

1. 大气的基本知识

大气层又称大气圈，是因重力关系而围绕着地球的一层混合气体，是地球最外部的气体圈层，包围着海洋和陆地。大气圈没有确切的上界，在离地表 2000~16000km 的高空仍有稀薄的气体和基本粒子，在地下、土壤和某些岩石中也有少量气体，它们也可被认为是大气圈的一个组成部分。地球大气的主要成分为氮气、氧气、氩气、二氧化碳和水等，这些混合气体被称为空气。大气层的空气密度随高度的增加而减小，高度越高，空气越稀薄。大气层的组分是不稳定的，无论是自然灾害，还是人为影响，都会使大气层中出现新的物质，或者使某种成分的含量过多地超出自然状态下的平均值，或使某种成分含量减少，这些都会影响生物的正常发育和生长，给人类造成危害，这是环境保护工作者应研究的主要对象。整个大气层随高度不同表现出不同的特点，分为对流层、平流层、中间层、电离层和散逸层，如图 5-6 所示。

2. 大气温度与高度的关系

在不考虑逆温现象的情况下，高度越高，气温就越低。在对流层内，高度每增加 1km，气温约降低 6.5℃。在平流层中 30km 以上的范围，气温反而随高度的增加而迅速上升。电离层内大气的温度变化与距地面高度没有直接的联系。在散逸层内，随着高度的增加，气温会经历了一个由高温到低温再到高温的变化过程。这种现象取决于高层大气的结构和所处的位置。

根据大气压力、空气密度计算公式，以及空气湿度经验公式，可得出相对大气压力、相对空气密度、绝对湿度与海拔高度的关系，见表 5-1。

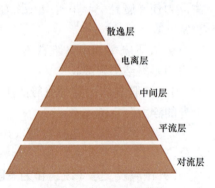

图 5-6 大气层分层结构

表 5-1 相对大气压力、相对空气密度、绝对湿度与海拔高度的关系

海拔高度 /m	0	1000	2000	2500	3000	4000	5000
相对大气压力	1	0.881	0.774	0.724	0.677	0.591	0.514
相对空气密度	1	0.903	0.813	0.770	0.730	0.653	0.855
绝对湿度 / (g/m³)	11	7.64	5.30	4.42	3.68	2.54	1.77

3. 氦气的基本性质

氦气轻于空气，氦气推开空气的体积质量差是飞艇升力的主要来源，氦气对飞艇所产生的升力称为浮升力。

氦气为稀有气体。在通常情况下为无味的气体，化学性质稳定，不易燃，不能在标准大气压下固化。因此，它可用于填充飞艇、气球、温度计、电子管和潜水服等。氦气在无外力作用下不容易扩散，在充满氦气的环境中可以使人窒息，不携带安全设备不可以进入氦气囊。

在空气中，如果向上的力大于向下的力，其合力将使物体上升。这个合力就是升力。升力的成因较复杂，因为需要考虑实际流体的黏性、可压缩性等诸多条件。物体所受到的升力的大小等于其排开的同等体积气体的重量，方向与重力方向相反，升力的计算公式为

$$F = \rho g V \tag{5-1}$$

式中　F——飞艇受到的升力；
　　　ρ——气体密度；
　　　g——重力加速度；
　　　V——飞艇排开空气的体积。

总静升力 L_g 与升力等效，其大小等于艇囊体积所排开的空气重量，可以表示为

$$L_g = \rho g V_g \tag{5-2}$$

式中　ρ——空气密度；
　　　V_g——气囊总体积。

净升力 L_n 等于总静升力 L_g 减去艇囊内气体的总重量 W_{gas}，即

$$L_n = L_g - W_{gas} = \rho g V_g - \rho g V_m - \rho_{gas} g V_n = \rho_n g V_n \tag{5-3}$$

式中　V_m——主气囊体积；

V_g——副气囊体积；

V_n——净体积；

ρ_n——净密度。

飞艇浮心是指飞艇所排开气体的重心，是净升力的作用点。

飞艇重心是飞艇质量的中心，是重力的作用点。

飞艇的静态重量等于飞艇的总质量 W 减去净升力 L_n，即

$$S_H = W - L_n \tag{5-4}$$

当飞艇的总质量等于净升力时，飞艇将保持平衡。若净升力超出飞艇总重，则静态重量将为负值。

飞艇的压力高度是指副气囊完全放气后飞艇所升到的高度，即在艇囊不出现过压或漏气的情况下，飞艇所能爬升到的最大高度。

4. 空气的净升力原理

净升力的物理机理：假定一个无重量的密封柔性囊体充有密度为 ρ_g 的浮升气体，并静止于平均密度为 ρ_n 的大气中，囊体部分地被压缩，囊体下表面被向上拉成一个平面，此处内部压力和外部压力相等。因为浮升气体的密度小于空气的平均密度，所以压平出现在底部。

从该平面向上，内部、外部压力降随高度的增加而降低，降低速率和各自的密度成正比。在高度 h 处，内部压力降低 $\rho_k h$，外部压力降低 $\rho_n h$，后者降低的幅度更大，因此，压力差 $(\rho_n - \rho_k) h$ 将沿蒙皮向外作用。囊体内表面的楔形分布压力不仅保持囊体外形，还提供一个向上的合力 $(\rho_n - \rho_k) hV$。

气囊的总净升力由其体积 V 决定，而与其形状无关。上升过程中，浮升气体不断膨胀，直到气囊被完全充满不能再膨胀为止。出现这种情况的高度称为压力高度，因为继续上升将导致艇囊内外压力差增加。艇囊强度一般不能承受远远超过压力高度下囊体所受的拉应力。因此，压力高度也被称为升限，在应急情况下，可以通过安全阀释放少量浮升气体以保护囊体，防止压爆。

（1）升力与高度的关系　理论上，一定量的氦气具有一定的升力，与飞艇的飞行高度无关。当高度增加时，大气密度减小，氦气的密度也相应减小，氦气体积的增大恰恰抵消了大气密度下降对升力的影响，即高度引起的大气密度变化对氦气的升力没有影响。由于硬壳式气囊的体积不变，飞艇中的氦气体积不会随着高度的变化而变化，因此，当高度增加、空气密度减小时，飞艇的升力会相应减小。

（2）升力与大气温度的关系　随着大气温度的变化，氦气的升力是不断变化的。温度升高，氦气升力增大；温度降低，氦气升力减小。温度每增减 $1\,^\circ\mathrm{C}$，氦气升力增减 36%。实际上，由于艇囊体积不变，因此氦气的体积不变。飞艇的升力随着温度的增加反而减小。

（3）升力与大气湿度的关系　大气湿度是指空气中含有水汽的量或空气的潮湿程度。湿度越大，空气中的水分越多，空气的密度越小，同体积的氦气排开空气所产生的升力就越小，即空气湿度越大，氦气的升力越小。

5. 飞艇的升降操控

飞艇在发动机的推动下前进时,其庞大的气囊体在空气中运动会产生空气动力(升力和阻力)。一方面,氦气产生升力;另一方面,空气对艇体还产生巨大的阻力。分析气囊和尾翼的空气动力性能,是研究飞艇的空气动力性能时不可忽视的方面。

飞艇依靠浮升气囊(主气囊)提供静升力,同时,需要依靠空气囊(副气囊)实施俯仰操纵和升降操纵,副气囊是独立于艇囊而密封隔离的空气体积,通过软管和阀门与外部空气连通,根据飞行任务需求的工作状态,副气囊中的空气可以完全充满或部分充满。副气囊通过其与艇囊隔离的空气的释放量和进气量来控制飞艇升降,实际飞行过程中,飞艇上升或下降的速率大小取决于副气囊内空气的释放量和进气量。

上升过程中,随着高度增加,大气压强降低,主气囊内的浮升气体体积膨胀,副气囊受挤压,艇囊内外压差增大,需要通过排气阀排出空气来泄压,直至调节到浮升气体的压力变小,恢复至原状态为止。下降过程中,随着高度减小,大气压强增加,主气囊内的浮升气体体积减小,需要依靠鼓风机经软管向副气囊内充入空气,使副气囊体积增大,以保持艇囊外形。

因此,从原理上讲,副气囊的体积大小实际上决定了飞艇的压力高度,也就决定了飞艇的升限,当副气囊的空气完全排空时,即达到了飞艇的压力高度。因此,飞艇的载重越大,需要充入的浮升气体越多,副气囊的充气体积越小,则允许浮升气体膨胀的体积越小,压力高度就越低。在接近压力高度时,副气囊的空气被完全释放掉,体积接近于零。此时,可以开启氦气阀门排出部分氦气,以消除此内外压差的增值,防止囊体爆裂。

6. 飞艇的控制

飞艇在飞行中的控制包括飞艇的姿态控制、航迹控制和驻留控制三个方面。

(1) 飞艇的姿态控制　飞艇的姿态控制是飞艇在低速巡航和区域性驻留过程中,需要保持姿态稳定、调节或跟踪指令姿态角,以稳定飞行的操纵。飞艇的姿态控制对象包括姿态角(俯仰角、偏航角和翻滚角)、姿态角的角速度(滚转角速度、俯仰角速度和偏航角速度)。

(2) 飞艇的航迹控制　飞艇的航迹控制是指对飞艇质心运动的控制,以达到控制飞艇航迹的目的。通过控制舵偏角、内囊充气量和发动机的动力等方式来控制飞艇的质心运动轨迹,从而达到控制飞艇航迹的目的。

(3) 飞艇的驻留控制　驻留是指飞艇在某一区域相对地面目标区域保持位置不变。驻留控制是指控制飞艇在某一区域相对地面目标区域保持位置不变,当飞艇在外界扰动下偏离驻留位置时,需要在控制系统作用下回到驻留位置并保持不变。通常的驻留控制是空中悬停。

飞艇的空中悬停是指飞艇相对于地面的停止运动,受空气的流动和扰动影响,飞艇的悬停是通过驾驶员不停地修正来达到相对不动。

飞艇空中悬停是有条件的,不具备条件时,飞艇是不能悬停的。飞艇悬停的条件是:必须有一定的空中风。由于发动机即使在怠速状态下仍有一定的推力,在静风条件下,飞艇将向前运动。只有在有一定的空中风作用时,飞艇才可能做空中悬停。悬停时,飞艇的艇头方向必须是向着空中风的来向,否则飞艇将无法悬停。必须在净重基本为零或通过副气囊调节飞艇俯仰接近平衡的条件下,才能保持基本的定高悬停,如果正净重过大,则会掉高度；如果负净重过大，则会上升高度。

要悬停在设定点的上空，必须从设定点的下风头，以低速迎风飞行，在到达设定点前收油门至发动机怠速状态，使飞艇利用余速到达设定点上空。依据悬停的实际情况，驾驶员要不停地调整油门，即改变发动机功率，使发动机功率推动飞艇前进的力正好与空中风推动飞艇向后的力平衡，以达到悬停的目的。对空中风的影响，驾驶员要早发现早修正，防止偏离过大后再修正。

悬停时，由于空中风的大小不同，操纵飞艇的动作量差别较大。空中风小时，由于相对速度小，舵面的效应差，动作量要大；反之，动作量应小。

在净重较大时悬停，飞艇将掉高度，驾驶员要注意掉高度的下限；临近高度下限时，必须加油门将飞艇拉起，重新进入计划好的悬停点，以确保飞行安全。

5.4.3 无人飞艇的应用

2011 年，江苏省地质勘查技术院成功研制了无人飞艇式航磁测量系统。该系统在南京市溧水区开展了飞行试验，试验结果与地面测量结果基本一致，真实反映了试验区的地质-磁性特征，填补了国内利用无人飞艇作为飞行平台的航空物探技术空白。该院随后在西非和国内等地成功开展了多项无人飞艇航空磁测项目，其工作效率高、周期短、成本低等特点得到了充分展示，验证了飞艇航空磁测系统成果的可靠性、安全性，是矿产资源勘查、地质构造研究等领域的一种快捷高效的勘探手段，具有良好的发展前景和优势。

2012 年，吉林大学成功研制无人飞艇长导线源时域地空电磁勘探系统，并在内蒙古巴彦宝力格地区进行了电磁探测试验，证明了地空电磁探测方法的有效性。

5.5 无人伞翼机

5.5.1 无人伞翼机的结构和工作原理

无人伞翼机的伞翼位于全机的上方，用纤维织物制成的伞布形成柔性翼面。翼面一般由左右对称的两个部分圆锥面组成。伞翼的平面形状可由充气骨架或铝管保持，利用迎面风吹鼓伞布，自然形成升力的翼面。伞翼使用方便，可以快速装配和收叠存放。伞翼的织物不应透气，以便具有与正常机翼类似的气动特性。伞翼本身的升阻比较小，一般只有 10 左右。

伞翼机按照有无动力装置可分为伞翼滑翔机和动力伞翼机（伞翼飞机），如图 5-7 所示。

图 5-7　无人伞翼机

a) 伞翼滑翔机　b) 动力伞翼机

动力伞翼机是在伞翼滑翔机上安装一台小型发动机，再装上起降用的轮子、2～3个方向的操纵装置和座舱便成为一种超轻型飞机。伞翼机结构简单、重量轻，可在18°～30°的迎角（相对于龙骨的迎角）下安全飞行，最大速度一般不超过70km/h，转弯半径可小到30m以下，操纵简单，空中停止后仍有一定的滑翔能力，适合低空作业。其起飞和着陆时的滑跑距离短，只需100m左右的跑道。

5.5.2 无人伞翼机的应用

与其他种类的飞行器相比，伞翼机拥有一些固定翼无人机难以比拟的优点。伞翼机的伞翼可折叠、体积小，载重量却较大，可以野外短距离起降，而且可以低速长时间飞行，自稳定，控制简单，雷达反射面积小。目前，各国发展的无人机大多采用固定翼或者四旋翼、八旋翼等多轴系统，前者的长航时大载重机型需要正规跑道，而轻型机采用发射车或者手抛起飞，任务载荷有限；后者的续航时间太短，任务载荷更低。目前来看，在野外作战条件下，为满足低成本、大载重、长航时、野外起降的任务，伞翼机不失为一种理想选择。

1. 投送物资

人们把基础平台换成了现代动力伞，把无动力滑翔降落改为动力滑翔飞行，通过采用新型伞翼设计，使伞翼飞行性能和航程得到大幅度提升，应用潜力也进一步增加。具体应用包括加拿大的投送与侦察无人机"雪雁"、德国FB公司的电动伞翼机系统及英国PARAJET的飞行汽车等。

加拿大的"雪雁"是一种无人投送与侦察系统，最初是针对美国特种作战司令部投放传单的要求而研制的，能执行监视、侦察及物资补给等任务。"雪雁"更像是无人飞行器，依靠一具方形的翼伞来提供升力。动力系统是一台罗泰克斯914UL型发动机。带动力的"雪雁"有别于其他精确空投系统，既可由C-130或C-17运输机从空中投放，也能由"悍马"越野车等车辆从地面放飞。"雪雁"一次可以投送约272kg的物资或装备，飞行速度可达47～55km/h，最高飞行高度约为7600m，最大航程为942km，续航时间为20h。"雪雁"的任务计划软件安装在标准的个人计算机上，投送时，相关的任务数据及目标信息由计算机下传到制导装置中。抵达投送区域后，"雪雁"既可采用高空投放、低空开伞的模式，将载荷空投至地面目标区，也可以直接载货降落到指定地点。每套"雪雁"系统含两部飞行器，价格为75.55万美元，载荷包括光电传感器、通信中继系统、下落式气象探测器、扩音器，以及信号情报装置、电子战装备、心理战装备、生化传感器、合成孔径雷达等可选载荷。我国中航工业航宇救生装备有限公司目前也开发了类似的空降系统，初步设计用作消雾飞行等人工影响天气作业。另外，北方工业有限公司等也在研制类似的任务系统。

2. 战场监视潜力

伞翼机的长航时特性使其具备了天生的战场监视潜力。如果采用新型的REFELX伞翼，则自稳定性会大大提高，可在野外条件下短距离起降，飞行速度在50km/h左右，能有效完成长航时监视任务。伞翼机雷达反射面积小，且飞行高度又在地面防空火力之上，具备很好的生存性。一架使用$24m^2$的伞翼、配备25kW发动机的伞翼机，连同任务载荷，都能塞进一辆皮卡的后厢。它可以在野外无风条件下快速起降。假设机体重40kg，任务载荷为50kg，其余60kg载荷用于油料，可以满足12h以上的空中巡航需求，航程可达500km以上。如果给伞翼机配上复合挂架，让它携带反雷达无人机或其他武器，即可构成战场察打系统，对必要目标实施快速打击。

本章小结

随着我国低空空域的逐渐开放、通用航空业的蓬勃发展、导航定位系统精度的逐步提高，以及航空物探仪器向小型化、智能化方向发展，具有低功耗、高效、灵活、低风险特性的无人机航空物探技术必将在越来越多的领域迎来更广泛的应用。

思考练习

1. 旋翼直升机旋翼的具体结构形式是什么？
2. 直升机升空的原理是什么？
3. 简述飞艇的飞行原理。
4. 飞艇有哪些种类？
5. 简述固定翼无人机的飞行原理。

参 考 文 献

[1] 张枚，邱钊鹏，诸刚．机器人技术［M］．2版．北京：机械工业出版社，2016．
[2] 李云江．机器人概论［M］．2版．北京：机械工业出版社，2016．
[3] 李卫国．工业机器人基础［M］．北京：北京理工大学出版社，2019．
[4] 王茂森，戴劲松，祁艳飞．智能机器人技术［M］．北京：国防工业出版社，2015．
[5] 董春利．机器人应用技术［M］．北京：机械工业出版社，2015．
[6] 中国电子学会．中国机器人产业发展报告（2019年）［R］．北京：中国电子学会，2019．
[7] 蔡自兴，谢斌．机器人学［M］．3版．北京：清华大学出版社，2015．
[8] 韦康博．智能机器人：从"深蓝"到AlphaGo［M］．北京：人民邮电出版社，2017．
[9] 中国电子学会．机器人简史［M］．2版．北京：电子工业出版社，2017．
[10] 郭彤颖，安冬．机器人技术基础及应用［M］．北京：清华大学出版社，2017．
[11] 谷明信，赵华君，董天平．服务机器人技术及应用［M］．成都：西南交通大学出版社，2019．
[12] 吴敏，刘振焘，陈略峰．情感计算与情感机器人系统［M］．北京：科学出版社，2019．
[13] 韦加无人机．无人机飞行原理［M］．北京：航空工业出版社，2018．
[14] 于坤林．无人机结构与系统［M］．西安：西北工业大学出版社，2016．
[15] 符长青．无人机空气动力学与飞行原理［M］．西安：西北工业大学出版社，2018．
[16] 高朋举．无人机系统导论［M］．北京：航空工业出版社，2017．
[17] 张晶晶，陈西广，高佼，等．智能服务机器人发展综述［J］．人工智能，2018（3）：83-96．
[18] 王哲，冯晓辉，李艺铭，等．智能机器人产业的现状与未来［J］．人工智能，2018（4）：12-27．
[19] 陶永，王田苗，刘辉，等．智能机器人研究现状及发展趋势的思考与建议［J］．高技术通讯 2019（29）：149-163．
[20] 施春迅，丁皓，刘浩宇，等．护理机器人技术的研究和发展［J］．生物医学工程学进展，2019（40）：26-29．
[21] 李彦涛．助餐机器人样机研制及控制研究［D］．哈尔滨：哈尔滨工程大学，2012．
[22] 唐怀坤．国内外人工智能的主要政策导向和发展动态［J］．中国无线电，2018（5）：45-46．